機能性顔料とナノテクノロジー
Functional Pigments and Nanotechnology

《普及版／Popular Edition》

監修 伊藤征司郎

シーエムシー出版

まえがき

　ナノテクノロジーは，材料の構造をナノレベルで制御し，その材料（物質）に新しい機能を付与したり，新しいデバイスを構築する可能性を秘めた基盤技術である。その応用は，光，エレクトロニクス，エネルギー，環境，バイオなど広い分野におよび，現在の産業に最も強いインパクトを与える技術といっても過言ではない。

　顔料には，カーボンブラックやシリカなど，ナノメートルサイズの粒子径のものが古くからあり，また，酸化鉄や酸化チタンなどの金属酸化物なども，ナノメートルサイズのものがかなり以前から製造され，現在では複合酸化物についても製造可能といえるところまできている。ナノパーティクルの工業的製造という観点からみると，顔料業界は草分け的存在といえる。

　本書の構成は，無機顔料編，有機顔料編，応用・分散技術編の3編からなっている。

　無機顔料編では，金属酸化物（窒化物）や金属粉顔料などの機能，およびプラズモン吸収を示す貴金属ナノ粒子や干渉色原理に基づくパール顔料など，特異な光学的性質を示す顔料についてまとめてある。このうち，貴金属ナノ粒子の表面プラズモン共鳴に基づく吸収は次のように説明される。例えば，AuやAgは広いsバンドに1原子当たり1個の電子を与える。金属中のこの自由電子は，同一位相で集団的に振動して表面を伝播するが，光の波長より粒子径が小さいナノ粒子では，伝播して逃げられなくなる。このいわゆる表面プラズモン振動のエネルギーは，量子化されており，共鳴条件の下で光電場との相互作用により励起される。表面プラズモン吸収が起こる光の波長は，粒子サイズや形状によっても変化するが，ナノメートルサイズのAuおよびAg粒子では，可視域に存在し，Agでは金色を，Auではワインレッドを呈する。この貴金属ナノ粒子は，色材分野のみならず，近年ではこのものを分散させた導電性インクがプリンタブルエレクトロニクスの配線材料として注目されている。また，パール顔料などはメタリックやパールのような光学的に非等方性の反射特性を示すため，見る角度によって色彩が変化するフリップフロップ現象が発現し，マルチカラー（正確にはゴニオアパレントカラー）化を可能にする。

　有機顔料編では，多数の顔料の中からフタロシアニンの機能，有機蛍光顔料および染料カプセル化技術にしぼってまとめた。

　応用分散技術編では，いくつかの分野における分散技術および自己分散型カーボンブラックについてまとめた。

　本書が色材をはじめとするその関連分野の技術者・研究者の方々にとって少しでもお役に立てれば幸いである。

　最後になりましたが，原稿の執筆期間が短いにもかかわらず，速やかにご脱稿していただいた

執筆者の方々に厚く御礼申し上げます。また，本書を刊行するにあたり，企画，編集に多大なご努力をいただいたシーエムシー出版編集部の大倉寛之氏に感謝いたします。

2006年10月

伊藤征司郎

普及版の刊行にあたって

　本書は2006年に『機能性顔料とナノテクノロジー』として刊行されました。普及版の刊行にあたり，内容は当時のままであり加筆・訂正などの手は加えておりませんので，ご了承ください。

2012年10月

シーエムシー出版　編集部

執筆者一覧（執筆順）

伊藤 征司郎	近畿大学　理工学部　応用化学科　教授	
黒瀬 雅弘	テイカ㈱　岡山研究所　第4グループ　マネージャー	
山本 泰生	ハクスイテック㈱　技術部　部長	
髙本 尚祺	古河ケミカルズ㈱　主席技師長	
	兼　古河機械金属㈱　研究開発本部　素材総合研究所　主席研究主幹	
石橋 秀夫	日本ペイント㈱　ファインプロダクツ事業部　開発部	
川上 徹	大日精化工業㈱　東京技術部　課長	
橋詰 良樹	東洋アルミニウム㈱　コアテクノロジーセンター　研究開発室	
	主席研究員	
中尾 泰志	関西ペイント㈱　自動車塗料本部　第2技術部　部長	
清水 海万	メルク㈱　PLS事業部　小名浜テクニカルセンター　R&Dグループ	
	主管研究員	
横井 浩司	日本板硝子㈱　硝子繊維カンパニー　特機材料事業部　開発部	
	マネージャー	
田村 真治	大阪大学大学院　工学研究科　応用化学専攻　無機材料化学領域　助手	
増井 敏行	大阪大学大学院　工学研究科　応用化学専攻　無機材料化学領域	
	助教授	
今中 信人	大阪大学大学院　工学研究科　応用化学専攻　無機材料化学領域　教授	
菊池 茂夫	キクチカラー㈱　品質保証部　部長	
上野 由喜	㈱SS LINE　ナノ技術事業部　課長	
坂本 恵一	日本大学　生産工学部　応用分子化学科　助教授	
藤原 賢治	シンロイヒ㈱　技術部　チーフ；主事補	
川口 春馬	慶應義塾大学　理工学部　応用化学科　教授	
嶋田 勝徳	大日本インキ化学工業㈱　顔料技術本部　色材開発技術グループ	
	主任研究員	
新井 啓哲	東海カーボン㈱　富士研究所　課長	
久 英之	御国色素㈱　専務取締役	
浅見 剛	㈱リコー　機能材料開発センター　スペシャリスト	
津布子 一男	㈱リコー　機能材料開発センター　技術顧問	
湯川 光好	東京インキ㈱　グラビア化成技術部　部長	
若杉 久	東京インキ㈱　第一生産本部　オフセットインキ技術部	
	開発第2グループ　課長	
長谷 昇	花王㈱　スキンケア研究所　主任研究員	

執筆者の所属表記は，2006年当時のものを使用しております。

目　次

【無機顔料編】

第1章　酸化チタン　　黒瀬雅弘

1　はじめに······················3
2　微粒子酸化チタンの製法··········3
3　微粒子酸化チタンの基本的性質·····4
　3.1　物理, 化学的性質···········4
　3.2　粒子径····················5
　3.3　分散······················6
　3.4　耐候性····················8
4　微粒子酸化チタンの用途例········8
　4.1　紫外線遮蔽剤···············8
　4.2　メタリック塗料の色調改良材···9
　4.3　光触媒機能材料············10
　4.4　その他···················12
5　おわりに····················12

第2章　ナノテク機能性顔料としての酸化亜鉛　　山本泰生

1　はじめに····················14
2　亜鉛資源の動向···············14
3　酸化亜鉛の製法と純度··········15
4　酸化亜鉛の結晶格子············16
5　導電性酸化亜鉛ナノパウダの製法と特徴··················16
6　パウダの導電性···············17
7　ナノパウダの分散と紫外線遮蔽···18
8　導電性酸化亜鉛ナノパウダの分散··19
9　導電性酸化亜鉛スパッタ膜の赤外線遮蔽··················20
10　導電性酸化亜鉛ナノパウダの赤外線遮蔽··················20
11　酸化亜鉛ナノパウダの今後の課題······22

第3章　亜酸化銅　　髙本尚祺

1　はじめに····················24
2　亜酸化銅の概況···············24
　2.1　亜酸化銅の性質············24
　2.2　亜酸化銅の生産量推移······24
　2.3　亜酸化銅の製造方法········25
3　亜酸化銅の技術開発状況········26
　3.1　特許情報からみた状況······26
　3.2　主要分野の技術動向········27
4　おわりに····················30

第4章　金属ナノ粒子の色材・顔料分野における最近の開発動向

石橋秀夫

1 はじめに …………………………31
2 金ナノ粒子の発色のメカニズム ……32
3 金属ナノ粒子の調製法 ……………33
4 金ナノ粒子の高耐熱性赤色着色剤としての応用 …………………………34
5 金，銀ナノ粒子の塗料用着色材料としての応用 ……………………………36
6 銀ナノ粒子の塗布により得られる金属調意匠 …………………………37
7 複合金属ナノ粒子の開発による色域の拡大 ……………………………38
8 複合金属ナノ粒子による高意匠の発現（リクルゴス酒杯の意匠の再現）……40
9 おわりに …………………………41

第5章　複合酸化物顔料

川上　徹

1 はじめに …………………………43
2 種類および性質 …………………43
3 微粒子化の製法および隠ぺい性の変化 …………………………………44
　3.1 微粒子化の製法 ………………44
　3.2 微粒子化による隠ぺい性の変化 …………………………………46
4 カラーフィルターへの応用 ………47
5 酸化触媒および吸着剤への応用 …48
　5.1 酸化触媒への応用 ……………48
　5.2 吸着剤への応用 ………………49
6 赤外反射を利用した遮熱顔料への展開 …………………………………50
　6.1 複合酸化物系遮熱顔料 ………50
　6.2 アゾメチンアゾ系遮熱顔料 …51
7 おわりに …………………………51

第6章　金属粉顔料

橋詰良樹

1 金属粉顔料の種類と用途 …………53
2 アルミニウム顔料 ………………54
　2.1 アルミニウム顔料の製法 ……54
　2.2 アルミニウム顔料の性質 ……55
　2.3 アルミニウム顔料の光学的性質とその評価方法 …………………56
　2.4 アルミニウム顔料の表面処理 …58
3 ブロンズ粉顔料 …………………65
4 ステンレス鋼フレーク …………65
5 亜鉛末 ……………………………65
6 導電性フィラーとしての金属粉顔料 …66
　6.1 銀 ………………………………66
　6.2 銅 ………………………………66
　6.3 ニッケル ………………………66
　6.4 銀―銅系複合材料 ……………67

第7章　蒸着アルミを用いた超金属調塗色設計　　中尾泰志

1　はじめに······················68
2　超金属調シルバーを実現するための
　　3要素························68
　2.1　適切な光輝材の選択···········69
　2.2　アルミフレークの配向制御······70
　2.3　塗装工程の設定（複層発色設計）
　　　　·························71
3　市場への展開··················73

第8章　パール顔料　　清水海万

1　はじめに······················75
2　パール顔料の光学的原理··········75
　2.1　パール光沢（規則的多重反射）····75
　2.2　干渉色·····················76
　2.3　パール顔料の特徴············77
　2.4　パール顔料の色の評価········78
3　パール顔料の種類と製法··········79
　3.1　無基材系パール顔料··········79
　3.2　雲母基材系パール顔料········81
　3.3　人工合成基材系パール顔料·····82
4　表面処理したパール顔料··········85
5　機能性材料への展開と今後の展望···86

第9章　薄片状ガラス顔料―内包型と被覆型　　横井浩司

1　はじめに······················88
2　ゾルゲル法によるシリカフレーク
　　（内包型薄片状ガラス顔料）········88
　2.1　ゾルゲル法によるシリカフレークの
　　　　作製方法·····················88
　2.2　紫外線吸収性透明シリカフレーク
　　　　「ナノフレックス®NTS30K3TA」
　　　　························89
　2.3　可視光散乱フレーク「ナノ
　　　　フレックス®NLT30H2WA」·····90
　2.4　多孔質シリカフレーク「ナノ
　　　　フレックス®NPT30K3TA」·····91
　2.5　ナノフレックス®の今後········92
3　被覆法による薄片状ガラス顔料
　　（被覆型薄片状ガラス顔料）········92
　3.1　被覆法による薄片状ガラス顔料
　　　　の作製方法·················92
　3.2　「メタシャイン®」の種類と構造····92
　3.3　「メタシャイン®」の特徴·········93
　3.4　メタシャイン®の今後··········94

第10章　無機蛍光・蓄光顔料　　田村真治，増井敏行，今中信人

1　はじめに······················95
2　白色LED用蛍光体···············96

2.1 窒化物および酸窒化物蛍光体 ······96	···100
2.2 タングステン酸塩系赤色蛍光体	3.2 $YPO_4：Tb^{3+}$，$YBO_3：Tb^{3+}$
···98	（緑色蛍光体） ·····················100
3 PDP 用蛍光体 ·····························99	4 次世代照明用蛍光体 ·····················100
3.1 $CaMgSi_2O_6：Eu^{2+}$（青色蛍光体）	5 畜光材料 ···································102

第11章　紫外線吸収顔料　　増井敏行，田村真治，今中信人

1 紫外線の影響とその防御 ···············105	3.3 酸化セリウム ·····················109
2 有機系紫外線吸収剤 ·····················106	4 紫外線遮断剤内包カプセル ············110
3 無機系紫外線遮断剤 ·····················107	5 新しい紫外線吸収顔料 ···················110
3.1 酸化チタン ························107	6 おわりに ···································111
3.2 酸化亜鉛 ···························108	

第12章　重金属フリー防錆顔料　　菊池茂夫

1 はじめに ····································113	5.1 一般性状 ···························119
2 腐食抑制の方法 ··························114	5.2 用途 ································119
3 重金属フリー防錆顔料の概要及び種類	6 その他の防錆顔料 ·······················120
···114	7 主な適用法規 ······························120
4 リン酸塩系防錆顔料 ·····················115	8 重金属フリー防錆顔料の開発における
4.1 リン酸亜鉛系 ·····················115	現状での問題点 ·························121
4.2 リン酸アルミニウム系 ·········117	8.1 PCM のクロムフリー ············121
4.3 その他のリン酸塩系防錆顔料 ····118	8.2 VOC 対応塗料への適正 ········121
4.4 亜リン酸塩系 ·····················118	9 おわりに ·································121
5 モリブデン酸塩系防錆顔料 ············119	

第13章　船舶用防汚銀微粒子　　上野由喜

1 はじめに ····································122	3 ナノ銀の抗菌及び殺菌メカニズム
2 ナノ銀微粒子の船底用防汚塗料への応用	について ···································123
···122	4 ナノ銀の安定性 ···························124

 5　ナノ銀の塗料と樹脂への添加‥‥‥‥125
  5.1　ナノ銀添加船底塗料の特徴‥‥‥126
  5.2　ナノ銀の防汚剤としての機能‥‥126
 6　電気分解による殺菌メカニズム仮説
  について‥‥‥‥‥‥‥‥‥‥‥‥127
 7　船底塗料にナノ銀添加の挙動‥‥‥‥127
 8　結果と考察‥‥‥‥‥‥‥‥‥‥‥‥128

【有機顔料編】

第14章　機能性フタロシアニン　　坂本恵一

1　はじめに‥‥‥‥‥‥‥‥‥‥‥‥‥131
2　構造論‥‥‥‥‥‥‥‥‥‥‥‥‥‥132
3　LCD用カラーフィルター色素‥‥‥‥136
4　コピーおよびレーザープリンター用
 有機光半導体‥‥‥‥‥‥‥‥‥‥‥138
5　CD-R, DVD-R用色素‥‥‥‥‥‥‥140
6　有機EL素子‥‥‥‥‥‥‥‥‥‥‥142
7　太陽電池‥‥‥‥‥‥‥‥‥‥‥‥‥143
8　ガン光線力学用色素‥‥‥‥‥‥‥‥145

第15章　有機蛍光顔料の基礎特性　　藤原賢治

1　はじめに‥‥‥‥‥‥‥‥‥‥‥‥‥149
2　有機蛍光顔料の特性‥‥‥‥‥‥‥‥149
3　有機蛍光顔料の組成‥‥‥‥‥‥‥‥150
 3.1　蛍光染料‥‥‥‥‥‥‥‥‥‥‥150
 3.2　基体樹脂‥‥‥‥‥‥‥‥‥‥‥151
4　有機蛍光顔料の製法‥‥‥‥‥‥‥‥152
 4.1　付加重合塊状樹脂粉砕法‥‥‥‥153
 4.2　懸濁重合法‥‥‥‥‥‥‥‥‥‥153
 4.3　乳化懸濁重合法‥‥‥‥‥‥‥‥154
 4.4　乳化重合法‥‥‥‥‥‥‥‥‥‥154
5　蛍光顔料の用途‥‥‥‥‥‥‥‥‥‥154
 5.1　塗料，マーキングフィルム‥‥‥155
 5.2　繊維‥‥‥‥‥‥‥‥‥‥‥‥‥155
 5.3　プラスチック‥‥‥‥‥‥‥‥‥156
 5.4　印刷‥‥‥‥‥‥‥‥‥‥‥‥‥156
 5.5　文具(筆記具)‥‥‥‥‥‥‥‥‥156
 5.6　紙コーティング，内添着色および
  アルミ蒸着フィルムコーティング
  ‥‥‥‥‥‥‥‥‥‥‥‥‥‥‥156
 5.7　探傷剤，追跡マーカー‥‥‥‥‥157
 5.8　偽造防止‥‥‥‥‥‥‥‥‥‥‥157
 5.9　色光変換‥‥‥‥‥‥‥‥‥‥‥157
6　おわりに‥‥‥‥‥‥‥‥‥‥‥‥‥158

第16章　染料カプセル化技術　　川口春馬

1　緒言——第3の色材の開発をめざして ……………………………………159
2　微粒子合成の戦略…………………160
　2.1　ポリマー微粒子の設計 ………160
　2.2　微粒子生成重合 ………………161
3　有機染料含有ポリマー微粒子の合成 …163
　3.1　ミニエマルション化と重合 ……163
　3.2　乳化重合とミニエマルション重合 ……………………………………163
　3.3　染料含有率の高い着色ラテックスの合成 …………………………164
4　着色ポリマー微粒子の性質の向上 ……165
　4.1　耐光性の向上 …………………165
　4.2　着色粒子からの染料の漏出とその抑制 …………………………167
　4.3　被覆膜形成による染料の漏出防止 ……………………………………170
5　おわりに …………………………172

【応用・分散技術編】

第17章　分散技術の原理　　嶋田勝徳

1　はじめに …………………………175
2　顔料の分散 ………………………175
3　顔料の分散機構 …………………176
　3.1　濡れ ……………………………176
　3.2　分散・微細化 …………………177
　3.3　安定化 …………………………178
4　分散安定化機構 …………………179
　4.1　酸・塩基概念 …………………179
　4.2　立体障害効果 …………………179
　4.3　静電荷相互作用 ………………179
5　表面処理 …………………………180
　5.1　顔料誘導体 ……………………180
　5.2　界面活性剤 ……………………180
　5.3　樹脂処理 ………………………181
6　おわりに …………………………182

第18章　水性自己分散型カーボンブラック　　新井啓哲

1　はじめに …………………………184
2　カーボンブラック ………………185
　2.1　CB品種 ………………………185
　2.2　CBの基本的性質 ……………186
3　カーボンブラック親水化 ………192
　3.1　分散剤 …………………………192
　3.2　自己分散型顔料 ………………192
4　カーボンブラックの特性と自己分散型CBの物性 …………………………194
　4.1　自己分散型CBの粘度 ………194
　4.2　自己分散型CBの粒度分布 …195
　4.3　自己分散型CBの黒色度 ……195

4.4　自己分散型CBの沈殿残渣率‥‥‥197
5　おわりに‥‥‥‥‥‥‥‥‥‥‥‥‥‥198

第19章　ブラックマトリックス用黒色顔料と分散　　久　英之

1　はじめに‥‥‥‥‥‥‥‥‥‥‥‥‥‥200
2　カーボンブラックの基礎的性質‥‥‥‥201
　2.1　CB粒子の微細構造‥‥‥‥‥‥‥201
　2.2　粒子径とその分布‥‥‥‥‥‥‥‥202
　2.3　粒子の凝集体(ストラクチャー)
　　　　‥‥‥‥‥‥‥‥‥‥‥‥‥‥‥202
　2.4　化学的性質‥‥‥‥‥‥‥‥‥‥‥204
　2.5　市販されているCBの代表例‥‥‥204
3　BM用顔料‥‥‥‥‥‥‥‥‥‥‥‥‥207
　3.1　BMについて‥‥‥‥‥‥‥‥‥‥207
　3.2　樹脂BM用CB‥‥‥‥‥‥‥‥‥209
　3.3　CBの分散性‥‥‥‥‥‥‥‥‥‥215
　3.4　チタンブラック系樹脂BM‥‥‥‥216
4　おわりに‥‥‥‥‥‥‥‥‥‥‥‥‥‥217

第20章　電子写真トナーにおける機能性顔料分散　　浅見　剛，津布子一男

1　はじめに‥‥‥‥‥‥‥‥‥‥‥‥‥‥219
2　電子写真トナー‥‥‥‥‥‥‥‥‥‥‥219
3　電子写真プロセス‥‥‥‥‥‥‥‥‥‥219
4　トナー材料‥‥‥‥‥‥‥‥‥‥‥‥‥220
　4.1　機能性顔料，染料‥‥‥‥‥‥‥‥220
　4.2　その他トナー材料‥‥‥‥‥‥‥‥222
5　電子写真トナーの製造方法‥‥‥‥‥‥223
6　トナー用分散機‥‥‥‥‥‥‥‥‥‥‥224
　6.1　乾式トナー用分散機‥‥‥‥‥‥‥224
　6.2　液体トナー用分散機‥‥‥‥‥‥‥224
7　分散性の評価‥‥‥‥‥‥‥‥‥‥‥‥226
8　顔料分散と画像品質‥‥‥‥‥‥‥‥‥226
9　今後の展望‥‥‥‥‥‥‥‥‥‥‥‥‥227

第21章　グラビアインキにおける顔料分散　　湯川光好

1　はじめに‥‥‥‥‥‥‥‥‥‥‥‥‥‥229
2　顔料分散について‥‥‥‥‥‥‥‥‥‥229
　2.1　濡れ‥‥‥‥‥‥‥‥‥‥‥‥‥‥229
　2.2　解砕‥‥‥‥‥‥‥‥‥‥‥‥‥‥230
　2.3　安定化‥‥‥‥‥‥‥‥‥‥‥‥‥230
3　顔料粒子径と着色力‥‥‥‥‥‥‥‥‥231
4　分散機‥‥‥‥‥‥‥‥‥‥‥‥‥‥‥232
5　グラビアインキの組成と内容‥‥‥‥‥235
　5.1　グラビアインキの組成‥‥‥‥‥‥235
　5.2　樹脂‥‥‥‥‥‥‥‥‥‥‥‥‥‥236
　5.3　顔料‥‥‥‥‥‥‥‥‥‥‥‥‥‥236
　5.4　溶剤‥‥‥‥‥‥‥‥‥‥‥‥‥‥236
6　グラビアインキの製造工程‥‥‥‥‥‥237
7　グラビアインキの今後の動向‥‥‥‥‥238

第22章 オフセットインキにおける顔料分散　　若杉　久

1　はじめに……………………240
2　オフセットインキの概要…………240
3　オフセットインキにおける顔料分散方法
　　と分散機………………………243
　　3.1　3本ロールミル………………243
3.2　ビーズミル………………………243
3.3　ニーダー…………………………245
3.4　エクストルーダー………………245
4　おわりに……………………………246

第23章 化粧品における顔料分散　　長谷　昇

1　はじめに……………………247
2　表面処理による分散性制御技術……247
3　紫外線防御無機粉体の複合固定化技術
　　………………………………248
　　3.1　コロイダルシリカによる分散固定化
　　………………………………248
　　3.2　有機系ポリマー粒子内への内包・
　　　　固定化………………………250
　　3.3　酸化チタンゾルの有機系ポリマー
　　　　によるコーティング…………251
4　紫外線防御無機粉体のシリコーン油への
　　分散化技術……………………252
5　超微粒子無機粉体の分散性制御技術…254
6　おわりに……………………………257

無機顔料編

第1章 酸化チタン

黒瀬雅弘[*]

1 はじめに

　酸化チタンは，1920年代に初めて工業的に顔料として製造されてから，その高い屈折率のため白色度，隠ぺい性，着色力等が他の顔料に比べて格段に優れており，白色顔料として，塗料，インキ，プラスチック，紙等の分野で多く使用されている。

　微粒子酸化チタンは，酸化チタンの機能面からの材料開発の観点から，1970年代に開発され発展してきた。顔料用の酸化チタンの粒子径が200～300nmであるのに対して，その約10分の1である10～50nmの粒子径を有し，種々の特徴ある性質を持っている。その主要な使用例としては，化粧品分野での紫外線遮蔽材料，塗料分野での特殊な色彩効果用材料，最近注目されてきた光触媒材料等が挙げられる。

　本稿では顔料用酸化チタンと比較しながら，微粒子酸化チタンの製法，基本的性質を述べ，そのユニークな性質を応用した用途例について解説する。

2 微粒子酸化チタンの製法

　現在，顔料用酸化チタンは工業的には硫酸法と塩素法と呼ばれる方法で製造されている。

　硫酸法ではイルメナイト，スラグ等を原料にして，硫酸で抽出された硫酸チタニルを熱加水分解し，更に焙焼工程を経てアナタース形およびルチル形の酸化チタン粒子が生成される。

　一方，塩素法ではルチル鉱等と塩素との反応で生成した四塩化チタンを高温で酸化することで，酸化チタン粒子が生成される。両方法で生成した酸化チタン粒子は，その後顔料としての安定性，耐候性の付与，分散性の向上を目的として，アルミナ，シリカ等の表面処理が施され製品となる。

　次に微粒子酸化チタンの製法例を表1に示す。微粒子酸化チタンも気相法と液相法に大別される。気相法では酸化工程の温度，圧力，雰囲気を調整することにより粒子径，粒度分布の異なる微粒子酸化チタンが生成される。液相法ではチタニウム化合物の溶液から得た含水酸化チタンを化学処理，加熱してアナタース形およびルチル形の微粒子酸化チタンが生成される。四塩化チタ

---

[*] Masahiro Kurose　テイカ㈱　岡山研究所　第4グループ　マネージャー

表1 微粒子酸化チタンの製法

製法	特徴	
四塩化チタンの気相分解(気相法)[1]	$45 \sim 65 m^2/g$	主にアナタース
チタンアルコキシドの気相分解(気相法)[2]	$70 \sim 300 m^2/g$	アモルファス
含水酸化チタンの化学処理, 加熱(液相法)[3]	$40 \sim 150 m^2/g$	アモルファス, ルチル
チタンアルコキシドの加水分解(液相法)[4]	$50 \sim 650 m^2/g$	
含水酸化チタンのオルガノゾル化, 溶媒除去して加熱 (液相法)[5]	$20 \sim 100 Å$	アモルファス

ンの気相分解では，ルチル形を少量含むアナタース形が得られる。アルコキシド原料を用いると極めて高純度の材料が得られるが少量のアルコールが残留する。含水酸化チタン原料の場合，通常の処理ではアナタース形が得られるが，アルカリで無定形とした後，塩酸中で熟成することによりルチル形を得ることができる。その後，加熱処理により種々の粒子径の微粒子酸化チタンが製造できる。微粒子酸化チタンにおいても，目的，用途に合わせた表面処理を行い製品となる。

3 微粒子酸化チタンの基本的性質

3.1 物理, 化学的性質

酸化チタンにはアナタース，ルチル，ブルッカイトの結晶形が存在するが，現在顔料として工業的に生産されている酸化チタンは，アナタース形とルチル形の結晶形である。表2に各結晶形

表2 酸化チタン顔料の一般的性質[6]

物性	ルチル形	アナタース形
結晶系	正方晶系	正方晶系
密度	4.27	3.90
屈折率	2.72	2.52
モース硬度	$7.0 \sim 7.5$	$5.5 \sim 6.0$
相対隠蔽力 (PVC20%)	125	100
着色力 (レイノルズ)	1700	1300
紫外線吸収性 (% 360nm)	90	67
可視部反射率 (% 400nm)	$47 \sim 50$	$88 \sim 90$
(% 500nm)	$95 \sim 96$	$94 \sim 95$
化学的安定性 (HCl)	不溶	不溶
(NaOH)	不溶	不溶
誘電率	114	48
融点 (℃)	1825	ルチルに転位

第1章　酸化チタン

による酸化チタン顔料の一般的性質を示した。屈折率が高く，光の散乱に有利であること，無機顔料としては比重が低いこと，通常の条件下では化学的に非常に安定であること等が白色顔料としての優位性を決定づけている。酸化チタンは弗酸，熱濃硫酸，溶融アルカリ塩に溶解するが，それ以外の酸，アルカリ，水，有機溶媒などには溶解しない。これらの物理，化学的性質は微粒子酸化チタンにおいても同じである。

3.2　粒子径

酸化チタンによる光の散乱は，その粒子径によって影響される。表3に各粒子径領域での散乱形態をまとめた。顔料用酸化チタンでは可視領域の光と最大に相互作用させるために，平均粒子径は，ほぼ光の半波長である200〜300nmに設定され，ミー領域で使用される。図1にルチル形酸化チタンの透過型電子顕微鏡写真を示した。微粒子酸化チタンの粒子径は，比表面積から計算した球相当径である。微粒子酸化チタンの場合は，平均粒子径が100nm以下であるため，レイリー散乱領域にあてはまる。短波長の光ほど強く散乱され，赤色光に対して青色光は10倍近く散乱される。図2にルチル形酸化チタンの透過率曲線を示した。媒体に分散させたポリプロピレンフィルム上の薄膜の全透過光を分光光度計にて測定した。微粒子酸化チタンは，顔料用酸化チタンに比べて可視領域(400〜780nm)で透明性が高く，紫外領域(400nm以下)をよく遮蔽しているのが特長である。

表3　酸化チタンの粒子径による反射，散乱効果

粒子径 (D)	粒子径と光波長の比	反射，散乱の領域	散乱，隠ぺい式	散乱効率
大	$D \gg \lambda$	幾何光学[7]	$A = 3M/2\rho D$ 　A：光遮断面積 　M：顔料質量 　ρ：顔料密度	小
中	$D = \lambda$	ミー散乱[8]	$D_0 = 2\lambda / \pi (n_P - n_B)$ 　D_0：光散乱最大の粒子径 　n_P：顔料屈折率 　n_B：展色材屈折率	大
小	$D \ll \lambda$	レイリー散乱[7]	$S = (m^2 - 1/m^2 + 1)^2 \cdot 4\lambda^2 a^6 / 3\pi$ 　α：$\pi D/\lambda$ 　m：n_P/n_B	小

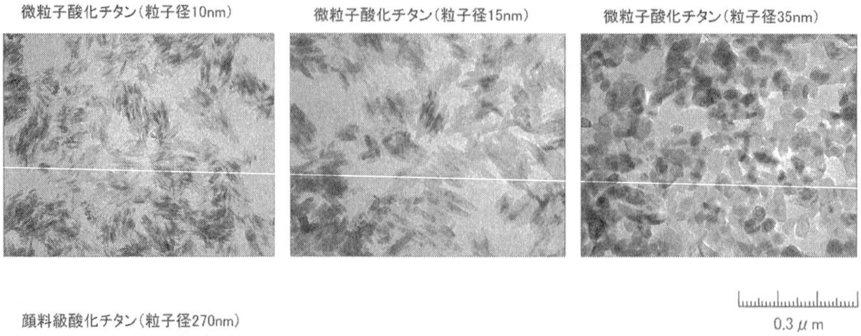

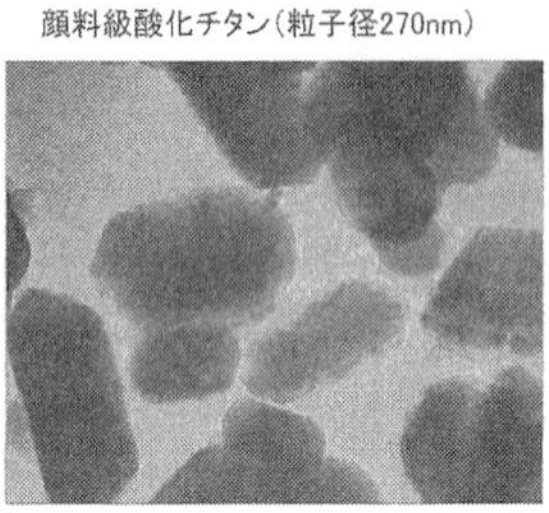

微粒子酸化チタン（粒子径10nm） 微粒子酸化チタン（粒子径15nm） 微粒子酸化チタン（粒子径35nm）

顔料級酸化チタン（粒子径270nm）

0.3μm

図1　ルチル形酸化チタンの透過型電子顕微鏡写真（×100,000）

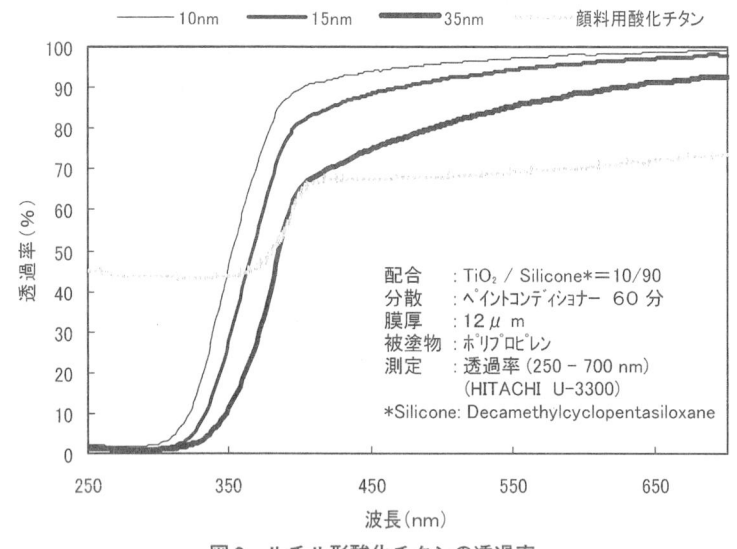

図2　ルチル形酸化チタンの透過率

3.3　分散

　酸化チタンの光学的特性を十分に引出すためには，媒体中に酸化チタンを分散させる必要がある。分散過程はぬれ，分散，分散安定の三段階よりなる。顔料用酸化チタンでの隠ぺい力，微粒子酸化チタンでの透明性，紫外線の遮蔽性等の機能を引出すためには，十分な分散が必要不可欠である。一般的に粉体は粒子径が小さくなるにつれて分散操作が困難になるが，微粒子酸化チタ

第1章　酸化チタン

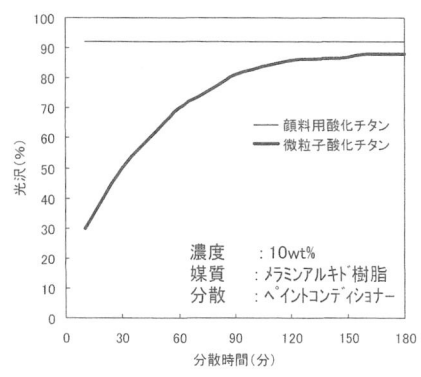

図3　ルチル形酸化チタンの分散時間と光沢

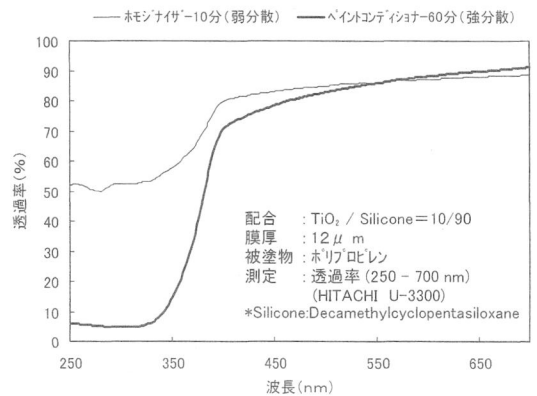

図4　ルチル形微粒子酸化チタンの分散強度と紫外線遮蔽性

ンも例外ではない。顔料用酸化チタンに比較して約10分の1の大きさであるため、個数的には約1,000倍に増加し、大きな比表面積のために粉体の凝集力が大きい。そのため、分散に要するエネルギーは顔料用酸化チタンに比べて大きくなる。図3、図4に両者の分散エネルギーに対する光学特性の変化を比較した。図3より、顔料用酸化チタンではその分散は小エネルギー（短い分散時間）でほぼ完了しているが、微粒子酸化チタンでは同程度の分散度とするために要するエネルギーはかなり大きいことがわかる。図4より、強力に分散することにより紫外線遮蔽性もさらに発揮されることがわかる。

　また分散後の安定性を良好にするため、分散される媒体によってアルミナ、シリカ、ジルコニア等の水和物による無機表面処理、金属石鹸、シリコーン、シランカップリング剤等による有機表面処理が選択され、施される場合が多い。

3.4 耐候性

顔料用酸化チタンが使用される塗料，プラスチック等は屋外の自然環境に暴露されることによって，光，熱，雨，ほこり，塩分等により表面が劣化し，光沢低下，変色，脆化等を起こす。後で詳しく述べるが，酸化チタンに水，酸素，紫外線が供給されると，酸化チタンが光酸化触媒として作用し，水を分解，フリーラジカルを生成する。これは極めて強力な酸化剤であり，周辺の有機物を酸化分解する。微粒子化することで，より増加する光化学活性を積極的に利用する分野もあるが，塗料等の屋外分野では耐候性が要求されるため，光触媒反応を抑制する。このため光化学活性の低いルチル形結晶の使用と，亜鉛，アルミイオンの添加による結晶の安定化と，ラジカルの分解，遮断の目的でアルミナ，シリカ，チタニア，ジルコニア等の水酸化物による無機表面処理による抑制方法が採用されている。

4 微粒子酸化チタンの用途例

微粒子酸化チタンは，紫外領域での光遮蔽能力が高い，可視領域でほぼ透明である，粒子径が非常に小さい，比表面積が大きい等の特徴を応用して次の用途があり，今後さらに新しい用途が期待されている。

① 日焼け防止化粧品の紫外線遮蔽剤[9]
② 包装フィルム等の紫外線遮断剤[10]
③ メタリック塗料の色調改良剤[11]
④ 光触媒機能材料[12,13]
⑤ シリコーンゴムの補強充填剤[14]
⑥ トナーの外添剤

以下に個々について述べる。

4.1 紫外線遮蔽剤

太陽光線は必要不可欠なエネルギー源であるが，皮膚とのかかわりを考えると，紫外線からの防御が必要となる。紫外線は殺菌，ビタミンDの合成に不可欠な半面，日焼け(Sunburn)さらには腫瘍の発生原因となることもある。太陽光線中，紫外線は6％にすぎないが，290～320nmのUV-Bは主として日焼け，色素沈着を引き起こす。320～400nmのUV-Aは，光のエネルギーは低いものの皮膚透過量が多いため皮膚の光老化の促進やUV-Bの影響を助長すると言われている。微粒子酸化チタンを化粧品に紫外線遮蔽剤として使用すると，図2に示すとおり顔料用の酸化チタンに比べて可視領域での高い透明性と紫外領域での高い遮蔽性が得られる。微粒子

第 1 章　酸化チタン

酸化チタンをこの分野に使用した場合の問題点は，分散の難しさと高 SPF(Sun Protection Factor)を目的として多量に配合した場合の白さである。

　分散の難しさを緩和するために，この分野で使用される微粒子酸化チタンは，使用される媒体との親和性，耐光活性を考慮して，種々の無機水和物，金属石鹸，シリコーン等の有機物が表面処理されている。また，表面処理前の微粒子酸化チタンは粒子の持つ表面エネルギーが高く，粉砕しても完全に一次粒子まで粉砕するのは不可能であり，凝集体として存在する。故にそのままの状態で表面処理すると，二次粒子径が大きくなり，透明性，紫外線遮蔽能の低下を招くことがある。そこで表面処理時に粉体を高分散させて，二次粒子径を制御しながら均一に表面処理を行う方法が考案されている[15]。

　微粒子酸化チタンを多量に配合した場合の白さを緩和するために，近年一次粒子径をより小さく設計することにより分散時の透明性を向上させた微粒子酸化チタンが，各酸化チタンメーカーから上市されている(図1，図2の粒子径 10nm の微粒子酸化チタンを参照)。また，この小粒子径の微粒子酸化チタンと，屈折率が低く透明性の高い微粒子酸化亜鉛を併用もしくは単独で日焼け防止化粧品に使用する場合もある。

　その他の紫外線遮蔽性の応用としては，食品包装材への添加による内容物の酸化防止等への応用が考えられる。また，合成繊維への添加による紫外線の防御，木工塗料への添加による下地木材の保護がある。被覆塗装鋼板用塗料の耐候性改良剤[16]，被覆塗装鋼板や化粧合板の表面保護フィルム[17]，農業用フィルムへの応用[18]も発表されている。

4.2　メタリック塗料の色調改良材

　BASF 社は 1988 年に微粒子酸化チタンを自動車のメタリック塗料に配合することにより，特殊な効果を示す塗膜が得られることを発表した。図5に塗装形態の断面模式図を示す。下層から鋼板，アルミフレークと微粒子酸化チタンを含むベースコート，クリアーコートから構成されている。メタリック塗料に使用されるアルミ粉は，塗装時に塗膜面に平行に配向するため，強い鏡面反射を示すが，見る角度により明度が変化するフリップフロップという効果を持っている。この塗膜中に微粒子酸化チタンを存在させると，塗膜中に入射した光の青味成分が，微粒子酸化チタンにより，選択的に散乱される。そこで，鏡面反射光は黄味〜金色に見え，他方向から見ると青色に見える。この塗色を自動車塗料に適用することで，自動車の複雑な曲面をより表現することが可能となった。現在，微粒子酸化チタンを用いた塗色は，国内外の主要な自動車メーカーに幅広く採用され，自動車塗料用の基本的な色材としてその地位を得ている。この用途では屋外使用の面で高度な耐候性が要求されるため，ルチル形で，入念な無機表面処理が行われ，光化学活性が充分に抑制された微粒子酸化チタンが使用されている。

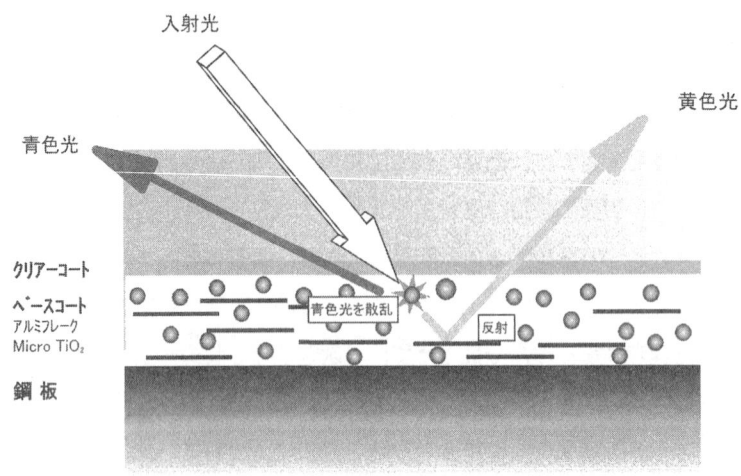

図5 微粒子酸化チタン配合メタリック塗装システム

4.3 光触媒機能材料

　酸化チタンによる光触媒作用は，本田―藤嶋効果[12]による水の水素と酸素への分解現象で見出され，光エネルギーの化学エネルギーへの変換という点で特に注目され，その後の酸化チタン機能性検討の発端となった[13]。酸化チタンの光触媒としての性質は，紫外領域での吸収に根源がある。酸化チタンは一種の半導体で，吸収端はそのバンドギャップエネルギー（ルチル3.0eV，アナタース3.2eV）に相当する。これ以上のエネルギーを持つ光が照射，吸収されると，価電子帯の電子は励起されて伝導体に移動し，価電子帯には正孔が生成する。再結合せずに粒子表面に移動した電子，正孔はそれぞれ還元，酸化反応に係わるが，特に正孔はその強い酸化力により種々の触

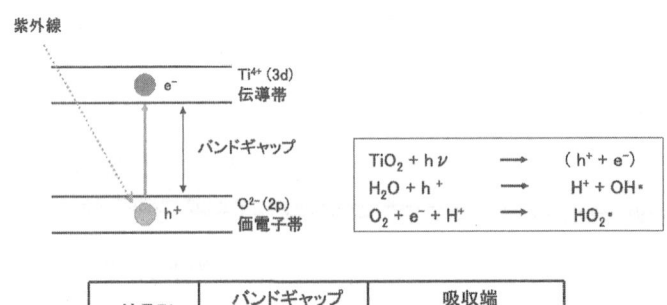

結晶形	バンドギャップ (eV)	吸収端 (nm)
アナタース	3.2	380
ルチル	3.0	410

図6 光触媒能発現メカニズム

第1章 酸化チタン

目的	対象物	用途例
空気浄化	生活臭(アンモニア, メルカプタン, アルデヒド, 酢酸)	空気清浄機, エアコン, トイレ・台所廻り
	NOx, SOx	道路, 透光板, 防音壁, 道路資材, 外壁
セルフクリーニング	タバコのニコチン 煤, 手垢, 油汚れ, 雨シミ	内・外壁, ガラス, 内装材, トイレ・台所廻り
抗菌・防カビ	菌, 黴, 藻, 水垢	トイレ・台所廻り, 内壁, 内装材, 水槽
水質浄化	塩素系有機物, 糊, 染料	

図7 酸化チタン光触媒の応用分野

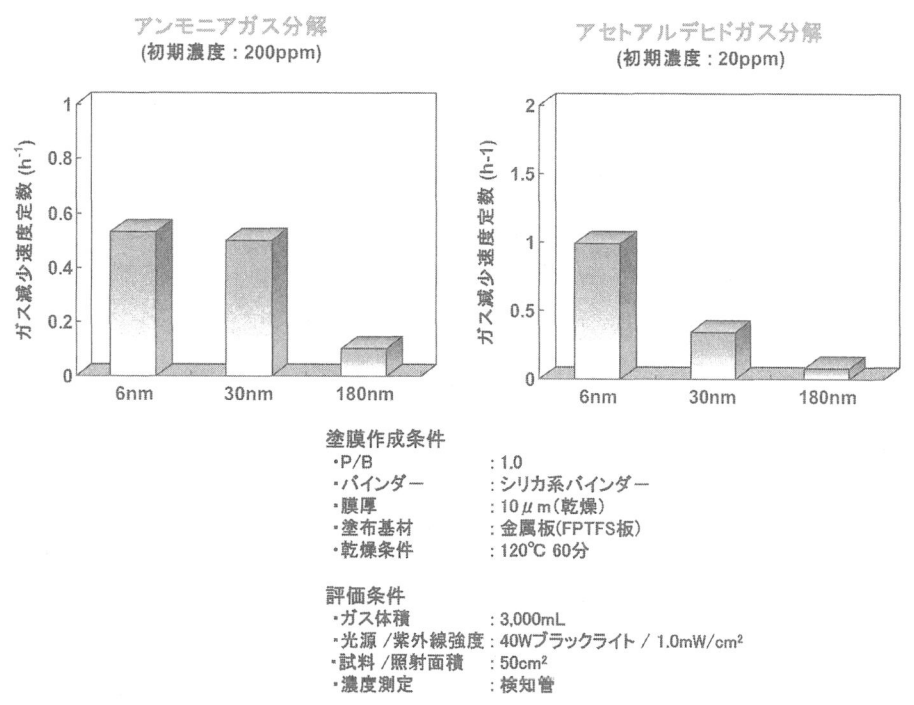

塗膜作成条件
・P/B ：1.0
・バインダー ：シリカ系バインダー
・膜厚 ：10μm(乾燥)
・塗布基材 ：金属板(FPTFS板)
・乾燥条件 ：120℃ 60分

評価条件
・ガス体積 ：3,000mL
・光源/紫外線強度 ：40Wブラックライト / 1.0mW/cm²
・試料/照射面積 ：50cm²
・濃度測定 ：検知管

図8 各種光触媒酸化チタン使用塗膜の光触媒能評価

媒作用を示す(図6)。電子, 正孔は空気中の酸素, 水と反応して, 非常に活性の高いラジカルを生成し, 系に存在する有機物を分解する。このサイクルで酸化チタン自身は変化せず触媒性を示す。他の半導体に比べて, 酸化チタンはバンドギャップが大きく, 価電子帯の準位が深いため, 生成した正孔の酸化力が強い。また, 物質としても非常に安定で, 経済的にも有利であるため, 活発に検討されている。アナタース形のバンドギャップはルチル形より大きく, 生成する正孔の酸化力はより強いため, 光触媒としてはアナタース形が多く用いられる。

最近の光触媒関係の検討は, 触媒粉体そのものの検討より, 応用開発に主眼がおかれている。

その応用分野について図7に示した。大別すると大気汚染関係[14]，防汚[16]，水処理[17]，殺菌[13]になる。各種光触媒用酸化チタン使用塗膜による気体の分解に関するデータを図8に示した。ガス減少速度定数が高いほど，光触媒能が高いことを示している。

気体の処理には吸着作用の強い比表面積の大きな粉体が有利であり，最近の応用では吸着体との併用システムも多い。一般的に酸化チタン光触媒反応を有効とするためには，対象物質が微量であるため，物質輸送過程が律速であると考えられている[18]。

現在，この用途について商品として実用化されている例はまだまだ少ないが，今後ますます応用研究が進み，適用分野が拡大するものと考えられる。問題点としては，固定化，薄膜化等を含んだシステムの確立であるため，さらにシステムに応用しやすい酸化チタンソースを提供する必要がある。また，酸化チタンの触媒活性の向上は今後も求められる。

4.4 その他
4.4.1 シリコーンゴムへの添加剤
シリコーンゴムの難燃化，耐熱性向上の目的で使用されている。熱分解温度を高め，加熱分解残渣を多くし，可燃性ガスの発生速度を遅くしたり，発生量を低下させる。主として表面処理の無い製品が使用される。

4.4.2 トナーの外添剤
コピー機，プリンターに使用されるトナーには，紙への付着性，トナー樹脂の付着防止・流動性付与・帯電性の制御等を向上させる目的で，外添剤が使用されている。この外添剤には微粒子酸化チタン，シリカ，アルミナ等の金属酸化物が主に使用されており，シリコーン，シラン・シランカップリング剤等により有機表面処理して使用される場合が多い。

5 おわりに

微粒子酸化チタンは顔料用と比較して歴史も浅く，現在も種々の用途開発が進められている。微粒子化によって引出された酸化チタンの新しい特性が，今後の研究，実用化によりさらに大きく発展することを切に願う次第である。

第1章 酸化チタン

文　　献

1) 有馬達雄，工業材料，**21**，81(1973)
2) 特開，昭60-186418
3) 特開，昭59-223231
4) 特開，昭60-251106
5) 伊藤征司郎，田中睦浩，白金一浩，桑原利秀，色材協会誌，**57**，305(1984)
6) 清野学，酸化チタン―物性と応用技術，技報堂(1991)
7) 川根誠，端野朝康，色材協会誌，**31**，85(1958)
8) F. B. Stieg, *JOCCA*, **53**, 469(1970)
9) 特公，昭47-42502
10) 特開，昭54-77192
11) U.S.P. 4753829
12) A. Fujishima, K. Honda, *Nature*, **238**, 37(1972)
13) 河合知二，セラミックス，**21**，326(1986)
14) 竹内浩士，化学と工業，**46**，1839(1993)
15) 特許第3334977号
16) 藤嶋昭，電気化学，**64**，1052(1996)
17) 久永輝明，田中啓一，電気化学，**60**，107(1992)
18) 橋本和仁，藤嶋昭，ニューセラミックス，55(1996)

第2章　ナノテク機能性顔料としての酸化亜鉛

山本泰生[*]

1　はじめに

　顔料として「亜鉛華」という名称に代わって「酸化亜鉛」が正式名称として用いられるようになったのは1995年にJIS K1410が改定されて以降である[1]。その頃より，従来の用途であるゴム，塗料，陶磁器，ガラス，フェライト，バリスター，電子写真といった需要分野に加えて，紫外線(UV)吸収機能に着目した化粧品などへの用途の拡大が見られるようになった[1]。さらに，最近では導電性を付与することによって，赤外線遮蔽の機能を発現させることにより，新たな用途への展開が試みられるようになっている。さらに，ナノ粒子化することにより，透明導電膜への応用も試みられている。これらの新たな展開には，粒子径をナノ・オーダーに制御し，凝集粒子を一次粒子近くにまで分散する技術が重要である。また，透明導電膜の用途では，希少金属であるインジウムがフラットパネルディスプレイ(FPD)の需要拡大に伴って資源問題となっており，代替材料としての亜鉛系への期待が高まっている。本稿では，ナノテク機能性顔料としての酸化亜鉛について紹介する。

2　亜鉛資源の動向

　亜鉛は非鉄金属のアルミニウム，銅に次いでベースメタルとしての第3位の産出量を占める[2]。偏在するレアメタルとは異なり，世界中の各地域に分散して存在する。最近の経済活動を反映して，図1に示すように，亜鉛メタルの生産量は，アジア地域の伸びが顕著であり，アメリカでは横ばい，ヨーロッパとオセアニアでは漸減，アフリカでは漸増の傾向にある[3]。中国の消費量は特に著しく，2004年にはそれまでの亜鉛輸出国から輸入国へ転じたとみられる。亜鉛メタルの主要な用途である鉄鋼メッキへの需要が牽引し，世界中の亜鉛メタルの約1/4は中国で消費されるようになった[4]。亜鉛市場は未曾有の需給タイトな時代へ突入した。

---

[*]　Taisei Yamamoto　ハクスイテック㈱　技術部　部長

第 2 章　ナノテク機能性顔料としての酸化亜鉛

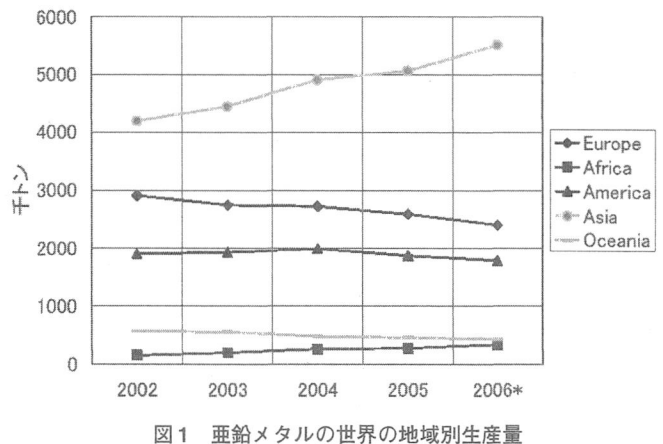

図1　亜鉛メタルの世界の地域別生産量

3　酸化亜鉛の製法と純度

　酸化亜鉛の工業的製法としては，亜鉛メタルを原料としてこれを蒸発・酸化して造るフランス法が世界中で圧倒的に用いられている。亜鉛鉱石を一旦精製メタルにしたうえで用いるので間接法と呼ばれる。また，湿式法のような溶液過程を経ないので乾式法に属する。フランス法プロセスを図2に示した[5]。亜鉛メタルの10％弱が酸化亜鉛の製造原料として用いられる[3]。

　工業用の酸化亜鉛の純度は JIS K1410 によって一般ゴム用の3種から高純度の1種まで規定されている[6]。1種の純度は99.5％以上，不純物として鉛0.005％以下，カドミウム0.002％以下と規定されている。実際の分析例では，純度99.8％，鉛10 ppm，カドミウム1 ppm，吸着水分が0.2％程度となっており，水分を除けば原料の最純亜鉛の純度99.995％以上に対応している。

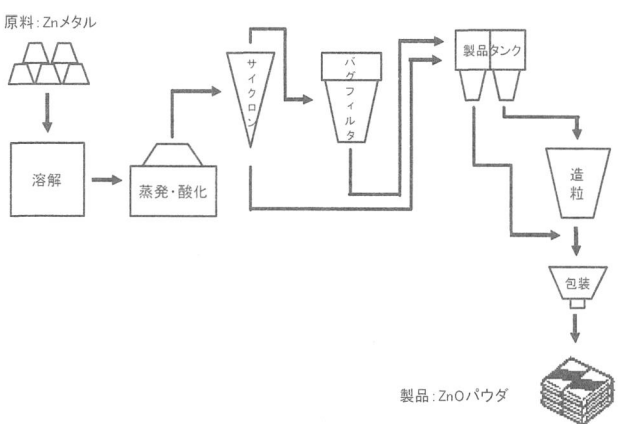

図2　酸化亜鉛のフランス法製造プロセス

15

4 酸化亜鉛の結晶格子

図3に酸化亜鉛結晶の単位胞を図示した。パウダのX線回折データ JCPDS36-1451 によれば，六方晶ウルツ鉱型で，空間群 $P6_3mc$，a = 3.24982，c = 5.20661，Dx = 5.68，Z = 2 と記載されている。亜鉛原子と酸素原子は互いに他の4個の原子により四面体配位される。c/a = 1.602 は正四面体を仮定した場合の値 1.633 よりも小さいので，c軸方向に少し縮んだ構造といえる。c軸方向の原子座標パラメータ u = 0.345 は正四面体の場合の値 0.375 よりも小さい。正四面体構造に比べて，図3の Zn①-O① = 1.796 は縮んだ値，Zn②-O① = 2.042 は伸びた値，∠O①-Zn②-O⑤ = 105.42°は狭い値，∠O①-Zn②-O② = 113.27°は拡がった値となっている。

また，Shannon の結晶半径（単位Å）は，4配位の場合，Zn^{2+}：0.74，O^{2-}：1.24 とされており，酸素イオンが作る格子の四面体間隙を亜鉛イオンが占める構造と見ることもできる。

5 導電性酸化亜鉛ナノパウダの製法と特徴

酸化亜鉛にドーパントを添加することにより導電性を付与することができるが，今のところ実用的な導電性パウダが得られているのはn型である。ドーパントとして Al，Ga などの3価元素または Sn などの4価元素が用いられる。主な製法は湿式法によるものである。硫酸亜鉛または塩化亜鉛の水溶液にドーパントの水溶液を混合し，ソーダ灰などのアルカリ水溶液で中和することによって塩基性炭酸亜鉛または水酸化亜鉛の前駆体を形成させ，次いでこれをろ過・水洗の後，

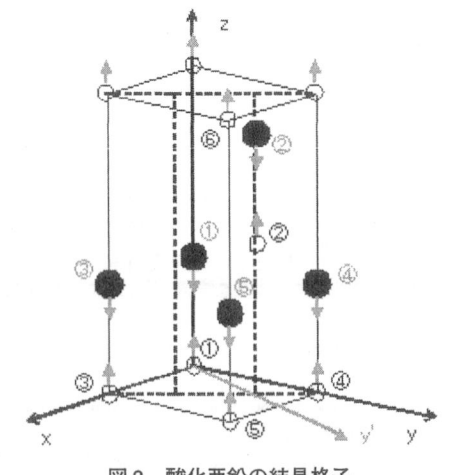

図3 酸化亜鉛の結晶格子
（○印は亜鉛，●は酸素）

第2章 ナノテク機能性顔料としての酸化亜鉛

表1 導電性酸化亜鉛パゼットシリーズの主な物性

銘柄		23-K	CK	GK
ドーパント		Al	Al	Ga
体積抵抗率[*1]	$\Omega\cdot cm$	100～300	1k～10k	10～100
比表面積	m^2/g	4～10	30～50	30～50
1次粒子径[*2]	nm	100～500	20～40	20～40
体積平均径	μm	4～7	2～5	2～5
カサ比容	ml/100g	200～300	700～1000	300～500
吸油量	ml/100g	19～21	35～50	30～50
pH		9～10	8～10	7～9
粉体色	L値	87～95	87～95	75～90

＊1 10MPa加圧下
＊2 比表面積からの換算粒子径

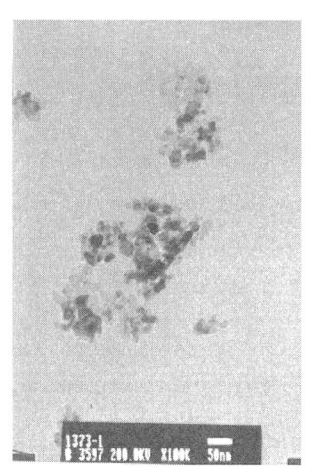

写真1 パゼットGKのSEM写真(左)とTEM写真(右)

仮焼・還元焼成する。フランス法をベースとした製法も提案されている[8]。

ハクスイテック㈱により上市されている主な導電性酸化亜鉛パウダ「パゼット」シリーズの物性値を表1に，パゼットGKのSEM写真とTEM写真を写真1に示した。

6 パウダの導電性

容易に推察できるように，パウダの充填密度は加圧によって変化し，また，体積抵抗率は充填密度によって変化する。図4は，内径10mmの内部絶縁シリンダーに1gの導電性酸化亜鉛パウダを入れ，加圧下における上パンチと下パンチの間の試料の厚さ及び抵抗値を測定して得られた

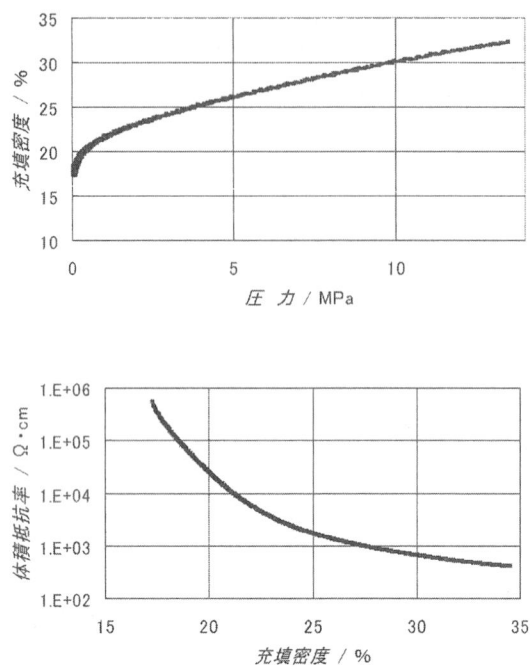

図4　導電性酸化亜鉛パウダ充填密度の圧力依存性（上）と体積抵抗率の充填密度依存性（下）

値である。従って，パウダの体積抵抗率は測定条件と不可分である。表1に示した体積抵抗率は10MPa加圧時における値であり，充填密度は約30％に近い。

7　ナノパウダの分散と紫外線遮蔽

顔料としてパウダを用いる場合，その分散性は極めて重要である。通常，一次粒子径がナノ粒子であっても凝集してミクロンオーダーの二次粒子を形成している。酸化亜鉛ナノパウダを紫外線カットに用いる場合，分散度合いによって紫外線カット性能が異なり，また，ヘイズ（曇り度）も異なる。その例として，図5に凝集体を分散処理した場合の処理過程におけるサンプル塗膜（ベースフィルム：PET[100μm]，顔料23wt％/PVA，膜厚5μm）の評価結果を示した[1]。スタート時に体積平均粒子径（メジアン径D50）4μmかつ一次粒子径20nmであったパウダは分散処理時間と共に，D50が4μmから0.1μmまで減少し，それに伴って塗膜のヘイズも70％から10％まで低下している。さらに，分散が進むにつれて波長350nmでの紫外線透過率は減少しており，紫外線遮蔽能が向上していることがわかる。波長550nmでの可視光透過率は分散処理時間に依存せず，約90％である。なお，ここでいう分光透過率は全光線透過率である。

第2章 ナノテク機能性顔料としての酸化亜鉛

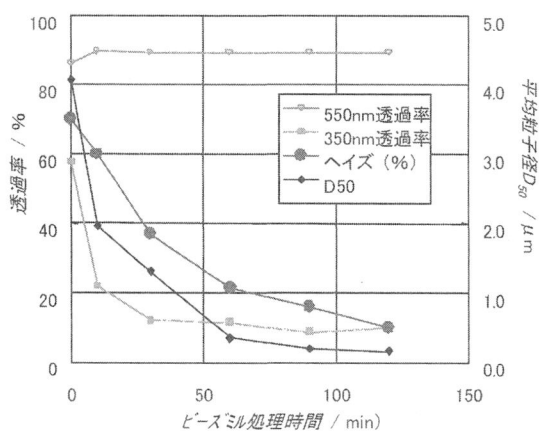

図5 ビーズミルによる分散処理効果

8 導電性酸化亜鉛ナノパウダの分散

写真1に示した「パゼットGK」をイソプロピルアルコール(IPA)中にロッキングミルを用いて分散すると，安定性の良い分散体を得ることができる。写真2は得られた分散体のTEM写真である。BET比表面積から得られた平均径20nmの一次粒子が概ね10個程度凝集していることがわかる。この分散体の粒度分布は最早通常のレーザー回折式では測ることができず，動的光散乱法(光子相関法)によらねばならない。

図6に示した測定例では平均径として60nmを得ている。横軸に対数目盛をとっていないため，裾を引いているように見える。

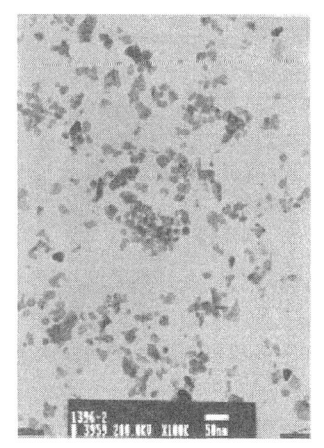

写真2 パゼットGKのIPA分散後のTEM写真

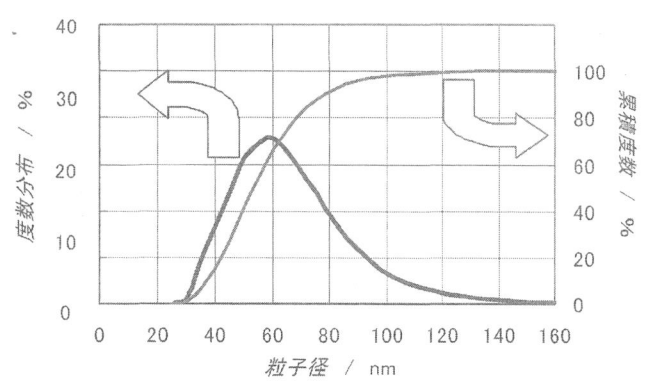

図6 パゼットGKのIPA分散後の粒度分布(動的光散乱法)

9 導電性酸化亜鉛スパッタ膜の赤外線遮蔽

酸化亜鉛の導電性は，通常 n 型であり，電子伝導という点では金属と同じである。金属はキャリア密度が高いので可視光を全般的に反射して，金属光沢を示す。この現象はキャリアのプラズマ振動に由来するもので，Drude の理論により，反射率などの光学特性と導電性が結びついており，導電性によって決まるプラズマ振動数よりも低いエネルギーの光（長波長の光）は反射または吸収される[9]。金属の場合は特性振動数が紫外領域にあるので，それよりも長波長の可視光が反射されて光沢を示したわけである。アルミニウムやガリウムをドープした酸化亜鉛（AZO あるいは GZO）またはインジウム錫酸化物（ITO）では金属に比べてキャリア濃度が1桁以上低いため，プラズマ振動数は近赤外領域となり，これらで作製された薄膜は近赤外よりも長波長の光を反射または吸収する。図7に AZO スパッタ膜の透過率，反射率及び吸収率（100％から透過率及び反射率を引いた値）を示した。波長 1.5 μm 以上で透過はほとんどなくなり，反射は増大している。また，1.5 μm 付近で吸収は最大となる。このように AZO スパッタ膜は入射する赤外線を遮蔽する効果のあることがわかる。

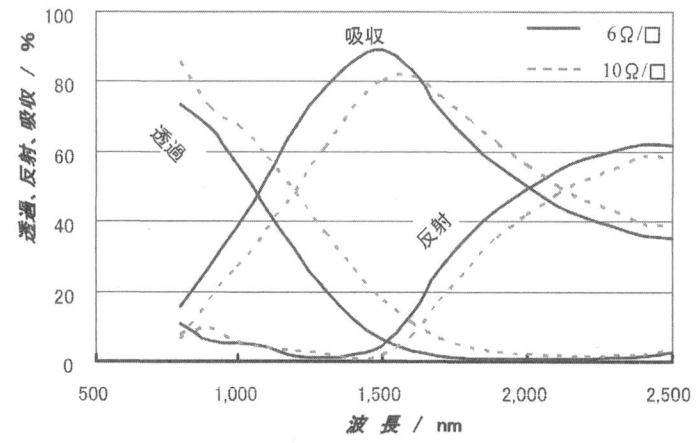

図7 AZO スパッタ膜の近赤外透過率，反射率及び吸収率
実線はアルミナ 2.2wt％，膜厚 0.6μm；点線はアルミナ 3.2wt％，膜厚 0.7μm

10 導電性酸化亜鉛ナノパウダの赤外線遮蔽

導電性パウダの場合はどうであろうか。表1の導電性酸化亜鉛パウダの分光反射率を図8に示した。比較のために示した導電性をもたないパウダ（JIS-K1410 の2種）では，380nm 以下の波

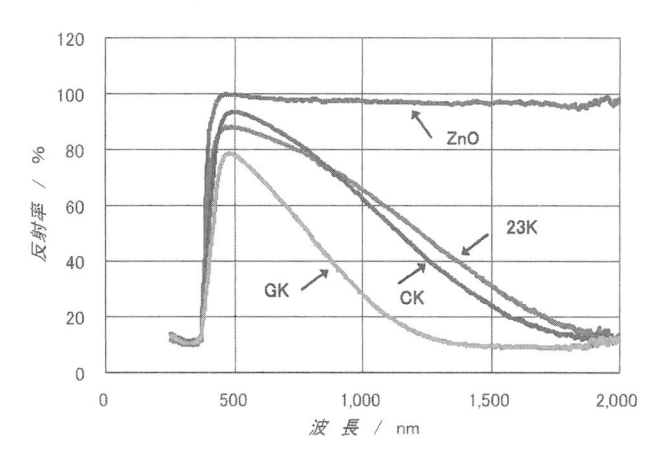

第2章 ナノテク機能性顔料としての酸化亜鉛

図8 導電性酸化亜鉛パウダの分光反射率
試料は表1に示した。比較のため導電性をもたないZnO粉末の例を併記した

長の紫外線は吸収され，可視光から近赤外にわたって全般的に高い反射率を示し，白色粉末の特徴を備えている。導電性パウダでは，紫外線遮蔽はほぼ同様であるが，近赤外領域で反射率が低下している。反射率の低下の原因として吸収または透過を考えることができるが，後に述べる塗膜の例からわかるように，この場合は吸収によるものである。スパッタ膜に見られた近赤外領域での反射の増大はパウダでは見られていない。その理由として，パウダではキャリア濃度が低いこと，あるいは粒界散乱が支配的で吸収係数が大きいこと，などが考えられるが，パウダに関する未解決の課題のひとつであろう。

次に，パゼットGKの塗布膜について述べよう。顔料濃度20wt％のMEK分散体を調製し，OPPフィルム（厚さ20μm）の上に，ワイヤーバー（線径0.3mm）を用いて塗布した。塗布時のウェット膜厚は約16μmと推定され，乾燥後の膜厚は分光透過率の干渉パターンより1.6μmを得た（顔料充填率36％）。得られた塗膜の分光透過率と分光反射率を測定し，吸収率として100％から透過率及び反射率を引いた値を求めた。これらを図9に示した。反射率は測定の全領域にわたって約10％程度の値で推移している。紫外線領域では強い吸収が見られ，可視光を含む400nmから1000nmでは高い透過率を示した後，近赤外領域では再び透過率の低下，即ち，プラズマ吸収と思われる吸収率の増大が見られる。このようにパゼットGKを用いて塗膜を形成することにより，可視光に透明で紫外線並びに赤外線を遮蔽できるフィルムを作製することができる。また，このとき塗膜の電気抵抗は1×10^8 Ω/□程度となる。

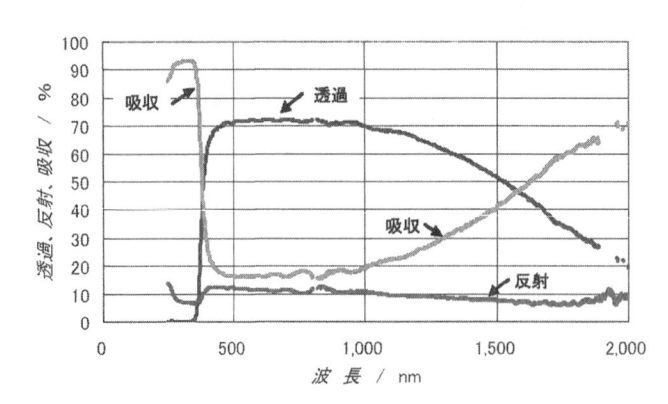

図9 パゼットGK塗布膜の透過率，反射率及び吸収率
ベースフィルムは厚さ20μmのOPP，塗膜厚1.6μm（充填率36％）

11 酸化亜鉛ナノパウダの今後の課題

以上で酸化亜鉛ナノパウダの概要を述べた。今後の課題として次のことが考えられる。

① 分散性の良いナノパウダの開発。一次粒子にまで分散の容易なパウダの開発及び分散技術の開発。分散剤の開発を含む。

② 導電性の高いナノパウダの開発。スパッタ，PLD，RPDなどの物理成膜された薄膜で得られている高い導電性（ITOと遜色ない）をナノパウダにおいても得ること。

③ 薄膜とパウダの差異の学理的解明。表面や粒界の導電性に対する影響の差異を定量化すること。固溶限界の差異の解明を含む。

④ 耐環境性の向上。耐熱性，耐湿性，などの耐環境性を向上させること。

これらの課題を解決できれば，ZnO系によりITOやATOを代替する道が開かれるであろう。

文　　献

1) 山本泰生，顔料，**46**，2881(2002)
2) 外務省，http://www.mofa.go.jp/mofaj/gaiko/energy/pdfs/shiryo_03(2005)
3) ILZSG(International Lead and Zinc Study Group)，http://www.ilzsg.org/(2006)
4) YUKON社(カナダ)，http://www.yukonzinc.com/research_ZINC.htm(2005)
5) ハクスイテック㈱，製品カタログ「酸化亜鉛」(2004)
6) 日本規格協会，JIS K1410-1995「酸化亜鉛」

7) R. D. Shannon, Acta Cryst. A32, 751-767(1976)
8) 特開平06-144834
9) 日本学術振興会，透明酸化物光・電子材料第166委員会編，透明導電膜の技術，オーム社（1999）

第3章 亜酸化銅

髙本尚祺[*]

1 はじめに

亜酸化銅は，古くから銅イオンの抗菌性・防藻性を利用して船底塗料，魚網等の防汚顔料として大量に使用され，その他高分子樹脂重合触媒・電子部品材料等に使用されている。

本稿では，亜酸化銅とナノテクノロジーとの橋渡しを主たる目的として，亜酸化銅の現状を筆者所属の古河ケミカルズ㈱における取組みに一部触れながら概観する。

2 亜酸化銅の概況

2.1 亜酸化銅の性質

亜酸化銅の一般的性質は，以下のとおりである。

- 分子式・分子量(式量)：Cu_2O・143.06
- 結晶系：等軸晶系のイオン結晶であり，単結晶はp型半導体である
- 比重：5.8〜6.0
- 融点：1235℃
- 分解温度：1800℃
- 溶解性：水・アルコールに不溶，塩酸・硝酸・アンモニア水・塩化アンモニウムに可溶

また，顔料としての粉体特性を，以下に示す。

- カサ密度(g/cm^3)：1.07〜1.27(JIS K 5101による)
- 平均粒度(μm)：1〜12(マイクロトラック式粒度分布測定器による)
- 吸油量(cc/100g)：10〜16(JIS K 5101による)

2.2 亜酸化銅の生産量推移

日本における亜酸化銅の生産量は，表1に示す生産量推移[1]から明らかなように，平成13年

---

[*] Hisayoshi Takamoto　古河ケミカルズ㈱　主席技師長
　　　　　兼　古河機械金属㈱　研究開発本部　素材総合研究所　主席研究主幹

第3章　亜酸化銅

表1　亜酸化銅の生産量推移

	平成13年度	14年度	15年度	16年度	17年度
生産量(t)	5,319	5,743	6,147	6,439	6,251

（日本無機薬品協会）

度の5,319tから平成17年度は6,251tと平成13年度に対して20％弱の増加傾向にある。これは，船底塗料への有機錫系防汚薬剤配合禁止のIMO（国際海事機構）による「船舶の有害な防汚方法の規制に関する国際条約」発効の追い風も受ける形で，従来の亜酸化銅が見直し再評価された結果と見ることができる。

2.3　亜酸化銅の製造方法

亜酸化銅の工業的な製造方法として，乾式法，電解法および化成法の三方法があり，日本では昭和50年代初期までは電解法による製造が行われていたが，その後化成法が新規に開発されたことにより，現在に至るまで主として化成法による製造が行われている。

2.3.1　乾式法

乾式法は，欧米のメーカーが採用している製造方法であり，基本的には銅を溶湯化し酸素ないし空気でフラッシングし亜酸化銅化した後，アトマイズして粒子化する方法であるため，一般に粒子サイズがD_{50}径で5μm以上と大きく，粒度分布の広さを示す3σ値が10μm以上と幅広い分布の亜酸化銅が得られる。

2.3.2　電解法

電解法は，かつて日本のメーカーが採用していた製造方法（図1に電解法の製造フローを示す）であり，基本的には食塩溶液を電解液として使用し，両極に純銅板を使用し，電解液温度50℃で電解するものであり，陽極サイドに塩化第一銅液が生成し，陰極サイドに苛性アルカリと反応した亜酸化銅が生成する。本製造方法では，電解液濃度や電解液温度，電解電流密度等をコント

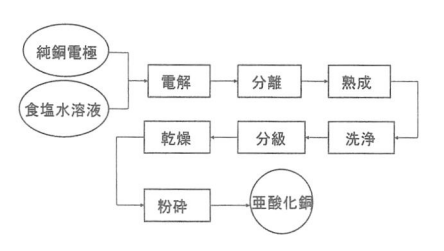

図1　電解法による亜酸化銅製造フロー 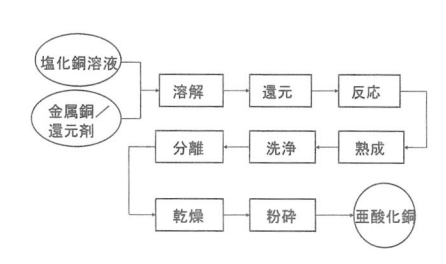　　図2　化成法による亜酸化銅製造フロー

ロールすることにより,粒子サイズ,D_{50}径で2～4μmにコントロールされた亜酸化銅が得られる。

2.3.3 化成法

化成法は,日本のメーカーが電解法の欠点である製造コストの低減を図るべく開発した新規製造方法(図2に化成法の製造フローを示す)であり,基本的には塩化第二銅溶液に食塩を含有させて,金属銅や亜硫酸ナトリウム等の還元剤で還元し塩化第一銅溶液とし,加温しながら苛性アルカリと反応させて亜酸化銅を生成させる。本製造方法は,銅濃度,反応温度,反応pH等反応条件をコントロールすることにより,D_{50}径で1～10μmの範囲内で任意の粒子サイズにコントロールされた亜酸化銅を得ることが可能である。

3 亜酸化銅の技術開発状況

3.1 特許情報からみた状況

特許電子図書館により,平成5～17年度における亜酸化銅が含まれる公開広報を検索したところ173件の特許技術が得られたが,その技術内訳は以下のとおりである。

① 製造方法(銅含有廃棄物からの回収方法等含む)　　　　　　　　　　21件
② 防汚(抗菌,防藻等含む)分野[塗料,組成物,製品]　　　　　　　　83件
③ 電子・電機分野[半導体,熱電変換素子,感光体,センサー,ペースト等]　37件
④ 複合酸化物,化合物,合金　　　　　　　　　　　　　　　　　　　　11件
⑤ 環境影響物質除去・吸着分野　　　　　　　　　　　　　　　　　　　7件
⑥ 高分子樹脂等製造触媒　　　　　　　　　　　　　　　　　　　　　　3件
⑦ その他　　　　　　　　　　　　　　　　　　　　　　　　　　　　11件

上記結果から,亜酸化銅の最大用途である防汚用途関係技術が48％を占め,次いで電子・電機部材関係技術が21％,製造方法関係技術が12％と,この三部門で特許技術の81％を占めている。この事実は,防汚部材にしても,あるいは電子・電機部材にしても,顔料あるいは原料としての亜酸化銅も含めた全部材の適正化,製品化技術として既存技術とナノテクノロジーとが融合した形の技術展開が図られていることを,また亜酸化銅の製造方法に関しても従来の製造技術にナノテクノロジーを組込むことにより,機能性に富む亜酸化銅の開発が着々と進展していることを示唆するものである。

第3章　亜酸化銅

3.2　主要分野の技術動向
3.2.1　防汚分野

　防汚分野における最大用途である船底塗料の技術動向について述べる。

　船底塗料は，船の外板の没水部にフジツボ，アオノリなど海中生物が付着するのを防ぐための塗料であり，生物の成長阻害や生物の付着忌避効果のある防汚剤・顔料が使用される。従来，有機錫が防汚力の点から多く使用

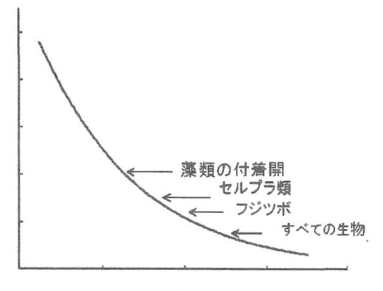

図3　リーチングレートと汚損の関係

されてきたが，前述したようにIMO国際条約の発効により有機錫の使用が禁止となり，現在では安全性の高い亜酸化銅が再評価され最も多く使用されている。

　船底塗料の構成は，樹脂，溶剤，顔料（防汚顔料，着色顔料，体質顔料）からなる。防汚顔料の塗料中の構成割合は20～50％を占めるが，防汚性能は使用する樹脂によっても大きく左右される。図3[2]は，銅イオンのリーチングレートと海中生物による汚損の関係を示している。塗料メーカーは，銅イオンが常に一定の速度で塗料塗り替え時期まで安定して溶出するよう樹脂の継続的改善・新規開発を進めている。一方，亜酸化銅メーカーは，樹脂を開発する塗料メーカーの要求する性能に適した亜酸化銅を開発し，供給している。

　一例として，弊社船底塗料用防汚顔料であるレギュラーグレード（粒子径：3～4μm）およびGGグレード（粒子径：8～12μm）のSEM像写真を写真1，写真2に示す。いずれも弊社独自の粒子サイズコントロール技術を駆使し，化成法にて製造された亜酸化銅であり，防汚性能に優れた顔料である。

　亜酸化銅の防汚顔料としての今後の技術的課題は，上述したごとく塗料メーカーの防汚塗料の開発動向に左右されるが，弊社としては亜酸化銅のさらなる高機能化のために銅イオンのリーチ

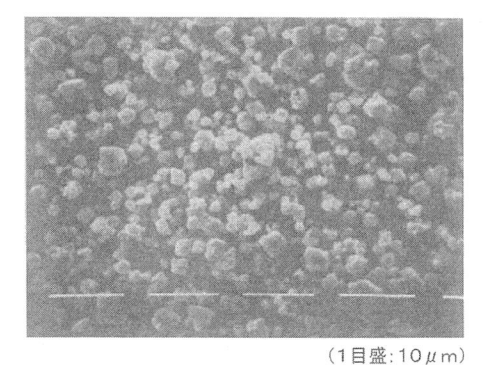

写真1　レギュラーグレード亜酸化銅　　　　写真2　GGグレード亜酸化銅
（1目盛：10μm）　　　　　　　　　　　　　（1目盛：10μm）

ングレートを維持し，塗料中で高分散状態を維持することが可能な高分散型亜酸化銅顔料の開発を進めている。

3.2.2 電子・電機部材分野

　半導体としての亜酸化銅は，亜酸化銅整流器に端を発してゲルマニウム，シリコン半導体の創生前から知られている。現在では半導体製品はシリコンないしガリウム砒素等化合物半導体が利用されるに至り，半導体としての亜酸化銅の用途はほとんどない状況が続いていたが，最近低コストで環境にやさしいをキャッチコピーに亜酸化銅太陽電池や発光素子への応用開発が一部で進められている。一方，亜酸化銅顔料を直接利用した部材として導体ペーストや銅系酸化物超伝導体等の開発も進められるなど，亜酸化銅の電子・電機部材分野における用途は，ナノテクノロジーと融合することにより拡大していく可能性も秘められている。

　一例として，太陽電池および導体ペーストの技術動向について簡単に述べる。

(1) **太陽電池**

　太陽電池は，化石燃料枯渇問題における新エネルギー源の探索とともに地球温暖化等環境問題を解決する究極のエネルギー源として太陽エネルギーを電力に変換すべく開発されたものであり，現在市場に投入されているシリコンないしアモルファスシリコン型太陽電池が一般的である。しかしながら，シリコン資源，製造コスト等の課題も指摘され，それに代わるものとして無機半導体から有機半導体を含めて種々の材料を用いて研究開発が進められており，亜酸化銅太陽電池もその一つである。一般的には，金属基板上に，p型半導体である亜酸化銅を積層した後，透明電極膜を積層しデバイス化している。成膜時の亜酸化銅の結晶性により太陽電池としての性能，いわゆる変換効率が左右されるため，変換効率を最大にするための下記のような積層技術が開発されている。

① 基板を銅基板として，直接表面を酸化する方法
② ゾル-ゲル法(コーティング法)により積層する方法
③ スパッター法により積層する方法

　いずれにしても，現状の亜酸化銅太陽電池は研究開発段階であり，シリコン太陽電池のエネルギー変換効率が，モジュール変換効率で[単結晶]～18％[3]，[多結晶]～16％[3]であるのに対し，亜酸化銅の場合，セル変換効率で2％程度[4]であり，シリコン太陽電池には遠く及んでいない。亜酸化銅の積層技術，デバイス化技術のブレークスルーを目指した開発が求められる。

(2) **導体ペースト**

　亜酸化銅が，導体ペーストに使用される分野は，特開2006-93003号公報などによれば，半導体素子収納用パッケージとして使用する配線基板を形成するための銅メタライズ層形成用導体としてである。

第3章　亜酸化銅

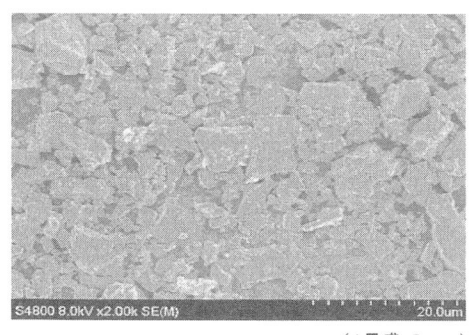

（1目盛：2μm）

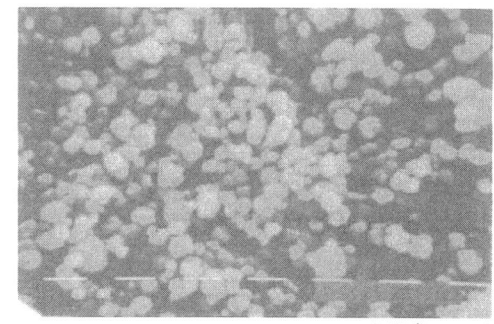

写真3　乾式法亜酸化銅

（1目盛；1μm）

写真4　微粒子グレード亜酸化銅

　亜酸化銅が，導体ペーストとして使用される理由は，銅メタライズ組成物と絶縁基板となるセラミックグリーンシートとの焼成収縮量差の整合が図れ，基板ソリを解消することが可能となるからである。

　同公報によれば，

　　　粒子形状；球状，

　　　粒径(D_{50}）；≦ 4 μm,

　　　粒度分布［($D_{90} - D_{10})/D_{50}$］；≦ 2,

　　　比表面積；≦ 15m^2/g

（1目盛；10μm）

写真5　立方体状亜酸化銅

となる粒子特性を有する亜酸化銅が，導体ペーストとして適する旨，開示されている。

　一般的に，亜酸化銅の製造方法により，その粒子形状や粒子径は大きく異なる。乾式法では，写真3に示すように一般的に破砕面を持つ粒子形状となり，かつ粒子径が5μm以上と大きいため導体ペースト用途には不適と考えられる。一方，化成法の通常の反応条件により顔料用に製造された亜酸化銅は，前掲写真1ないし写真2から明らかなように一次粒子径が大きいほど結晶化が進み結晶面が強調され角張った形状を示す。また，粒子径が小さくなるほど丸みを帯び球状〜楕円状の粒子形状となり，粒径，粒度分布をともにコントロールすることにより導体ペーストに適する亜酸化銅が調製できる。

　弊社においても，前掲写真2に示す弊社のレギュラーグレード亜酸化銅をベースに導体ペースト用途の展開を図るとともに，銅系超伝導体用原料として開発した写真4に示す一次粒子径が1μm以下の亜酸化銅を，導体ペースト用途に用いるための改良を進めている。

　また，亜酸化銅の粒子形状については，写真5に示すように従来の粒子形状とは異なる立方体状亜酸化銅が特開2005-255445号公報に技術開示されており，用途として積層セラミックコン

デンサーの外部電極，整流器，太陽電池等種々の電子材料用途への適用が考えられている。

　弊社としては，今後とも電子・電機部材原料としての亜酸化銅のさらなる高機能化を目指し粒子コントロール技術の改良・開発を進めて行く考えである。

4　おわりに

　以上，亜酸化銅の現状を概観してきたが，現在亜酸化銅の用途の拡大に向けて，製品スペックを生み出すユーザーと亜酸化銅メーカーの技術者がお互いに協力しながら新たな製品開発を進めており，このような中で素材原料としての亜酸化銅が将来に向けて大きく発展することを願っている。

文　献

1) 日本無機薬品協会，「無機薬品の実績と見通し　平成18年度版」
2) 中国塗料㈱，「船底用塗料の現状と今後の動向について」，2001年1月24日
3) アールイーサービス，「太陽電池比較表」
4) 特開2003-282897号公報

第4章 金属ナノ粒子の色材・顔料分野における最近の開発動向

石橋秀夫[*]

1 はじめに

　最近,ナノテクノロジーやナノマテリアルといった"ナノ"を冠する技術が注目を集めている。ナノサイズの金属粒子すなわち金属ナノ粒子もこのナノテクノロジーの一分野であり,最近は金属ナノ粒子が安定に分散したインクをインクジェット法でパターンを描画し,比較的低温度での加熱,焼成により電気伝導性を発現させて回路配線パターンを形成する研究がさかんに行われている[1〜8]。これは,金属ナノ粒子は表面に露出した原子が多く,格子振動も活発であるために,バルク金属に比べて融点が低下する[9]性質を応用し,250℃程度もしくはそれ以下の比較的低温度加熱にて導電性を発現させようとするものである。また金属ナノ粒子インクを用いれば,従来のスパッタリングや蒸着といったプロセスに比べてきわめて簡便なインクジェット法といった印刷の手法により,銀色の金属調の意匠を有した絵柄を描画することも可能になる。これらの用途は,金属ナノ粒子が,最終的にはナノのスケールではなくバルク状の金属に変化することになる。

　しかし金や銀といったある種の金属のナノ粒子は,ナノサイズの状態で保持されているときにのみ,高彩度で高着色性の色材としての商品価値を持つことが知られている。この着色用途の金属ナノ粒子の歴史をひもとくと,17世紀のドイツのJohann Kunckelにより開発された金赤ガラスと呼ばれる,高彩度の赤色ガラスの着色製造技術にさかのぼると考えられる。というのも,Kunckelのガラスの赤色は,ガラス中に高度に分散安定化された金ナノの粒子表面プラズモン共鳴[10]に基づくことが,現在は解明されているからである。この金赤ガラスを用いたガラス製の食器や工芸品は中世のヨーロッパにおいては富の象徴と考えられており,当時の人々から重宝されてきた。現在も金赤ガラスを用いた高級食器が人気を集めている。さらには大英博物館に所蔵されているリクルゴス酒杯(The Lycurgus Cup)もKunckelと同様な手法によりガラスの着色が行われたとも考えられている。リクルゴス酒杯は4世紀のローマ時代の遺物であるとされるので,金属ナノ粒子の歴史はKunckelの時代よりも遥かにさかのぼる可能性も考えられた。これらの事例からもわかるように金属ナノ粒子の元来の応用分野は色材であるといえる。

　金属ナノ粒子の用途は色材や導電性回路パターン形成材料以外にも,触媒や非線形光学材料と

---

[*] Hideo Ishibashi　日本ペイント㈱　ファインプロダクツ事業部　開発部

いった多様な応用分野が考えられるが，本章では，まず金属ナノ粒子の表面プラズモン共鳴に基づく着色材料としての最近の開発動向を中心に紹介する。また，金属ナノ粒子を用いて印刷や塗装といった手法で金属調の外観を得る技術に関しても併せて解説する。

2 金ナノ粒子の発色のメカニズム

　金ナノ粒子の赤い着色は，前節に述べたように金ナノ粒子の表面プラズモン共鳴に基づくとされており，本節でも表面プラズモン共鳴による発色のメカニズムに関して簡単に説明しておく。金属バルク中の伝導電子はイオン殻(原子の外側の電子を除いた部分)とともに一種のプラズマ状態を形成しているといえる。この電子の集団運動による振動はプラズマ振動と呼ばれている。これは外部からの光や電子線などの電場によって起きた電荷の擾乱(分極)を遮蔽するために電子が動き，中性状態を行き過ぎてまた戻るという振動を繰り返す状態のことであり，縦波として伝播するとされている。プラズマ振動の量子(波を粒子と見立てたもの)がプラズモンと呼ばれる。バルク中のプラズマ振動は周波数が高く，この状態の電子は光などの電磁波との相互作用は示さない。しかし，金属のごく表面には表面プラズモンと呼ばれる振動モードが局在する。これは，物質の分極の起こり易さを表す誘電関数が，異なる物質同士の界面で不連続になるわけではなく，連続的になろうと変化するため，金属表面にはバルク中の通常のプラズマ振動の周波数からずれたモードが存在するということである。この表面プラズモンが光との相互作用を起こすことが知られている。この相互作用が表面プラズモン共鳴と呼ばれている。金属ナノ粒子の場合にはナノサイズであるため必然的に表面部位が占める率が高いために光との表面プラズモン共鳴が増強された状況になる。そのため，金ナノ粒子が分散した状態を保持した場合には，表面プラズモン共鳴により赤く発色することになる。

　筆者らの調製した金ナノ粒子，銀ナノ粒子(図1)がそれぞれ分散した液の吸光曲線を図2に示した。図2に示したように金ナノ粒子の場合には530nmの緑色の光を吸収するため，緑色の補色である赤色に発色する。一方，銀ナノ粒子の場合には420nmの紫色の光を吸収するため，紫色の補色である黄色に発色する。

　ただし，すべての金属が表面プラズモン共鳴による発色を示すわけではない。筆者らは金や銀に加えて，白金やパラジウムの貴金属だけでなく，卑金属のニッケル[11]やビスマス[12]のナノ粒子の調製を可能としているが，金や銀以外は表面プラズモン共鳴に基づいた発色は認められない。表1に各種の金属の電子軌道を示した。表面プラズモン共鳴に基づく発色を示す金，銀はいずれも最外殻のs軌道に1個だけ電子が入り，その内側の軌道にはすべて，電子で飽和した状態であることがわかる。この電子構造は，伝導電子として働く最外殻のs電子が原子核からの束縛をき

第 4 章　金属ナノ粒子の色材・顔料分野における最近の開発動向

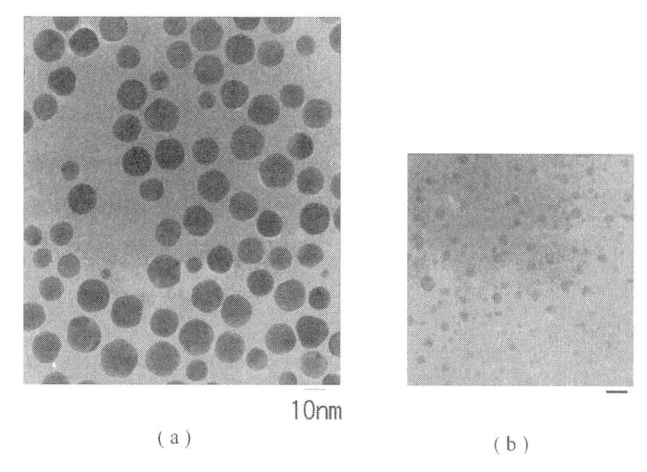

図 1　金ナノ粒子(a)および銀ナノ粒子(b)の TEM 像

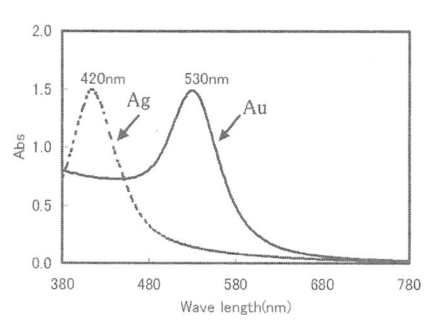

図 2　金，銀ナノ粒子ペーストの吸光曲線

表 1　各種金属の電子軌道

金属種	電子軌道
Cu	Ar $3d^{10} 4s^{1}$
Ag	Kr $4d^{10} 5s^{1}$
Au	Xe $4f^{14} 5d^{10} 6s^{1}$
Ni	Ar $3d^{8} 4s^{2}$
Zn	Ar $3d^{10} 4s^{2}$
Pd	Kr $4d^{10}$
Pt	Xe $4f^{14} 5d^{9} 6s^{1}$
Hg	Xe $4f^{14} 5d^{10} 6s^{2}$

わめて受けにくい状態にあると考えられる。したがって金や銀はプラズマ振動を起こしやすい伝導電子を有する金属であることが理解できる。このようなプラズマ振動を起こしやすい金属のナノ粒子のみが表面プラズモン共鳴により鮮やかな発色を起こすものと考えられる。同じ様な電子構造を有する銅も同様にそのナノ粒子は赤く発色することが知られている。

3　金属ナノ粒子の調製法

　金赤ガラスの製造における金ナノ粒子は，金を王水に溶解させて得られる塩化金酸をガラスに混合させて 1000 ℃以上の高温下でガラスを溶融させる際に，金イオンが熱還元されて生成した 0 価の金がガラス中にナノサイズで分散されることで得られる。加熱時の炉内酸素濃度を調整す

ることにより金イオンの還元反応速度を制御し，還元して生成した金の粒子径増大を抑制する必要がある。ただし，この手法における金ナノ粒子の粒子径制御は困難であり，このため金赤ガラスを用いた食器や工芸品は高額なものになるとされている。

　金赤ガラスの調製法により得られる金ナノ粒子は必然的にガラス中に分散，固定化された形態で存在するために，利用範囲は広くはない。したがって利用範囲の拡大のためもあって現在，金属ナノ粒子は液体に高濃度で金属ナノ粒子が分散した金属ナノ粒子ペーストと呼ばれる形態で利用される場合が多い。金属ナノ粒子ペーストを調製する手法としては，金属の原子レベルの大きさのものから，いくつかの原子が集まったクラスター状態ナノ粒子が形成されるボトムアップ方式が主流となっている。このボトムアップ方式には，ガス中蒸発法[13]に代表される物理的手法と，液相中で保護剤の存在下で金属イオンを還元し，生成した0価の金属がナノサイズの状態で安定化させる手法[14]（液相還元法と呼ばれる）や金属錯体の熱分解[15]などに代表される化学的手法の2種類に大別される。いずれの手法でもペースト中の金属ナノ粒子が重量ベースで20％を越える濃厚な金属ナノ粒子ペーストの調製が可能となっている。

　金属ナノ粒子は粒子径が10nm近傍とした場合に最も表面プラズモン共鳴による発色が強く起こるとされている。液相還元法は一般的に保護剤の設計や添加量によって粒子径を制御しやすいとされていることもあって，筆者らも液相還元法により色材や他の用途を目的とした金属ナノ粒子調製の開発検討を行っている。

4　金ナノ粒子の高耐熱性赤色着色剤としての応用

　ガラスや陶磁器用上絵具といった金属酸化物材料の着色剤の検討としては，石川県の九谷焼の無鉛赤絵具として金ナノ粒子を応用する技術が木村によって開発されている[16]。

　陶磁器用上絵具は，800℃前後で溶融するガラスの粉砕物である無色透明のフリットに，高耐熱性の着色剤を混合したものである。陶磁器用上絵具には和絵具と洋絵具の2種類があり，不透明な洋絵具に対して，和絵具は色ガラスのような透明性を必要とする。九谷焼では「九谷五彩」と呼ばれる5色の上絵具が基本となっており，青（緑），黄，紺青，紫の4色は九谷焼独特の透明感を持つ和絵具が用いられてきたが，残りの1色である赤だけは酸化鉄（弁柄）による不透明な絵具が用いられてきた。透明感を持つ赤色絵具としてはセレン-カドミウム顔料があるが，カドミウムの持つ毒性の高さが原因となって食器には使用することができなかった。

　木村は，和絵具用赤色着色材料として化学的手法によって得られた金ナノ粒子を着色剤として無鉛フリットに加えた絵具にふのりを加えて混練したものを，筆を用いて塗布して薄膜を形成し自然乾燥させた後に最高で850℃まで昇温させて絵付けを行い，金ナノ粒子の和絵具としての着

第4章　金属ナノ粒子の色材・顔料分野における最近の開発動向

色性と透明性を検討，評価した。図3[16]に無鉛フリットに金ナノ粒子を着色剤として使用した絵具の発色状態を示した。フリットに対する金ナノ粒子の添加率は，上段左から0.01，0.03，0.05重量％，下段左から0.075，0.10，0.20重量％である。金ナノ粒子の添加率がわずか0.01重量％の場合でも淡いピンク色であるが，十分に着色されていることを確認することが可能である。金ナノ粒子の添加率の調整にしたがって淡いピンクから濃い赤色まで色合いを変化させることが可能であることがわかった。従来の赤色着色剤である弁柄はガラスフリットに対して通常は15～30重量％が添加されて使用されるのに比べて，金ナノ粒子は0.2重量％以下でも十分な着色が得られることから，金ナノ粒子はきわめて着色力の高い色材であることが本結果からも理解することができる。

　図3に認められる黒い線は，金ナノ粒子を含んだ絵具の透明性を目視で評価するために，赤色絵具の下に描画した線描呉須である。金ナノ粒子を0.20重量％と最も濃度の濃い条件でも呉須を目視で確認することが十分に可能であり，金ナノ粒子による赤色は透明性を併せ持つことがわかった。

　以上の結果から木村は，無鉛フリットに金ナノ粒子を着色剤として使用することで透明感を有する赤絵具を得ることが可能になったと報告している。

　図4[16]に透明感を有する無鉛赤絵具と他の色の無鉛和絵具を使用した九谷焼の作品を示した。左から中島亨氏，三浦勝雄氏，山口義博氏の作品である。赤を含む無鉛和絵具は従来の和絵具と同様な感覚で使用できるとのことであった。また，金ナノ粒子を着色剤としても絵具の耐酸性は変化しない結果も得られたことから，金ナノ粒子を着色剤として使用した和絵具は飲食器の加飾にも使用できるとしている。

図3　無鉛フリットの金ナノ粒子による着色[16]

図4　金ナノ粒子を含んだ無鉛和絵具を使用した試作品[16]

5　金,銀ナノ粒子の塗料用着色材料としての応用

　金ナノ粒子は高着色かつ高透明性を有する着色剤であることは前節に示したが,本節では塗料用着色剤としての応用例を示す。筆者らは,光輝顔料であるアルミフレークを分散したベース塗膜の上に,金ナノ粒子を含有したクリヤー塗料を塗布,焼付けした自動車モデルを作成した[14]（図5）。

　塗膜の場合には数〜数10μmときわめて薄膜の状態で着色することが必要なため,高着色された塗料を用いて成膜することが必要である。しかし,金ナノ粒子は少量で着色することが可能である。図5の写真の場合,塗膜中に含まれる金ナノ粒子の含有率は数重量％程度と低濃度であり,金ナノ粒子の高着色性が本例でも実証される結果が得られている。

　ベース塗膜にはアルミフレーク顔料が含有されており,アルミフレークの配向によりハイライトではよく光を反射して高輝度となる反面,シェードでは暗くなるとされる「フリップフロップ」と呼ばれる明度の角度変化を有する。図5では,アルミフレーク・ベース塗膜の上に金ナノ粒子に基づいた高透明性の赤色クリヤー塗膜が形成されるため明度の角度変化ばかりでなく色相がハイライトとシェードで変化するカラーフロップ性も認められることがわかった。

　一方,銀ナノ粒子は黄色の発色を示し,金ナノ粒子と同様に塗料用着色剤としての応用が考え

図5　2コートメタリック塗装系クリアコートへの金ナノ粒子の応用

第4章　金属ナノ粒子の色材・顔料分野における最近の開発動向

られる。筆者らは，この銀ナノ粒子と従来の黄色の高級有機顔料との着色力の比較検討を行ってみた。黄色有機顔料としては高彩度，高耐久用途に使用される Pigment Yellow 110（PY110）を分散させた塗膜フィルムと，銀ナノ粒子を分散させた塗膜フィルムをそれぞれ作成した。この2種類の黄色塗膜のCIE座標上での比較を行ったところ（図6），明度（Y値）を一定として比較した場合，銀コロイドすなわち銀ナノ粒子の方がPY110より非常に高彩度であることがわかった[14, 17]。また一定のY値を得るための銀ナノ粒子配合量は，PY110の配合量の1/10以下であった。銀ナノ粒子とPY110の比重差を勘案すると銀ナノ粒子の単位体積あたりの着色力は有機顔料の100倍程度になると推定された。

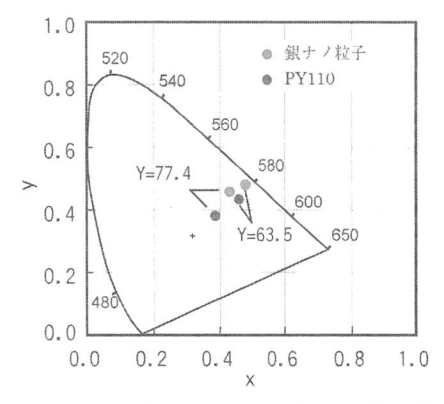

図6　CIE座標上での銀ナノ粒子と有機顔料（PY110）の彩度比較[18]

6　銀ナノ粒子の塗布により得られる金属調意匠

　金属ナノ粒子の表面プラズモン共鳴に基づいた発色は，金属ナノ粒子の濃度が低く，粒子間が十分な間隔を有するマトリックスを光が透過する際に得られる。これに対してマトリックス中の金属ナノ粒子濃度を90重量％程度に増大させて金属ナノ粒子間の距離が縮まった膜を形成すると透過光ではなく反射光のみが観測される。この場合には金属光沢を有する金属調意匠を発現することとなる[18, 19]。さらに膜を加熱し，金属以外の成分を熱分解させるなどして金属ナノ粒子同士を融着させると金属光沢の意匠が得られるばかりでなく，導電性も発現するようになる[1]。すなわち金属調意匠を得るのが目的であるならば，金属ナノ粒子を融着させる必然性はないものと考えられる。

　印刷材料分野での銀色や金色の金属調外観は従来，蒸着などのドライプロセスにて得られてきたが，他の赤色や青色といったインクの印刷と同様なプロセスで得られるのであればコスト低減やデザインの自由度の拡大など得られるメリットは小さくないものと考えられる。特に銀ナノ粒子の分散したインクを活用し，銀色の金属調意匠が得られるのであれば，黄色のインクとの重ね塗り等の組み合わせで金色の意匠を得られることになる。また他の色との組み合わせで多様な色の金属調意匠も容易に作り出すことが可能になる。

　現在，商品のパッケージの印刷手法としてインクジェット法が用いられているが，銀ナノ粒子を高濃度に分散したインクの場合においても，20mPa·s以下でニュートン流体の性状を有し，イ

ンクジェット描画が可能なタイプのインクが開発されている。筆者らも市販のインクジェットプリンターを用いて印刷描画が可能な銀ナノ粒子インクを得ており[1]，実際にインクジェット印刷したものを図7に示す。図7に示すようにインクジェット印刷により鏡面性を有する意匠が得られることがわかる。

図7に示すものは分散媒が水である銀ナノ粒子インクを用いているために，被塗物の最表面は受容層と呼ばれるポーラスな構造の層を形成させて，水のような表面張力の高い液体でもはじかないような処方が施してある。しかし，被塗物の表面の形状制御はコストの増大や利用分野の縮小につながる可能性が考えられる。したがって特別な工夫が行われていない表面を有する被塗物への描画を可能にするため，インクの表面張力の制御も重要な一因子であると考えられる。このため表面張力が30dyn/cm程度のグリコールエーテル系，エステル系や脂肪属性炭化水素系等の有機溶媒を分散媒とした金属ナノ粒子インクの開発も進められてきている。

図7 光沢紙上に市販のIJプリンターを用いて銀ナノ粒子インクを描画した印刷物
鏡面になっているので印刷物上の物体の反射像が映りこむ

7 複合金属ナノ粒子の開発による色域の拡大

金ナノ粒子や銀ナノ粒子などの表面プラズモン共鳴に基づく発色は，金，銅の場合で赤色，銀で黄色と得られる色の種類は暖色系のうちの2色ときわめて限定されたものであった。そこで筆者らは，金ナノ粒子をコアに持ち，これに銀もしくは銅が被覆したシェルとなる金コア/銀（または銅）シェル型の複合ナノ粒子を調製することにより，得られる色域を拡大できることを報告している[18]。

櫛型ブロックコポリマーにより安定化された粒子径が15nm程度の金ナノ粒子の存在下で銀イオンを液相還元することにより得られた，図8のTEM像に示したような金コア/銀シェル複合ナノ粒子が得られた。この金コア/銀シェル複合ナノ粒子の分散液の吸光曲線を図9に示した。金粒子と2段目に添加する銀の重量比を金/銀＝1/2〜1/8に変化させたところ銀シェル層の厚さも4〜11nmに増加した。シェル層の膜厚の増加にしたがって，図8に示したように吸収主波

第 4 章 金属ナノ粒子の色材・顔料分野における最近の開発動向

長が金ナノ粒子の 525nm から銀ナノ粒子の 420nm の方向へ，すなわち赤～橙～黄色に変化することがわかった[18]。

一方，同様に金ナノ粒子の存在下で銅イオンを液相還元させることで図 10 に示したような金コア/銅シェル複合ナノ粒子が得られた。金に対する銅の比率を変化させた場合の金コア/銅シェル複合ナノ粒子分散液の吸光曲線の変化を図 11 に示した。図 11 に示したように液相還元時の銅

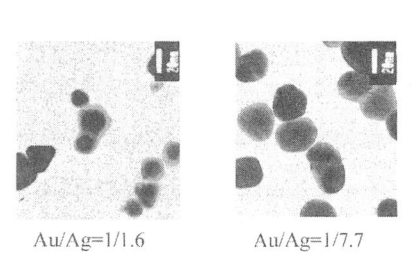

Au/Ag=1/1.6   Au/Ag=1/7.7

図 8　金コア/銀シェル複合ナノ粒子の TEM 像

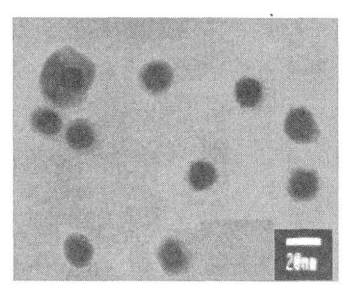

図 10　金コア/銅シェル複合ナノ粒子の TEM 像（Au/Cu ＝ 1/1.2）

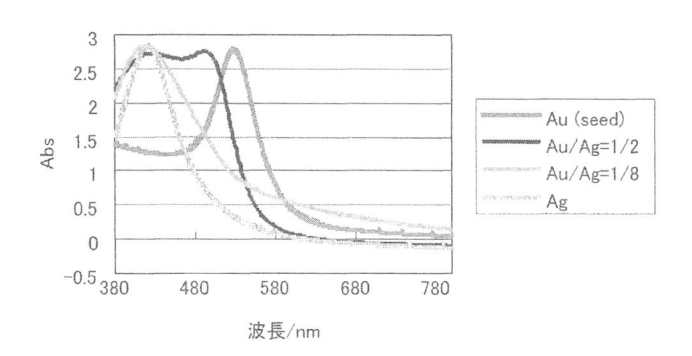

図 9　金コア/銀シェル複合ナノ粒子ペーストの吸光曲線

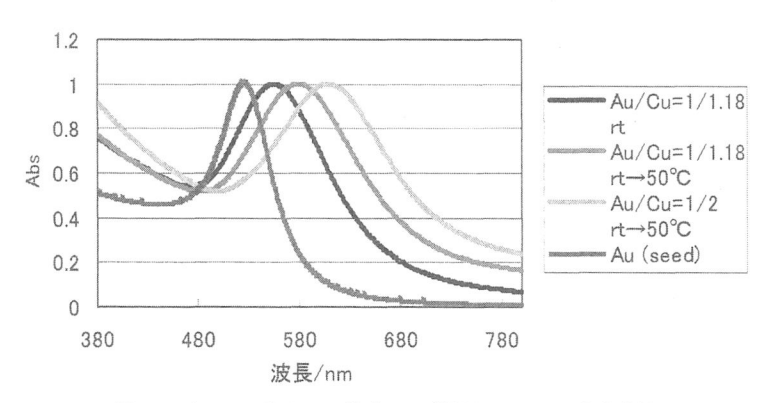

図 11　金コア/銅シェル複合ナノ粒子ペーストの吸光曲線

機能性顔料とナノテクノロジー

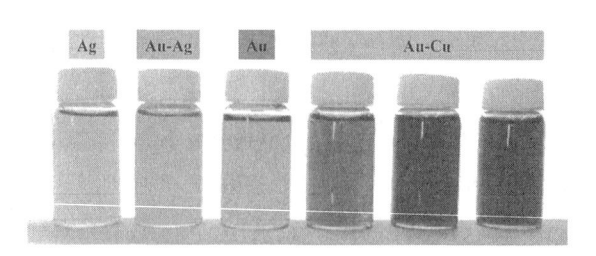

図12 金属ナノ粒子によって得られるカラーバリエーション

イオンの濃度の増大により，金に対する銅の比率を増加させるにしたがって，吸収主波長は長波長側にシフトし，紫〜青〜青緑に色調が変化することがわかった。図12に筆者らが合成した金ナノ粒子，銀ナノ粒子，金コア/銀シェル複合ナノ粒子および金コア/銅シェル複合ナノ粒子の分散液の写真を示したが，黄色〜赤〜青〜青緑のバリエーションに富んだ発色を確認することができる[18]。本結果から，金属ナノ粒子の表面プラズモン共鳴に基づいた発色メカニズムにおいても暖色系ばかりでなく寒色系の着色材料を調製できる可能性が見出されたものと理解している。

8　複合金属ナノ粒子による高意匠の発現（リクルゴス酒杯の意匠の再現）

銀ナノ粒子や金ナノ粒子を高濃度に含んだインクを塗付すると，表面プラズモン共鳴に基づく着色ではなく，バルク状態の金属の外観と同様な，金属光沢を有する意匠が得られる。

図13に，筆者らが作成した金コア/銀シェル複合ナノ粒子インクを調製して塗布して得られた，膜中に金コア/銀シェル複合ナノ粒子が高濃度で含有する薄膜の写真を示した。図13の左側の写真に示したように，太陽光や蛍光灯のもとでは，金と銀の合金系でよく観察される，ブロンズのような緑を帯びた銀色の金属調意匠を有する薄膜が得られる。この緑みを帯びた銀色は宝飾の分野ではグリーンゴールドと称され，バルク状の金と銀の合金でよく観察される外観である。しか

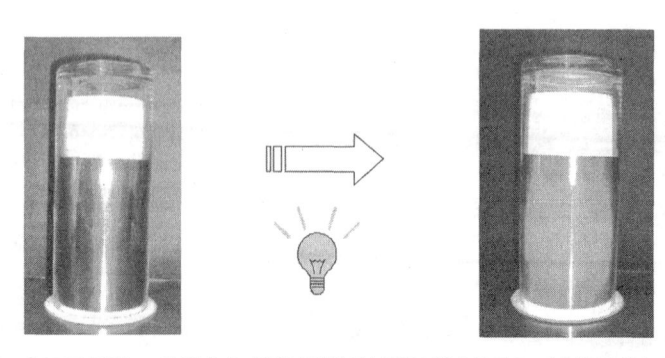

図13　金コア/銀シェル複合ナノ粒子薄膜の外観に対するランプ点灯の有無の影響

第4章　金属ナノ粒子の色材・顔料分野における最近の開発動向

し，得られた薄膜の裏側にランプを用意し，ランプを点灯させて透過光による意匠を観測すると，図13の右側の写真に示したように，赤色の発色が認められることがわかった。金コア/銀シェル複合ナノ粒子が高濃度で存在する薄膜の場合，シェルを構成する銀は凝集や，場合によっては一部融着して，表面プラズモン共鳴による発色は顕著に認められなくなる。しかし，銀のシェルの中のコアの部分に存在する金ナノ粒子は凝集せずに離散した状態で分布しているため，表面プラズモン共鳴による赤い発色を発現させる作用が残っていたものと考察している。ただし，膜中の金属濃度が高く，光透過性が低下しているため，ランプを点灯するなどして透過する光の強度を増大させないと透過光と金ナノ粒子の表面プラズモン共鳴に基づく赤い発色は観測できないものと考察している。

　この反射光で緑色，透過光で赤色をなす意匠は，本章の第1節に紹介した大英博物館所蔵のリクルゴス酒杯と同一のものである。リクルゴス酒杯の意匠に関しては，大英博物館のホームページ(http://www.thebritishmuseum.ac.uk/science/text/lycurgus/sr-lycurgus-p1-t.html)に示してあるように，リクルゴス酒杯も自然光の下では緑色(ブロンズ色)であるが，酒杯の内側にランプを入れて点灯すると赤く発色することが知られている。リクルゴス酒杯も極少量の銀(約300ppm)とさらに極少量の金(約40ppm)が含まれるとされるが，リクルゴス酒杯の発色メカニズムと著者らの金コア/銀シェル複合ナノ粒子インクの塗付膜の発色メカニズムが同一であるか否かはまだ明確ではない。しかし，リクルゴス酒杯の意匠を金コア/銀シェル複合ナノ粒子で再現できたのではないかと考えられた。

　このように，従来の球形に近い形状で単一金属から成るナノ粒子とは異なった，金コア/銀シェル複合ナノ粒子のような複合金属ナノ粒子やナノロッドといった新しい形状の金属ナノ粒子といった従来にないタイプの金属ナノ粒子材料を応用することにより，全く新しい意匠や機能の発現が期待されるものと考えられる。

9　おわりに

　金属ナノ粒子を用いた場合には，表面プラズモン共鳴に基づいて従来の色材に比べて少量で高着色力が期待できること，高着色と高透明性を両立できることといった特性を持つことを紹介した。しかし，現時点で金属ナノ粒子を応用した商品の開発は未だに発展途上であることは否めない。金属ナノ粒子の色材分野への応用に関して，さらに開発検討が進み，従来の材料では発現し得なかった意匠の発明，発見がなされることを期待している。そのために本解説が少しでもお役に立てれば幸いであると考えている。筆者らも新規な意匠や機能を有する金属ナノ粒子材料の開発をさらに進めて行きたいと考えている。最後に本解説に資料をご提供下さった木村裕之氏，中

島亨氏，三浦勝雄氏，山口義博氏に感謝の意を表す。

文　　献

1) 石橋秀夫，化学と工業，**57**，945(2004)
2) 菅波敬喜，小口壽彦，南家泰三，小林敏勝，日本画像学会年次大会(通算91回)"Japan Hardcopy 2003"論文集，p.229，B18(2003)
3) 菅波敬喜，小口壽彦小，日本画像学会年次大会(通算93回)"Japan Hardcopy 2004"論文集，p.105，A17(2004)
4) 特開 2002-134878
5) 特開 2002-324966
6) 松葉頼重，エレクトロ実装学会誌，**6**，130(2003)
7) 特開 2004-207558
8) 特開 2004-327229
9) Ph. Buffat, J. P. Borel, *Phys. Rev.*, **A13**, 2287(1976)
10) H. Raether, Surface Plasmons on Smooth and Rough Surface and on Gratings. Springer-Verlag, Berlin(1998)
11) 特開 2004-124237
12) 特開 2004-99991
13) K. Kimura, S. Bandow, *Bull. Chem. Sci. Jpn.*, **256**, 3578(1983)
14) 石橋秀夫，テクノコスモス，**15**，2(2002)
15) 中許昌美，山本真理，色材，**78**，221(2005)
16) 木村裕之，石川県工業試験場平成15年度研究報告書，**53**，67(2004)
17) 小林敏勝，加茂比呂毅，化学と工業，**53**，909(2000)
18) 岩越あや子，南家泰三，石橋秀夫，小林敏勝，2004年度色材協会発表会講演要旨集，p.30，26A05(2004)
19) T. Kobayashi, *J. Jpn. Soc. Colour Mater.*(色材)，**75**，66(2002)

第5章　複合酸化物顔料

川上　徹[*]

1　はじめに

　複合酸化物顔料[1)]は数種類以上の金属酸化物を高温度で焼成することにより，固溶体を生成させ，新たな化合物にすることにより発色している。生成した複合酸化物顔料は個別の酸化物を混ぜたものとは異なる性質を有しており，複合化することにより化合物が安定化し諸耐久性が向上する。したがって，複合酸化物顔料は他の顔料に比べ，非常に優れた耐久性を有している。

　こうした優れた耐久性を生かし，古くは窯業界で使用していたものを，近年の市場ニーズにこたえるべく鋭意研究開発して，樹脂や塗料の分野にも使用可能な状態にしたものが，現在上市されている一連の顔料であり，種々の用途開発がなされ現在に至っている。

　本稿ではこれらの顔料の種類，性質，製法を述べた後，機能性という観点からナノサイズへの微粒子化とその応用展開について記述し，最後に赤外線反射を利用した遮熱顔料について記述したい。

2　種類および性質

　複合酸化物顔料の種類は，組み合わせる金属酸化物の種類により異なる。異なる金属の組合せにより違った色相が現われるため，色相による分類が便利である。バリエーションは有機顔料ほど多くなく，赤色顔料がないことが大きなデメリットといえる。表1に色相，組成などを示す。結晶はルチル型とスピネル型がほとんどで，所定の組成がこれらの結晶構造をとることにより発色する。発色成分は遷移金属でそれ以外の構成金属，酸素と共に固溶している。

　黄色はチタンベースのものが多く，主に二酸化チタンのルチル型結晶構造に発色金属であるクロム，ニッケルなどが固溶した構造を持ち，カドミ顔料や黄鉛などの代替用としての需要も多い。黄色以外の色相はほとんどの場合スピネル型になり，茶色は鉄ベースで，それに亜鉛やクロムが固溶した結晶構造をとる。クロムが固溶することにより，赤みの茶色（こげ茶）になる。緑色はチタンベースの冴えた黄みのグリーンとコバルトブルー系（Al-Co-Cr系）のブルーグリーンがあ

---

[*]　Toru Kawakami　大日精化工業㈱　東京技術部　課長

表1 複合酸化物顔料の物性値

色	成分	嵩 cc/g	粒子径 μm	pH	耐酸性 *	耐アルカリ性 *	耐候性 *	耐熱性 *
イエロー	TiO_2-BaO-NiO	3.5–4.5	0.5–1.0	6.0–8.0	5	5	5	5
	TiO_2-Sb_2O_3-NiO	1.5–2.5	0.4–1.0	6.0–8.0	5	5	5	5
	TiO_2-Sb_2O_3-Cr_2O_3	2.0–3.0	0.5–1.0	6.0–8.0	5	5	5	5
ブラウン	ZnO-Fe_2O_3	1.5–3.0	0.4–0.8	6.0–8.0	4	5	5	5
	ZnO-Fe_2O_3-Cr_2O_3	2.0–3.0	0.4–0.8	6.0–8.0	5	5	5	5
	NiO-Fe_2O_3-Al_2O_3	1.5–2.5	0.8–1.4	7.0–9.0	5	5	5	5
グリーン	CoO-ZnO-NiO-TiO_2	2.5–3.5	0.5–1.2	6.0–8.0	5	5	5	5
	CoO-Al_2O_3-Cr_2O_3	1.5–2.5	0.6–1.2	6.0–8.0	5	5	5	5
ブルー	CoO-Al_2O_3	1.5–4.5	0.2–1.2	8.0–10.0	5	5	4	5
	CoO-Al_2O_3-Cr_2O_3	2.5–3.5	0.4–1.0	7.0–9.0	5	5	5	5
ブラック	CuO-Cr_2O_3	1.0–2.5	0.2–1.2	5.0–7.0	5	5	5	5
	CuO-Fe_2O_3-Mn_2O_3	3.0–4.5	0.05–1.0	7.0–9.0	3	5	3	5
	CoO-Fe_2O_3-Cr_2O_3	1.5–2.5	0.5–2.0	6.0–8.0	5	5	5	5

* 5段階評価；優5→1劣

る。青色はコバルトブルー系で，クロムが入ることにより緑みになる。黒色はCu-Cr系とCu-Fe-Mn系，Co-Cr-Fe系があり，Cu-Cr系は諸耐性に優れ，Cu-Fe-Mn系は無機顔料としては高い着色力と黒色度を持っている。Co-Cr-Fe系は赤みの黒で，着色力は3者の中では一番小さいが，耐久性に優れ，後述する赤外線反射顔料として現在注目を集めている。

いずれの顔料も二酸化チタン，酸化第二鉄，酸化クロムなどの屈折率の高い成分を組成に持っているため，Al-Co系青色以外は非常に高い隠ぺい力を持っている。また，古くより窯業用として使用されてきたとおり，単純酸化物が複合系になる時，生成する化合物自身が安定化されるため，耐侯性，耐薬品性，耐熱性などの諸耐久性に優れている。

発色は有機顔料に比べ弱く1/10～1/100程度である。これは発色機構によるところが大きく，結晶場(配位子場)での電子の遷移確率が小さいため，可視光線を吸収しにくいためである。

3 微粒子化の製法および隠ぺい性の変化

3.1 微粒子化の製法

製法は大別すると乾式法と湿式法に分けることができる。図1に工程の長い湿式法の製造フ

第5章　複合酸化物顔料

ローを示す。乾式法は対応する金属の酸化物，炭酸塩，水酸化物などを所定量混合し焼成することにより目的の顔料を得ることができる。この方法は原料コストが安いこと，製造フローが簡単なことから，トータルコストが安くなり，現在の主流である。品質的には，湿式法と比べると着色力や色の鮮明性がやや劣り，粒子径が不ぞろいになりやすく，粗大粒子ができ易いなどの問題がある。これに対し，湿式法は対応する金属の塩の水溶液とアルカリ水溶液を用いて水酸化物や酸化物を沈殿させて，副生する塩を水洗除去し，乾燥，焼成をすることにより得られる。生成する沈殿の条件を制御することにより，ソフトな分散性の良い顔料を生成させることができる。乾式法より品質的には優れたものを作ることができるが，総合的なコストパフォーマンスは乾式法の方が良いといえる。

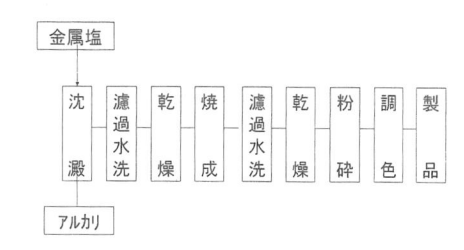

図1　微粒子化複合酸化物顔料の製造フロー

ナノサイズ微粒子顔料の実際の製造[2〜5]においては，微粒子化による嵩の増大によって，ハンドリングや効率においてかなり高いハードルがあり，それらをクリヤーする必要がある。嵩の増加は作業性の低下につながり，サブミクロン粒子径を持つ通常タイプに比べ，かなり割高な顔料となる。このようなコストアップを克服するため，乾式法による合成も試みられたが，元々粒子径の大きな粉末を小さく粉砕する場合，衝撃による結晶の破壊や，粒子径の不均一性などで品質的にまともなものは得られていないのが現状である。表2[6]に一例として酸化スズによる微粒子化における嵩の増加を示すが，ナノサイズになると急激に嵩が増加することがわかる。この傾向は複合酸化物系においても同様と考えられる。ナノサイズの顔料は上述のように湿式法の方が適しており，乾式法で行われることはほとんどない。

表2　スズ酸化物の表面エネルギーと比表面積の関係

粒子径 /nm	表面エネルギー $E_s/\mathrm{J \cdot mol^{-1}}$	比表面積 $/\mathrm{m^2 \cdot g^{-1}}$	凝集具合* (乾燥時)
2	2.04×10^6	4.52×10^2	
5	8.16×10^5	1.81×10^2	
10	4.08×10^4	9.03×10	強い凝集
100	4.08×10^1	9.03×10^0	凝集する
1,000	4.08×10^3	9.03×10^{-1}	少し凝集

*　一般的な傾向（水系）

3.2 微粒子化による隠ぺい性の変化

　微粒子化の目的は粒子径を小さくすることにより透明性をアップさせることである。図2に粒子径と隠ぺい力の関係を示す。図からある粒子径で隠ぺい力が極大値を取ることがわかる。この値が最高散乱粒子径で，各化合物が持っている屈折率により変化し，屈折率が大きいほど粒子径を小さくする必要がある。図3に最高散乱粒子径と屈折率の関係[7]を，表3に各化合物の屈折率を示すが，図から屈折率2.7の二酸化チタンの場合，0.2μm付近で最も散乱が大きくなり，隠ぺい力が最高になる。したがって，この粒子径以下にしないと透明にすることはできない。また，実際に可視光線をかなりの程度透過させるにはナノメートルサイズの大きさにしないといけない。

　複合酸化物顔料の場合，表3に示すように成分の中に酸化チタン，酸化クロム，酸化鉄などを含むものは基本的に屈折率が高く，例えばイエロー，グリーン系の顔料は二酸化チタン並みの大きさまで粒子径を小さくする必要があるが，Co-Al系ブルーの場合は主成分である酸化アルミニウムの屈折率が小さく含有量が多いため，そこまで小さくする必要はない。

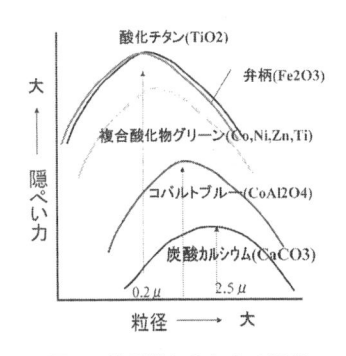

図2　粒子径と着色力の関係

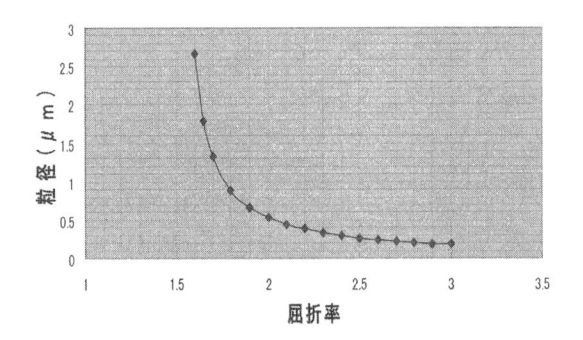

図3　屈折率と最高散乱粒子径

表3　各種化合物の屈折率

単純酸化物	屈折率	複合酸化物	屈折率
Al_2O_3	1.64	$CoAl_2O_4$	1.74
Cr_2O_3	2.50	$MaAl_2O_4$	1.72
CuO	2.84	体質顔料	
Fe_2O_3	2.78		
NiO	2.34	$CaCO_3$	1.57
α-SiO_2	1.54	$BaSO_4$	1.64
TiO_2(R)	2.71	樹脂	
TiO_2(A)	2.52		
ZnO	2.00	アルキド樹脂	1.50

4 カラーフィルターへの応用

複合酸化物顔料を微粒子化することにより透明性と耐久性の両方を併せ持つため,フラットパネルディスプレイのカラーフィルターとして利用することが可能となる。使用できるディスプレイは蛍光体を有するCRT,PDP,SED(FED)などである。これらのディスプレイは蛍光体の装着過程で熱処理工程があり,400〜600℃程度の熱がかかる。図4にCRTのカラーフィルター製造工程を示す。またCRT,SEDの場合は電子線が,PDPの場合は紫外線照射されるため,それらに対する耐性が要求される。これらの諸耐性を同時に満足させ,かつフィルターとして着色させるには複合酸化物系顔料以外には考えられない。

上述のフラットパネルディスプレイに着装するカラーフィルター[8]の使用目的は,有機顔料が使用されるLCDのような着色が目的ではない。そもそも蛍光体の発光により着色されているため,その主たる目的は画質の改善である。その改善効果は幾種類かある。

その第一は蛍光体の発する発光スペクトルの色純度の補正である。図5にCRT蛍光体の発光スペクトルと各3原色のカラーフィルター分光曲線を重ねて示す。本来発光スペクトルは輝線が良いとされる。その理由は理想的な発光による輝線スペクトルは余分な波長の広がりがないため,赤色(R),緑色(G),青色(B)三色を混合(加色混合)した時純白になるとされる。しかし図に示すようにR,Gは発光スペクトルに広がりがあり,Rは輝線スペクトルであるが,余分なスペクトルがあり,これらが存在することにより,純白に濁りを生じる。フィルターを着装することにより,これらスペクトルの広がりを抑え,Rの余分なスペクトルをある程度カットすることが可能となる。したがって,理想に近い状態に近づくことになる。

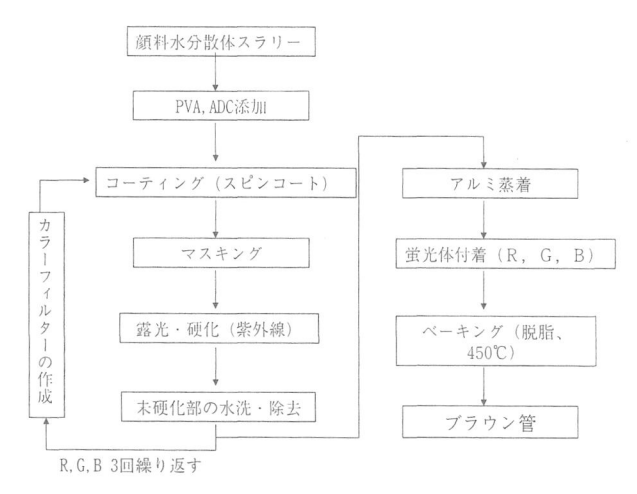

図4 カラーフィルター製造工程を含むCRTの製造工程

第二の効果は外光反射を抑えることである。特に外が明るい場合画面に外部風景の映り込みが起こり画面が見えにくいことがある。通常こうした影響を抑えるため，画面全体を調光ガラスで暗くして映り込みを減らす工夫をしているが，この場合画面全体を暗くするため，パネル内部で発光するスペクトルの輝度を強制的に下げてしまうため，画面全体が暗くなってしまう。このような場合，R，G，Bのカラーフィルターを着装することにより，微細なドットが画面全体に塗られることにより，画面全体が黒色に近い色になり，外光反射を抑えることができる。画面は強制的に輝度を下げているのではないので，各ドットでは本来の輝度に近い明るさが得られることになる。また，発光色の周りのドットは発光色以外の色を吸収するため，画面全体の色コントラストもアップする。

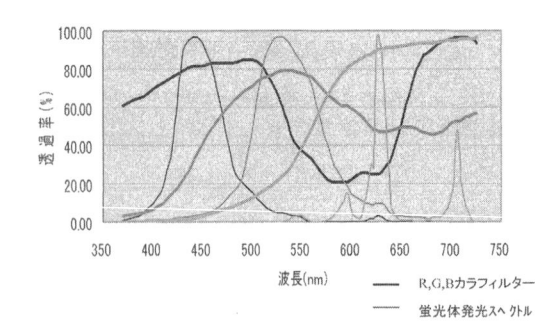

図5 蛍光体発光スペクトルとR，G，Bフィルターの重ね合わせ

このようにカラーフィルターを着装することにより，上述のような幾つかの相乗効果によって，総合的な画質の向上が図られ，20～40％程度の画質向上が見込めるといわれている。

5 酸化触媒および吸着剤への応用

La-Co系(ペロブスカイト型)[9]，Cu-Mn-Co系(無定形に近いスピネル型)[10]の複合酸化物顔料はいずれも酸化触媒として一酸化炭素(CO)や炭化水素(H-C)を炭酸ガス(CO_2)や水(H_2O)に酸化分解する能力に優れている。またCu-Mn-Co系は脱臭用触媒として硫化水素の吸着能にも優れており，トイレや工業排水処理時の悪臭を除去するのに優れた特性を発揮する。

粉末の製法は基本的にカラーフィルター用微粒子顔料の場合と同様であり，湿式法により合成される。その際に重要なのはできるだけ粉末を微粒子化し，比表面積(BET値)を稼ぐことである。比表面積の増加は吸着サイトの増加や活性サイトの増加につながり，ダイレクトに触媒性能の向上につながる。そのためには各構成元素の沈殿特性を考慮し，できるだけ微細に沈殿するように配慮することが大切である。

5.1 酸化触媒への応用

La-Co系のペロブスカイト型酸化触媒は酸化触媒として機能しているため，吸着—反応—脱着過程を経て触媒がリサイクルされる。製法により400～500℃程度の低温から酸化触媒能が見

第5章　複合酸化物顔料

られ，それ以上の温度では急激に活性が上がる。使用に際しては担体が必要で，粉をペースト状に加工し担体に担持させる。この際重要なのは粉末の持つ比表面積を凝集などでスポイルしないように加工することで，触媒性能にとって大きなファクターとなる。

実際の触媒性能は測定条件によりかなり異なり，フローの状態とバッチの状態では特性がかなり異なる場合が多い。フローの状態では空間速度(space velocity)の影響が大きく，またバッチ式の測定で良好でもフローの状態でよくない場合も多い。図6に本触媒の酸化性能を示す。貴金属触媒ほどではないが，かなりの触媒能を示し新たな用途展開が期待されている。

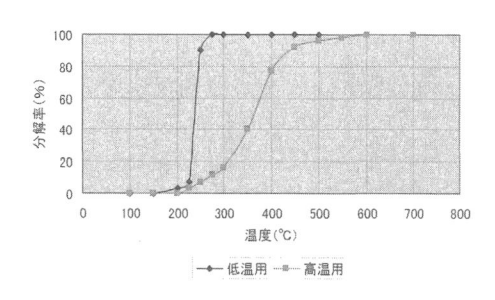

図6　La-Co系ペロブスカイト型触媒の酸化特性

5.2　吸着剤への応用

脱臭用触媒のCu-Mn-Co系は硫黄系の化合物を効率的に吸着させることができる。悪臭の原因の第一はイオウ化合物と言われており，このイオウ化合物を効率的に吸着脱臭できる。本吸着剤の性能は酸化触媒と同様に比表面積に依存する。即ち吸着剤としては吸着サイトの数に依存する。したがって，製造に当たっては比表面積をいかに稼ぐかがポイントとなる。基本的に高比表面積の吸着サイトにイオウ化合物が吸着することにより脱臭が行われるが，一部では触媒作用が働き他の化合物が変化しているものと思われる。面白いのは，イオウ化合物は通常触媒作用下では被毒物質で，触媒性能を低下させる働きをするが，その性能を逆手に取って，積極的に被毒

表4　Cu-Mn-Co系複合酸化物の吸着性能

サンプル名	経過時間(分)			
	0	5	30	120
ホルムアルデヒド	23	ND	ND	ND
アセトアルデヒド	26.6	17.1	10.5	6.7
メチルメルカプタン	85	DBS	DBS	DBS
アンモニア	420	ND	ND	ND
トリメチルアミン	29.6	1.3	ND	ND
硫化水素	165	ND	ND	ND
酢酸	45.6	ND	ND	ND

ND：検出されず　DBS：別の臭気物質に変化

(吸着)させて，吸着を促進している点である。

　実際の使用に当たっては担体に担持する方法がとられるが，こちらも加工条件が重要なファクターとなる。この種の吸着剤では活性炭が安価で最も大量に使用されているが，性能面で十分比肩しうる特性を持っていると思われる。表4に各種物質の吸着特性を示す。表から，一部吸着しにくいものもあるが，かなり吸着性能があることがわかる。

6　赤外反射を利用した遮熱顔料への展開

　赤外線は物質に吸収されると振動エネルギーに変換され，最終的に熱エネルギーとなる。したがって，赤外領域に強い吸収があると熱が貯まり易く，その物体の温度が上昇する。逆に赤外領域に強い反射があれば，熱が貯まり難くなり，物体の温度上昇を抑えることができる。このように赤外領域の反射特性を利用した，蓄熱防止を目的とした機能性顔料として遮熱顔料が開発されている。

　こうした顔料は塗料に加工して建材や自動車材料の表面に塗布すれば，室内や車内の温度上昇を抑え，エアコンの消費エネルギーを節約することができる。昨今の環境問題への関心の高さから，近年こうした顔料の開発が精力的に推進されている。

　白色顔料や有彩色顔料は通常可視領域の反射の他に，赤外領域に強い反射があるため，これらの顔料は基本的に遮熱性がある。これに対し，Cu-Cr系，Cu-Fe-Mn系複合酸化物顔料や，カーボンブラックなどの黒色顔料は赤外領域に反射を持たない。したがって，黒色ないしは黒っぽい色相の顔料で赤外領域に反射特性のあるものを遮熱顔料と呼ぶことが多い。

　本稿では複合酸化物系遮熱顔料[11]と有機顔料のアゾメチンアゾ系ブラック顔料について以下に記す。

6.1　複合酸化物系遮熱顔料

　複合酸化物系遮熱顔料の一覧を表5に示す。複合酸化物系顔料は茶色と黒色があり，茶色はFe-Cr-(Co)系があり，黒色顔料はCo-Fe-Cr系，Fe-Cr系，Bi-Mn系，Y-Mn系，Mg-Cu系[12]がある。いずれも茶色または黒色でありながら，赤外領域に強い反射があり遮熱特性を示す。構成元素による違いはあまり大きくないが，耐久性重視ではFe-Cr-Co系，Co-Fe-Cr系，Fe-Cr系が，性能重視ではBi-Mn系，Y-Mn系が良好である。図7にFe-Cr-(Co)系茶色顔料とCo-Fe-Cr系黒色顔料の遮熱特性を非遮熱顔料であるCu-Fe系ブラック顔料との比較で示す。

第5章　複合酸化物顔料

表5　複合酸化物系遮熱顔料の物性

種類	分類	成分	色相	比重	吸油量 (cc/g)	粒子径 (μm)
無機顔料	複合酸化物	Fe-Cr-(Co)	茶色	4.8	15	0.5-2.0
		Co-Fe-Cr	黒色	5.2	14	0.5-2.0
		Fe-Cr		4.8	14	0.5-2.0
		Bi-Mn		7.2	10	0.1-2.0
		Y-Mn		5.1	14	0.5-2.0
		Mg-Cu		5.0	14	0.5-2.0

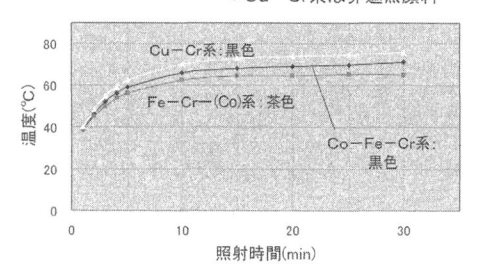

図7　複合酸化物系遮熱顔料の遮熱効果
（非遮熱顔料との比較）

6.2　アゾメチンアゾ系遮熱顔料

有機顔料で遮熱特性を示すものとしてはアゾメチンアゾ系ブラック顔料[13]がある。この顔料は粒子径が小さく屈折率が小さいため透明で，可視部で吸収，赤外部反射といった特性を示す。透明であるため，光が塗膜内部まで侵入する。そのため下地の影響が出やすく，下地に赤外線を吸収するような遮熱特性を劣化させるものがあれば，効果が減じられるため，注意が必要である。

表6にこの顔料の物性を示す。また図8に非遮熱性のカーボンブラックとの遮熱特性の比較を示す。

7　おわりに

複合酸化物系顔料は機能性として特性を見た場合，今回紹介したように微粒子化してナノサイズにすれば，透明性という新しい特性を付与することができ，新しい用途展開が可能である。また，色以外の特性に注目すると遮熱性という新たな用途展開が可能である。このように従来の色

表6 アゾメチンアゾ系ブラック顔料の物性

粒子径	0.3 × 0.1 μm
比重	1.7
嵩	1.13 g/ml
熱分解温度	360 ℃
耐酸性	水，希酸に不溶
耐アルカリ性	希アルカリに不溶
耐溶剤性	有機溶剤に不溶または極めて不溶
耐候性	耐光性，耐候性良好
耐熱性	240℃，20分　良好

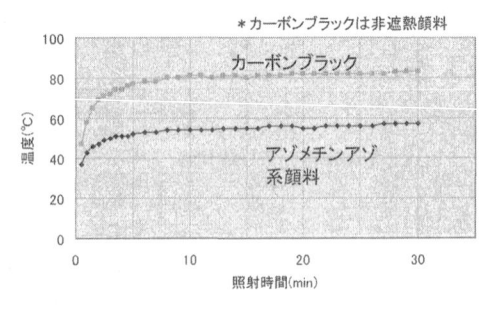

図8　アゾメチンアゾ系顔料の遮熱効果（非遮熱顔料（カーボンブラック）との比較）

という特性にこだわることが無くなれば，新しい可能性が開けてくることがわかる。

　新しい用途には個別に新たな応用面での困難が付きまとうもので，例えば微粒子化においては本稿では触れなかったが，分散などの問題が必ずついて回る。しかし，こうした問題点を克服してここで紹介したような材料が市場で有用な地位を占めることを期待したい。本稿がそうした展開のささやかな一助になれば幸いである。

文　　献

1) 伊藤征司郎編，顔料の辞典，朝倉書店（2000）
2) 特開 平03-8728（1991）
3) 特許 2681837（1992）
4) 特許 2599638（1992）
5) 田崎潤三，尾崎義治，水谷惟恭，セラミックス，**16**(11)，(1981)
6) 一ノ瀬昇，尾崎義治，加集誠一郎，超微粒子技術入門，オーム社（1988）
7) 石原産業，タイペークニュース T-100（1993）
8) 大野勝利，楠木常夫，小沢謙一，電子情報通信学会研究報告，**93**(428)，17-（1994）
9) 特開 昭61-222926
10) 特開 平04-275922（1992）
11) 特開 昭58-167642
12) USP 6221147
13) 特開 昭62-030202，特開 昭62-068855，特開 2002-256185，特開 2002-249676，特開 2002-330466

第6章　金属粉顔料

橋詰良樹[*]

1　金属粉顔料の種類と用途

　金属粉顔料には，下地の隠蔽・保護や意匠性など，顔料の基本的機能を主目的とするものと，導電性や磁性など，素材である金属そのものから来る電磁気学的な機能を主目的とするものがある。顔料としての機能を主目的とする金属粉顔料には，アルミニウム顔料，ブロンズ粉，ステンレス鋼フレーク，亜鉛末などが挙げられ，金属の電磁気学的な機能を利用するものとしては，銀，銅，ニッケル等の微細粉やフレーク粉が挙げられる。表1に金属粉顔料の種類と用途を示す。

　金属粉顔料の形状は粒状のものとフレーク状のものがある。粒状金属粉顔料は，溶液からの析出・還元法，CVD法などによって製造され，粒度は 0.1〜1 μm 程度が一般的である。フレーク状粉は，一般に粒状粉をスタンプミルやボールミル等によって扁平化することによって製造される。

　以下，アルミニウム顔料を中心に代表的な金属粉顔料について，さらに詳しく述べる。

表1　金属粉顔料の種類とその用途

金属粉顔料の種類	形状	用途
アルミニウム	フレーク状	屋外用塗料，自動車用塗料，電子機器用塗料，印刷インキ
ブロンズ	フレーク状	印刷インキ，塗料
ステンレス	フレーク状	重防食塗料
亜鉛	粒状	さび止め塗料
銀	粒状，フレーク状	導電塗料，導電インキ，厚膜ペースト
銅	粒状，フレーク状	導電塗料，導電インキ
ニッケル	粒状	導電塗料，導電インキ

＊　Yoshiki Hashizume　東洋アルミニウム㈱　コアテクノロジーセンター　研究開発室　主席研究員

機能性顔料とナノテクノロジー

2 アルミニウム顔料[1〜3]

アルミニウム顔料は，塗膜に金属的な外観(メタリック感)を付与するための顔料として，幅広く使用されている。以前は屋外塗装に使われるシルバーペイントや船底塗料など，意匠よりも下地保護を目的とする用途が多かったが，最近は自動車の上塗りに使われるメタリック塗装や，携帯電話，パーソナルコンピューター，デジタルカメラなどの電子機器の塗装など，高い意匠性が求められる用途が主流となっている。

2.1 アルミニウム顔料の製法

アルミニウム顔料の原料には一般的にアトマイズドアルミニウム粉やアルミニウム箔片(シュレッド粉)が用いられる。アトマイズドアルミニウム粉は，図1に示すように，アルミニウム溶湯を高圧ガスで噴霧して製造される。

アルミニウム顔料は，この原料アルミ粉にオレイン酸やステアリン酸等の脂肪酸を添加し，ミネラルスピリット中でボールミル粉砕してフレーク化することにより製造される(図2)。最終製品は加熱残分が60〜80重量％程度のペースト状のものが塗料用顔料として一般的であり，アルミニウムペーストと呼ばれる。

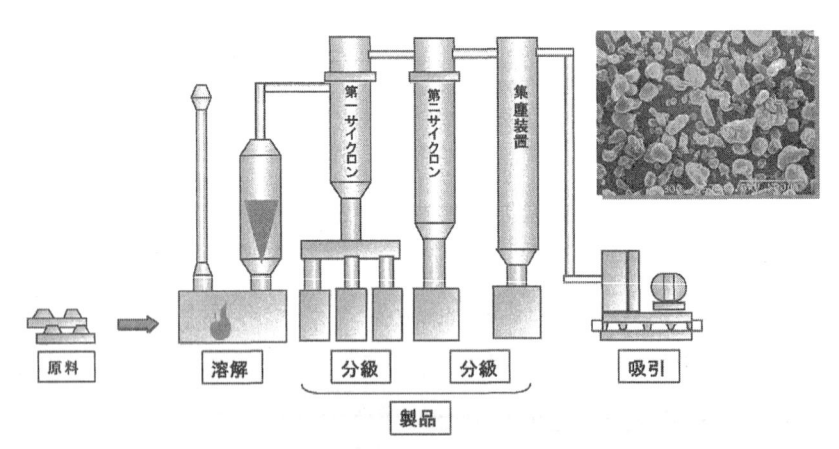

図1　原料アトマイズドアルミニウム粉製造工程

第6章　金属粉顔料

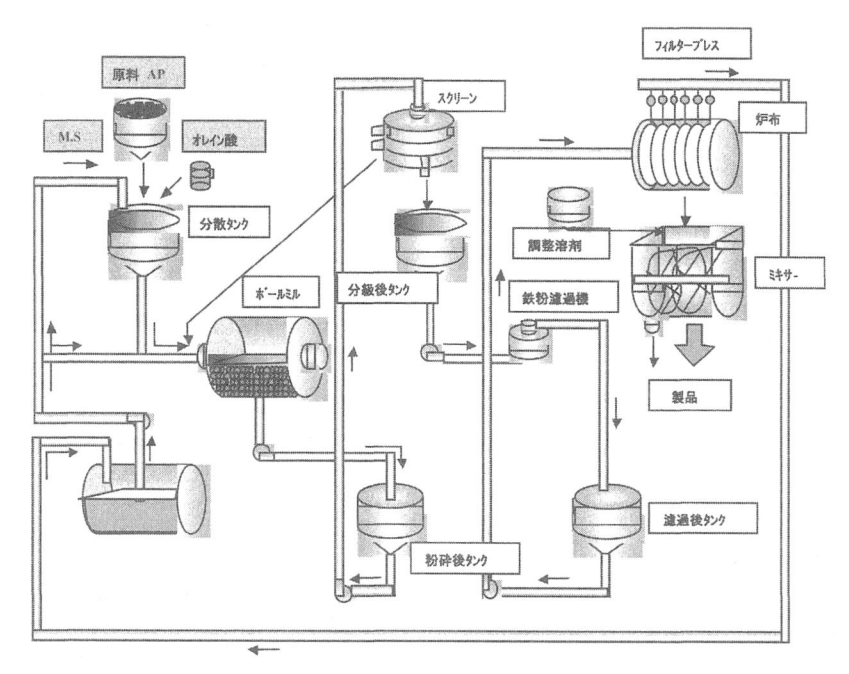

図2　アルミニウム顔料の製造工程

2.2 アルミニウム顔料の性質

　アルミニウム顔料には反射率が高い，真比重が2.7と小さく沈降しにくい，隠蔽性に優れる，価格が手頃である等，塗料用顔料として有利な，様々な特長がある。反面，水や酸・アルカリ等と反応し易い，塗装が難しい，撹拌等により変形しやすいなど，使いづらい面もあり，これらの問題を克服するため，様々な開発がなされている。

　メタリック塗料に使われるアルミニウム顔料は，一般に平均粒子径が5～30μm，厚みが0.03～2μm，比表面積が1～30m^2/g程度の薄い鱗片状である。アルミニウム顔料の粒度や形状には，ボールミルの粉砕条件，原料アルミニウム粉の粒度分布，後処理条件等が関係しており，これらを調整することにより，非常に多くの種類のアルミニウム顔料が製造されている。写真1に代表的なアルミニウム顔料の走査電子顕微鏡写真を示す。また，写真2に最近開発が進められている極薄アルミニウム顔料の透過電子顕微鏡による断面写真を示す。極薄アルミニウム顔料は，金属感の優れた外観が得られるため，自動車の超高級仕上げや蒸着の代替として使用されている。

　アルミニウム顔料粒子の表面には，酸化皮膜を介して，粉砕助剤である脂肪酸等が吸着しており，長鎖飽和脂肪酸を使用するものはリーフィングタイプ，不飽和脂肪酸等を用いるものはノンリーフィングタイプと呼ばれる。また，使われる用途によって，カップリング剤，樹脂，無機化合物等で表面処理されたアルミニウム顔料もある。

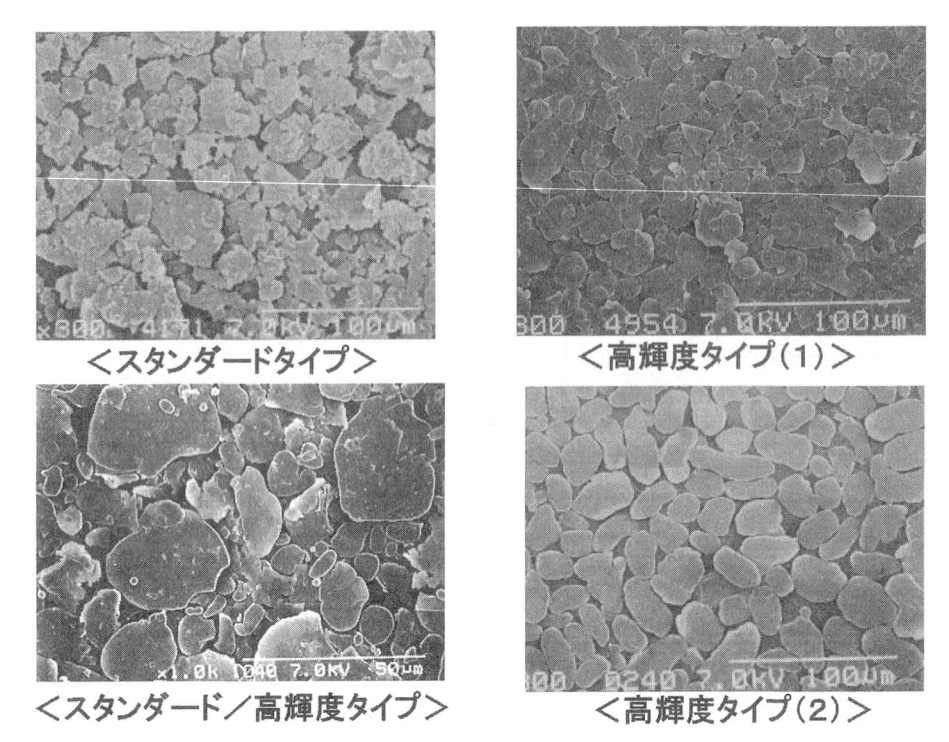

<スタンダードタイプ> <高輝度タイプ(1)>

<スタンダード／高輝度タイプ> <高輝度タイプ(2)>

写真1　代表的なアルミニウム顔料の形状

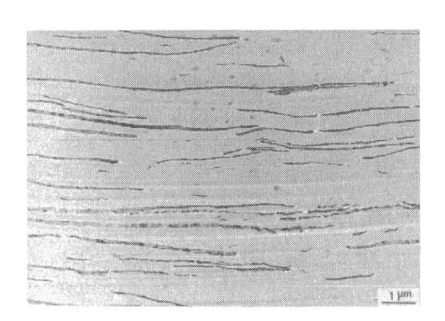

写真2　極薄アルミニウム顔料の断面

2.3 アルミニウム顔料の光学的性質とその評価方法

　図3に，一般的なメタリック塗膜内でのアルミニウム顔料の分布状態と光の挙動を示す。メタリック塗膜に入射する光はアルミニウム顔料の配向の乱れや表面の凹凸によって散乱される。また，アルミニウム顔料間に隙間や段差があるとそこで光が吸収される。このような光の挙動が，メタリック塗膜の光輝感や明度等の色調を決定する。

　一般に，アルミニウム顔料の粒度分布が狭くなればなるほど，またその形状が均一で表面が平滑になればなるほど，塗膜内で散乱されたり吸収されたりする光の量が少なくなり，光輝感の高

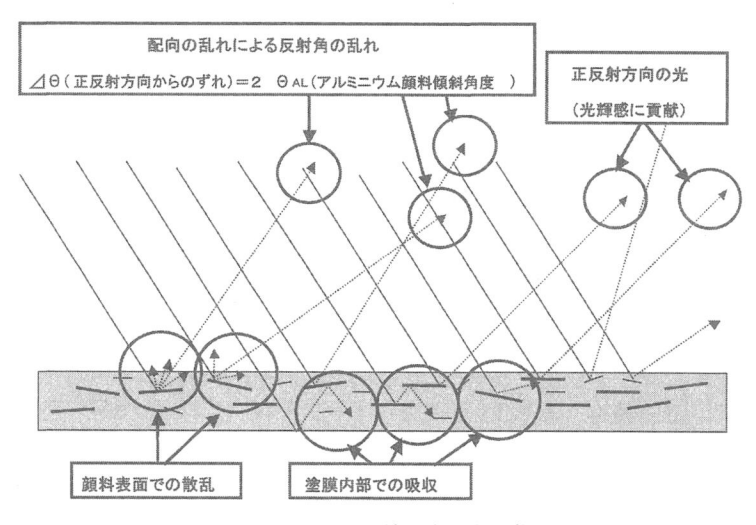

第6章　金属粉顔料

図3　メタリック塗膜中の光の挙動

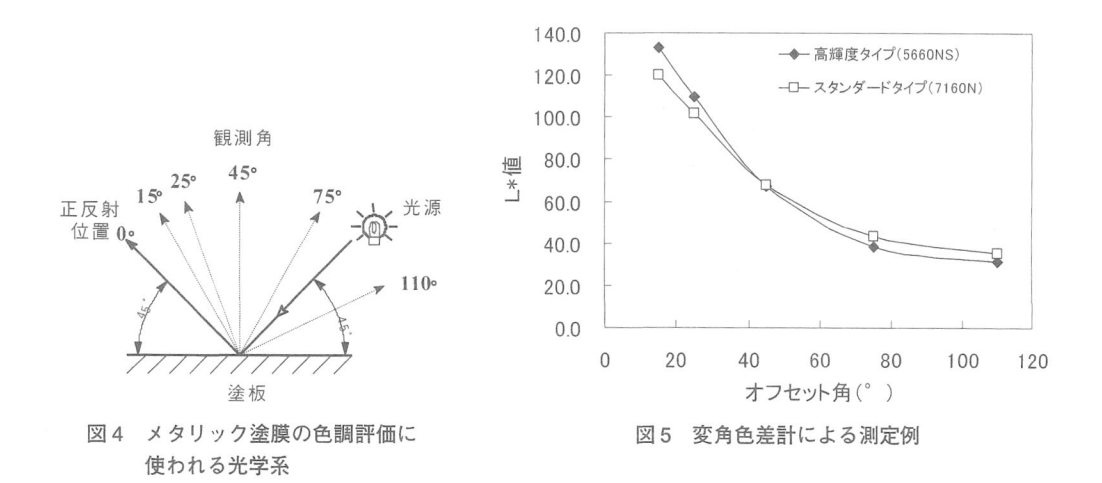

図4　メタリック塗膜の色調評価に使われる光学系

図5　変角色差計による測定例

いメタリック塗膜が得られる。アルミニウム顔料の粒度は，大きいほうが光輝感が強く粒子感の強調された塗膜となり，細かくなると光輝感は低下するが，緻密で粒子感の無いメタリック塗膜が得られる。微細粒子は光を散乱する上に，塗膜内部での光の反射回数が多くなるため，反射光量の減衰が多くなり，色調を暗くする。また，アルミニウム顔料の配向性が良好になれば，正反射方向に反射する光の量が多くなり，光輝感や方向性（フリップフロップ性）が高くなる。

メタリック塗膜の色調評価については，メタリック塗膜の明度（L*値）を図4のような光学系，すなわち入射角45°，正反射方向からのオフセット角15°，25°，45°，75°，110°の位置で測定する方法がある。この方法で測定すると，図5のような曲線が得られる。この曲線で，正反射方向に近いオフセット角での明度（15°でのL*値：以下L_{15}値と略）が，目視での光輝感との相

関が高い。

また，受光角110°から15°での明度の変化の度合が大きい塗膜は，方向性が強く，フリップフロップ性が大きい。このフリップフロップ性を表現する関数として，次式が提案されている。

$$\text{Flop Index} = 2.69 \times (L_{15} - L_{110})^{1.11} / L_{45}^{0.86} \tag{1}$$

L_{15}：オフセット角15°でのL*値

L_{45}：オフセット角45°でのL*値

L_{110}：オフセット角110°でのL*値

白さについては，観察角度により評価が異なってくる。ハイライト方向から見た場合はL_{15}値の高い塗膜が白いと評価され，フェースやシェード方向の色調を見る場合は，L_{45}値やL_{110}の高い塗膜が白いと表現される。塗膜内での光の吸収が少ない塗膜は，曲線全体のレベルが高くなり，方向性の無い白さが得られる。

2.4 アルミニウム顔料の表面処理

アルミニウム顔料には，使用目的に応じて種々の表面処理が施される。表2はアルミニウム顔料の表面処理の種類とその目的・用途をまとめたものである。

2.4.1 表面処理による塗膜性能の向上

一般のアルミニウム顔料は表面が脂肪酸で被覆されているが，塗膜システムによってはこの脂肪酸皮膜と塗料樹脂との密着性が乏しく，剥離等の問題が生じることがある。特に電子機器などのプラスチック部品に塗装される場合は，塗膜を高温で焼き付けることが出来ないため，剥離の

表2 アルミニウム顔料の表面処理とその目的・用途

表面処理の種類	処理目的	用途
有機添加剤処理(ダイマー酸，燐酸エステル等)	塗料安定性(水性塗料)	一般水性塗料
無機皮膜処理(燐酸，モリブデン酸等)	塗料安定性(水性塗料)	自動車用水性塗料 プラスチック用水性塗料
カップリング剤処理	静電特性(絶縁性) 密着性	自動車用塗料 プラスチック用塗料 粉体塗料
樹脂コート処理	静電特性(絶縁性) 密着性 塗膜耐薬品性	プラスチック用塗料(家電，自動車部品等) 粉体塗料
シリカ処理	塗料安定性(水性塗料) 静電特性(絶縁性)	自動車用水性塗料 プラスチック用水性塗料 粉体塗料

第6章　金属粉顔料

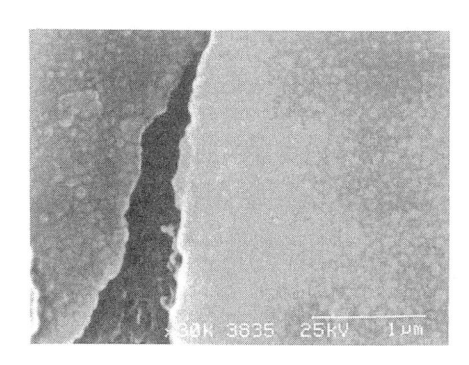

写真3　樹脂コートアルミニウム顔料の外観(×30000)

問題が生じやすい。この問題を解決するため，シランカップリング剤やチタネートカップリング剤等による表面処理や樹脂コートが施される。

　樹脂コートはアルミニウム顔料を使った塗膜の耐薬品性を向上させるためにも，有効である。メタリック塗膜の耐薬品性は，クリヤーコートがある場合は特に大きな問題にならないが，ワンコートシステムの場合は，アルミニウム顔料が薬品に直接アタックされるため，変色等の問題を生じる。アルミニウム顔料に樹脂コートを施すことにより，酸やアルカリのアタックによる変色が大幅に改善される。

　アルミニウム顔料に樹脂コートする方法としては，非極性溶媒中にアルミニウム顔料を分散したスラリー中に，アクリル酸やメタクリル酸エステル等のモノマーと重合開始剤を添加し，不活性ガス雰囲気中で加熱・撹拌することにより，ポリマーをアルミニウム顔料表面に析出させる方法が一般的である。写真3に樹脂コートアルミニウム顔料の外観を示す。

2.4.2　水性塗料用アルミニウム顔料[4,5]

　最近，環境への負荷軽減が業界の大きな流れとなっており，自動車用塗料を始め，多くの用途において水性塗料化が進められている。水性塗料系におけるアルミニウム顔料における最大の解決課題は水性塗料中の水とアルミニウム顔料の反応抑制(安定化)である。水性塗料中の水とアルミニウム顔料が反応すると，次式のような反応により水素ガスが発生し，塗料缶の膨れ等の問題が生じる上に，反応によりアルミニウム顔料が凝集し色調が大幅に変化するという問題も生じる。

$$Al + 3H_2O \rightarrow Al(OH)_3 + 3/2H_2 \tag{2}$$

　アルミニウム顔料の安定化の方法としては，大きく分けて，有機化合物による処理，無機化合物による処理，塗料系内でのパシベータ添加による安定化の3種類がある。

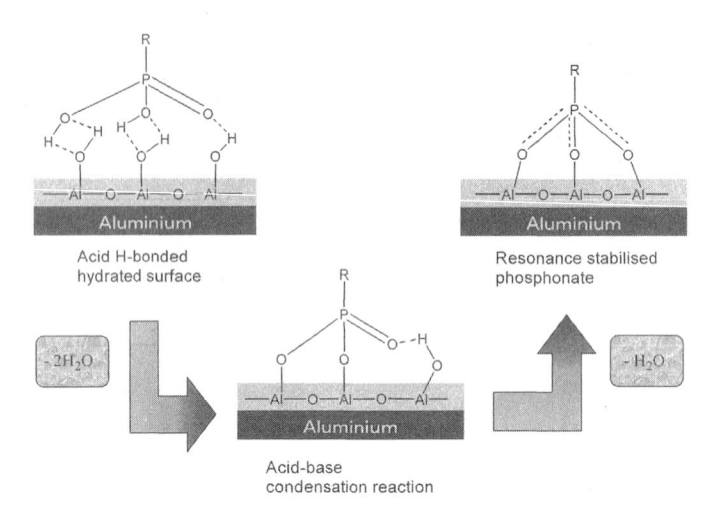

図6　アルミニウム表面への燐酸エステル化合物の吸着

(1) **有機化合物による処理**

有機化合物による処理には一般的に燐酸エステル系化合物が使用される。燐酸エステルはアルミニウム顔料表面に，図6に示すような吸着形態で吸着し，良好な腐食抑制効果を示す。ただし，燐酸エステル化合物の構造によっては塗膜の密着性が極端に悪くなる傾向があり，出発原料となるアルコール系化合物の選択が重要である。

一般に有機化合物による処理だけでは塗膜性能を維持しながら十分な腐食抑制効果を得ることは難しいため，(2)で述べる無機化合物による処理と組み合せて用いられている。

(2) **無機化合物による処理**

無機化合物による処理には，無機燐酸系，クロム酸系，モリブデン酸系等による処理がある。また，最近では，シリカ処理品も開発されている。

無機燐酸系による処理は古くから行われているが，塗料系によって効果がある場合と効果が無い場合がある。また，アルミニウム顔料中の燐濃度が高くなると，塗料系によっては塗膜の耐湿性が悪くなる場合がある。

クロム酸系の処理は腐食抑制効果が高いが，最近はクロム化合物の使用を避けようとする動きが業界全体に広がっており，別の処理方法に置き換わりつつある。

モリブデン酸系処理には，モリブデン酸塩，燐モリブデン酸，ポリモリブデン酸等が使用される。この処理は多くの水性塗料系で優れた腐食抑制効果を示し，塗膜性能の低下も少ない[3]。

シリカ処理品は腐食抑制効果，塗膜性能共に良好で，あらゆる塗料系に対応できる新しい処理方法として注目されている。シリカ皮膜は，次式に示すようなゾルゲルプロセスにより，アルミニウム顔料表面に形成される。

第6章　金属粉顔料

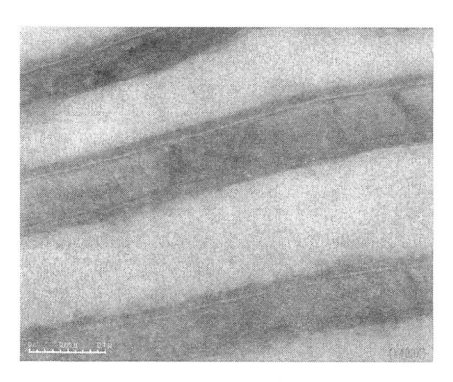

写真4　シリカ処理アルミニウム顔料の断面

図7　塗料製造工程で用いられる処理剤

$$Si(OR)_4 + 4H_2O \rightarrow Si(OH)_4 + 4ROH \quad \text{（加水分解によるシラノールの生成）} \tag{3}$$

$$Si(OH)_4 \rightarrow SiO_2 + 2H_2O \quad \text{（シラノールの縮合反応）} \tag{4}$$

写真4はシリカ処理されたアルミニウム顔料の断面の透過電子顕微鏡写真である。

(3) **塗料系内でのパシベータによるアルミニウム顔料の安定化**

一方、塗料側からのアプローチとして、塗料製造時に通常のアルミニウム顔料をパシベータで処理し安定化する方法も考案されている。塗料用に使用されている代表的なパシベータの例を図7に示す。このパシベータについても、各社で改良が検討されている。

2.4.3　着色アルミニウム顔料 [6〜8]

アルミニウム顔料を着色する方法としては、アルミニウム顔料表面に着色顔料を付着させて着色する方法（顔料着色アルミニウム顔料）と、酸化鉄や酸化チタン等の無機皮膜を形成して着色する方法が開発されている。顔料着色アルミニウム顔料は色彩のバリエーションが豊富で、彩度が優れている。一方、無機皮膜による着色アルミニウム顔料は、一般的に耐候性に優れ、また表面

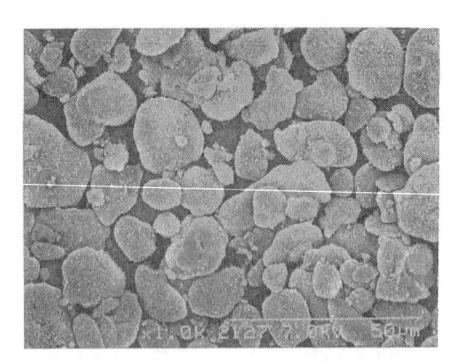

写真5 顔料着色アルミニウム顔料
(アルミニウム顔料表面に着色顔料が均一に付着している)

での光の干渉により，観察角度によって色彩が変化するカラーフロップまたはカラートラベル効果を付与することも出来る。

(1) **顔料着色アルミニウム顔料**

着色アルミニウム顔料の製造方法としては，アルミニウム顔料または着色顔料に表面処理を施し，界面張力によって着色顔料をアルミニウム顔料表面に付着させ，さらに樹脂をコーティングして着色顔料を固定する方法が用いられる。具体的には，熱重合カルボン酸を用いる方法や，アミノ化合物あるいは芳香族カルボン酸を用いる方法がある。使用される顔料としては，ジケトピロロピロール系(Red)，キナクリドン系(Red/Violet)，フタロシアニン系(Blue/Green)，インダンスレン系(Blue)，金属錯体系(Yellow)，ジオキサジン系(Violet)，酸化鉄(Gold)，バナジウム酸ビスマス，カーボンブラック，酸化チタン等が使用出来る。写真5に顔料着色アルミニウム顔料のSEM写真を示す。

(2) **無機皮膜による着色アルミニウム顔料**[9～11]

無機皮膜で着色したアルミニウム顔料で，現在最もポピュラーなものとして，化学気相蒸着法(CVD法)で酸化鉄をコーティングしたアルミニウム顔料がある。酸化鉄の原料としてはペンタカルボニル鉄を用い，次式によりアルミニウム顔料表面に酸化鉄を析出させる。

$$6.5O_2 + 2Fe(CO)_5 \rightarrow Fe_2O_3 + 10CO_2 \tag{5}$$

この方法により，ゴールドやオレンジ色の着色アルミニウム顔料が製品化されている。酸化鉄層の厚みの調整により，紫あるいは赤色着色アルミニウム顔料の可能性もある。また，酸化鉄皮膜の下にもう一層シリカ皮膜をコーティングすることにより，例えばピンクからゴールドにカラーフロップを示す着色アルミニウム顔料が得られる。写真6にシリカ皮膜の上に酸化鉄がコーティングされた干渉色アルミニウム顔料の断面写真を示す。

第6章 金属粉顔料

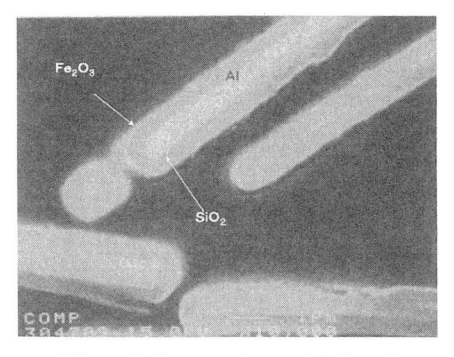

写真6 干渉色アルミニウム顔料の例
（アルミニウム顔料表面に金属酸化物の干渉皮膜が形成されている）

図8 蒸着法による干渉色フレークの構造

カラーフロップを有する多層膜による干渉色アルミニウム顔料の最も典型的な例として，蒸着法による多層構造フレークがある。このフレークの構成を図8に示す。

干渉色を示す光輝材としてマイカ，アルミナ，シリカ，板状酸化鉄等を基材とする種々の色材が開発されているが，いずれも隠蔽性が低く使用範囲に限界がある。干渉色着色アルミニウム顔料は，アルミニウム顔料の持つ隠蔽性と光輝性を兼ね備えた新しい色材として期待されている。

2.4.4　粉体塗料用アルミニウム顔料[2]

環境対応型塗料として粉体塗料が注目されているが，メタリックに関しては意匠性が十分ではなく，あまり普及していない。しかし，最近粉体塗料に使用されるアルミニウム顔料の開発が進み，意匠性も改善されてきている。

粉体塗料用アルミニウム顔料は，一般にパウダー状（乾粉）で，電気絶縁処理が施されている。電気絶縁処理が施されていないアルミニウム顔料は，静電粉体塗装する際に十分に帯電させることが出来ず，塗着効率が悪くなる。アルミニウム顔料の電気絶縁処理方法としては，カップリング剤処理，樹脂コート処理，シリカ処理等がある。

メタリック粉体塗料の意匠は主に塗膜表面で平行配列しているメタリック顔料によって支配されている。メタリック粉体塗料の意匠性を改善する方法として，メタリック顔料のリーフィング性を利用し，表面にメタリック顔料を平行配列させる方法が考えられる。メタリック顔料表面と粉体樹脂との濡れ性を悪くすれば，表面付近にあるメタリック顔料はリーフィング現象により塗膜表面に押し出され，平行配列する。ただし，顔料表面と樹脂との濡れ性が悪くなれば，密着性が悪くなり，剥離等の問題を生じる。これを解決するには，アルミニウム顔料に樹脂コート等の処理により耐食性を持たせ，その上に樹脂との密着性を阻害しないリーフィング化処理を工夫する必要がある。具体的な処理方法としては，燐酸エステル系添加剤による処理[6]，フッ素系カッ

プリング剤による処理[7]，フルオロカーボンを含む樹脂による被覆[8, 9]等が提案されている。写真7は従来のアルミニウム顔料とリーフィング化したアルミニウム顔料を用いた粉体塗装塗膜の断面の比較である。

　粉体塗料の場合，塗装作業後，未付着塗料は回収されて再利用される場合があるが，単に樹脂とメタリック顔料を混合しただけのドライブレンドメタリック粉体塗料の場合は，元の塗料と回収塗料のメタリック顔料濃度が大きく異なることが多いため，回収使用することが一般的に困難である。ボンディング法は粉体塗料樹脂にメタリック顔料を付着させる方法で，メタリック顔料と粉体樹脂が一体化されているため，回収利用しやすい。写真8に，ドライブレンド法およびボンディング法によるメタリック粉体塗料の走査電子顕微鏡写真を示す。ドライブレンド法では樹脂とメタリック顔料が別々に存在しているのに対し，ボンディング法メタリック粉体塗料では樹脂表面にメタリック顔料が付着している様子が観察される。

従来品（光輝感:154）
アルミの配向が悪く，光輝感が出ない。

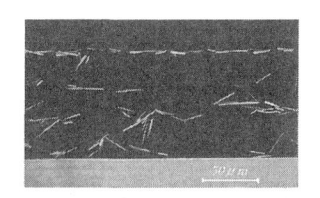

開発品（光輝感:247）
アルミが表面で配向するため，高い光輝感を示す。

写真7　従来品およびリーフィング化処理メタリック顔料の塗膜断面と光輝感

ドライブレンド法　　　　ボンディング法

Al粉と塗料樹脂を単に混合　　　結合剤によるボンディング

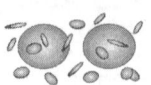

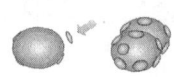

写真8　ドライブレンド法およびボンディング法によるメタリック粉体塗料の形状

第6章　金属粉顔料

3　ブロンズ粉顔料

　ブロンズ粉顔料は銅と亜鉛の合金粉をフレーク状に加工したもので，金色の外観を呈し，真鍮粉あるいは金粉と呼ばれることもある。ブロンズ粉顔料の色相は合金組成によって異なり，銅の含有量が多くなればなるほど赤味を帯びてくる。代表的な組成としては，銅90％，亜鉛10％の赤金（5号色— Pale Gold）と，銅75％，亜鉛25％の青金（7号色— Rich Gold）がある。

　ブロンズ粉顔料の製法はアルミニウム顔料と少し異なり，銅-亜鉛合金溶湯を滴下・成形した原料粉を，スタンプミルと呼ばれる臼と杵からなる乾式粉砕機により，3段階に分けて粉砕するのが一般的である。得られたブロンズ粉顔料はブラシ型研磨機による艶出し工程を経て製品化される。

　ブロンズ粉顔料は，耐熱性や耐食性に劣るため，耐候性が要求される屋外用塗料にはあまり用いられていないが，印刷分野では広範囲に使用されている。

4　ステンレス鋼フレーク

　ステンレス鋼フレークは，素材自身が腐食性雰囲気に対し強いためほとんど変色せず，またその形状から，水分や腐食性物質に対するバリヤー効果も大きいため，塩化ビニリデン樹脂等に配合して，重防食塗料に使用されている。長時間塗替えが不要で，腐食性雰囲気に対しても極めて安定であるため，海洋構造物，橋梁，船舶，石油プラント，港湾設備等の塗装に最適である。

　ステンレス鋼フレークの合金組成としてはSUS316LおよびSUS304が上市されている。また，平均粒径は30 μm～60 μm程度のものが上市されている。

5　亜鉛末

　亜鉛末は，金属亜鉛を密閉状態で蒸発・凝固させる方法で製造され，平均粒径は3 μm～10 μm程度である。

　亜鉛はイオン化傾向が大きいため，その犠牲陽極作用を利用したさび止め塗料に使用される。具体的な用途としては，ジンクダストペイント，ジンクリッチペイント，ジンクダストプライマー，ジンクリッチプライマー等が挙げられる。ジンクダストペイントは，亜鉛末に亜鉛華を少量混合して用いる。ジンクリッチペイントは，亜鉛末の配合量を85～95％と高充填させることにより，電気伝導性を持たせ，犠牲陽極効果が発揮されるように設計されている。亜鉛末の展色剤にはエポキシ樹脂，アルキド樹脂，塩化ゴム，ボイル油などが使用されている。

亜鉛を用いたさび止め塗料の欠点として，溶接等で加熱すると亜鉛が蒸発し，防錆効果が低下するという問題がある。この問題を解決する方法として，Al-Zn-Si-In 合金フレークを用いる方法が提案されている[13]。

6 導電性フィラーとしての金属粉顔料

導電性フィラーとして使用される金属粉顔料には，銀，銅，銀コート銅，ニッケルなどがある。アルミニウムは表面の酸化皮膜が電気伝導性を阻害するため，焼成用以外にはあまり用いられていない。以下，各金属顔料の特徴について述べる。

6.1 銀

銀は導電性が高く，接触抵抗も小さいため，導電塗料用フィラーとして広く用いられており，抵抗値 $10^{-5} \sim 10^{-3}$ Ω·cm 程度の導電塗料が得られる。形状としては，粒状のものとフレーク状のものがあり，1 μm 以下のかなり細かい粉末でも高い導電性が得られるため，印刷回路などに好適である。銀は硫化物を作りやすいため，硫黄を含む塗料系には適さない。また，水分が介在すると Ag イオンの溶出・還元が起こり（マイグレーション）絶縁コート部分が短絡するという問題が生じるので注意する必要がある。

6.2 銅

銅を用いた導電塗料の導電性は $10^{-4} \sim 10^{-3}$ Ω·cm 程度である。銅は，バルクとしての導電性は銀に次いで高いが，接触抵抗が高く，銀ほど安定した導電性は得られない。しかし，銀に比べて低コストであるため，EMI シールドなどのコストが重視される用途に使用されている。銅系フィラーの導電性を安定させるためには，表面処理による酸化防止が必要となり，ベンゾトリアゾールなどによる安定化処理が施されている。

6.3 ニッケル

ニッケルは銅よりも耐食性に優れているが，バルクの抵抗値が高いため，導電塗料の導電性は 10^{-3} Ω·cm 程度と，銀や銅に比べて低めとなる。ニッケルについても低コストが要求されるEMI シールドなどの用途に用いられる。また，繊維状ニッケルは，垂直方向と面方向で異なった導電性を示す異方性導電フィルム（ACF）用フィラーとして使用されている。ACF は Pb 系はんだの代替素材として検討されている。

第6章 金属粉顔料

6.4 銀一銅系複合材料

銀のコストダウン,銅の接触抵抗低減を目的として,銀-銅系複合材料が開発されている。この材料は銅の上に銀メッキを施したもので,導電性や安定性に優れている。導電塗料の抵抗値は $10^{-4}\,\Omega\cdot\mathrm{cm}$ 程度となる。用塗としては高機能 EMI シールドや導電性接着剤などが挙げられる。

文　　献

1) 橋詰良樹,長野圭太,塗装工学,**39**,No.12,457-462(2004)
2) 武田一宏,セラミックス,**34**,No.11,932-935(1999)
3) 有馬正道,浜田孝彦,表面技術,**51**,No.5,9-14(2000)
4) 馬場利明,瀬戸口俊一,塗装工学,**34**,No.12,457-462(1999)
5) A. Kiehl, K greiwe, *Progress in Organic Coatings*, **37**, 179-183(1999)
6) 滝沢正巳,塗料と塗装,No.466(7),50-55(1990)
7) 特開平 1-315470
8) 特開平 9-124973
9) N. Mronga, V. Radtke, B. Baumann, 松本安正,色材,**68**(7),411-23(1995)
10) K. Greive, K. Franze, *Polym. Paint Co. J.*, **187**, 4392, 53-57(1997)
11) USP 5,569,535
12) 新居崎徹,工業塗装,No.181,67-72(2003)
13) 特開昭 60-235868

第7章　蒸着アルミを用いた超金属調塗色設計

中尾泰志[*]

1　はじめに

　自動車ボディーカラーのトレンドは時代，世相を反映して周期的に変動してきてはいるが，その中でシルバーメタリック色は顧客から安定した人気，シェアを維持している[1]。シルバーメタリックの質感(意匠)も時代と共に変化し，現在ではより高い光輝感，高フリップフロップ性(FF性＝明度差，明度の角度依存性)のあるシルバーメタリック色が主流になっている。今後自動車メーカーが狙う究極のシルバーメタリック色の一つとして，研磨された金属の質感を表現したような緻密で粒子感を感じさせない，いわゆる「超金属調」，「メッキ調」と呼ばれる，高輝度でFF性の強いシルバーメタリックが求められている。それら質感を超薄膜塗装技術で実現した超金属調ボディーカラー「コスモシルバー」(トヨタ自動車㈱及び関東自動車工業㈱と共同開発)について，塗料・塗装技術的アプローチの概要を述べる。

2　超金属調シルバーを実現するための3要素

　図1は一般的なシルバーメタリックの断面模式図と超金属調シルバーの理想形態図である。通常のシルバーメタリックでは着色ベースに配合されるアルミフレークが，塗装される塗膜中でランダムに配向するため，太陽光などの入射光が散乱し，ギラギラとした質感となってしまう。理

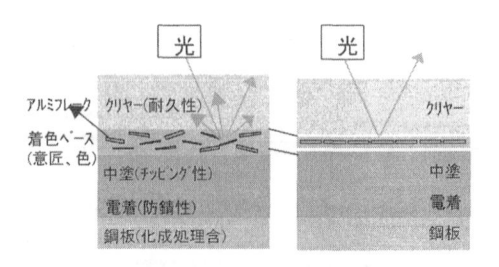

図1　シルバーメタリック塗膜断面(左図)と超金属調シルバーの理想形態

　＊　Yasushi Nakao　関西ペイント㈱　自動車塗料本部　第2技術部　部長

第7章 蒸着アルミを用いた超金属調塗色設計

想とする研磨された金属のような意匠効果を実現するためには，図1の理想形態に示すような，着色ベース塗膜中で光輝感の強いアルミフレークを均一に敷き詰め，光散乱の少ない，鏡面のような状態を作りあげることがポイントである。そのための具体的な要素技術としては，適切な「光輝材の選択≒蒸着アルミ」，光輝材（燐片状アルミニウムフレーク）を均一に配列させるための「配向制御技術≒薄膜化」及び「塗装工程≒複層発色設計（明暗の強調）」の3点が挙げられる。これら3要素が融合し，超金属調シルバーの実現に至った。

2.1 適切な光輝材の選択

従来のアルミフレークは，例えば微粉化されたアルミ粒子（アトマイズ粉）を，ボールミル等で粉砕，研磨するという製造工程により得られ，原材料の選定や粉砕，分級技術の発達により，近年のアルミフレークは粒度分布，表面の平滑性，輝度感において目覚ましい発展を遂げている。その一方で製造工程そのものを変え，アルミフレークを得るという技術も登場している。それはアルミを基板に蒸着させ，それを粉砕，分級し，フレークにするものであり，こうして得られたアルミフレークを"蒸着アルミ"と呼んでいる。表1には，蒸着アルミの特徴を示し，写真1には

表1 蒸着アルミの特徴

	蒸着アルミ	同粒径の従来のアルミ
粒径	約13μ	約13μ
厚み	0.05μ	0.3〜0.5μ
反射強度	非常に強い	（比較の基準）
表面状態	極めて滑らか	凹凸

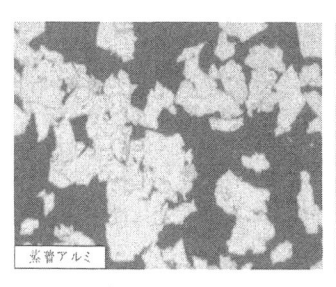

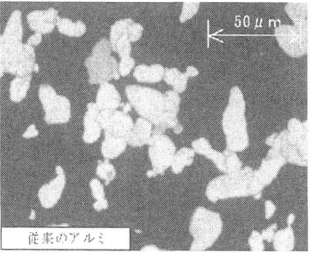

写真1 アルミの拡大写真

機能性顔料とナノテクノロジー

表2 配向制御の考え方と対策例

過程		ポイント	対策の考え方	実施例
スプレー時	a)	スプレー塗装時の微粒化	高せん断領域での低粘度化	低塗料固形分化（5％以下）
塗着時	b)	下地へのヌレ性	塗着粘度の最適化	低塗着粘度化と流動制御
		アルミフレークの配向制御	レオロジーコントロール能を強化	新規レオロジーコントロール剤適用
	c)	強制的なアルミフレークの配向制御	膜厚の薄膜化	1 μm 程度（通常 15 μm）

蒸着アルミと従来のアルミの拡大写真を示す。

この蒸着アルミフレークを良好に配向させれば鏡面のような強い反射強度が確保できる。

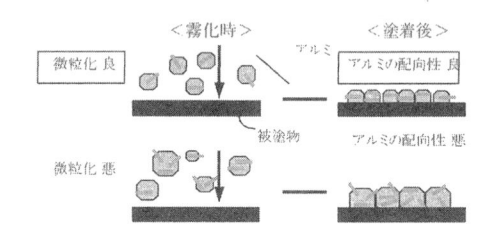

図2 微粒化とアルミの配向性

2.2　アルミフレークの配向制御

アルミフレークの配向制御の考え方を表2に示す。重要なポイントは，「スプレー塗装時の微粒化」，「下地へのヌレ性」，物理的な配向要因としての「膜厚の制御」，そして塗着後の塗液膜中においてアルミ粒子が動いて配向が乱れることを防ぐ，いわゆる「アルミの流動制御技術」である。

2.2.1　微粒化

塗装霧化時の微粒化の良し悪しはアルミフレークの配向性に多大な影響を与える。微粒化が悪いと，霧化された塗料粒子の粒子径は大きく，そこに含まれるアルミも多くなるため，塗着後のアルミ配向性は乱れてしまう。一方，微粒化が良好な場合，粒子径は小さく，そこに含まれるアルミも均一となるため，アルミの配向性は良好となる。図2にそのイメージのモデルを示す。

微粒化を良くするためには，霧化される塗料の高せん断（高シェア）時の粘度を低くすることが必要であって，塗料の固形分（Non Volatile = NV）を下げることが有効である（5％以下）。

2.2.2　塗着粘度の最適化

下地へのヌレ性を向上させる上で塗着粘度の制御は重要である。一般的に微粒化された塗料の被塗物に塗着した時の粘度が高すぎると，ヌレ広がらず，流動が起こりにくくなるため，アルミの配向性が乱れる。逆に低すぎると，流動・対流が発生し，アルミの配向性が乱れる。従って，下地に対する適度なヌレと均一な粒子の連続膜ができるような適性粘度領域が存在すると考えられる。図3に下地へのヌレとアルミの配向性のモデル図を示す。

各過程における流動特性の安定化と適用条件拡大の目的で，レオロジー制御機能とアルミフ

第7章 蒸着アルミを用いた超金属調塗色設計

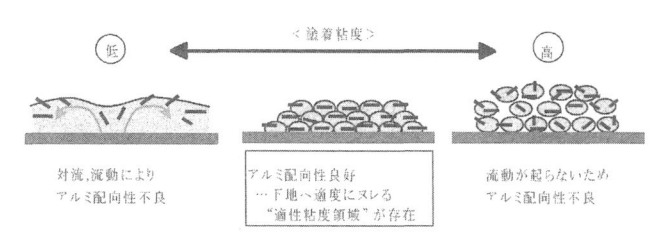

図3 下地へのヌレとアルミ配向性

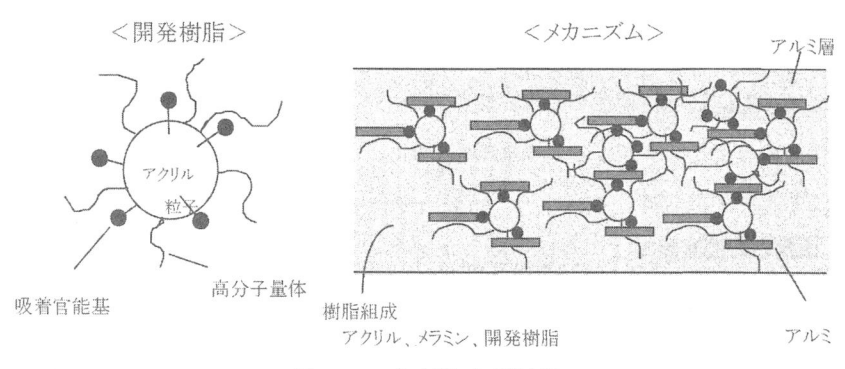

図4 アルミを"とめる"技術

レークの分散安定化機能を有する特殊な樹脂を開発，適用している[2,3]（図4）。

2.2.3 物理的な配向制御

膜厚もアルミ配向性を制御する上で重要なファクターである。塗膜中に存在するアルミの個数が同じであると仮定すれば，その膜厚を薄くすることで物理的にアルミが配向せざるを得ない状況を作り出すことができると考えられる。図5に膜厚とアルミの配向性のモデル図を示す。

本塗装系では1ミクロン程度を狙った。

2.3 塗装工程の設定（複層発色設計）

求める超金属調の意匠を達成するためには，塗装工程も非常に重要であり，そのポイントとなるのは，下地の明度と上層との混層制御である。それぞれについて以下に詳細を述べる。

2.3.1 下地の明度効果

図6に示すように，シルバーメタリック色においては完全隠蔽するアルミ濃度以下ではその下地の明度や色相で見え方が変わる。ハイライトではアルミの反射光が非常に強いため下地の影響はほとんど受けないが，シェードではアルミの間をすり抜けて下地を反射して光が捉えられるためである。この現象を利用し下地の明度を低くすることにより，ハイライトとシェードの明度差，すなわちFF性を高めることができる。塗装工程的には，蒸着アルミを含有する着色ベースの下

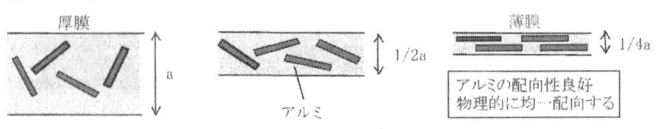

図5 膜厚とアルミの配向性

地として,新たにブラックの着色ベースを導入するという複層発色工程を採用することにより,前述のアルミ種・配向制御技術によるFF性を見かけ上さらに高めることによって,より金属感を引き出すことが可能となった。

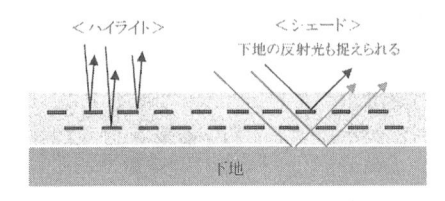

図6 下地の影響

2.3.2 上層との混層制御

通常のメタリック色の塗装工程では,アルミ層(ベース)を塗装したあと,WETの状態で上層(クリヤー)が塗装される。この場合,図7に示したように,アルミ層とクリヤーとの混層によりベース表層部分のアルミの配向性が乱れ,FF性の低下を招くと考えられる。

これを防ぐ方法としては,①ベースの塗着NVを上げる,②クリヤーの塗着NVを上げる,③ベースを焼付けた後にクリヤーを塗装する,ということが挙げられる。先述した通り,ベースの塗着NVには適性範囲が存在することから,①は得策ではない。②と③について,その効果を確認した。図8にはベースを塗装した後の工程とアルミ配向性(FF性)との関係を示す。クリヤー

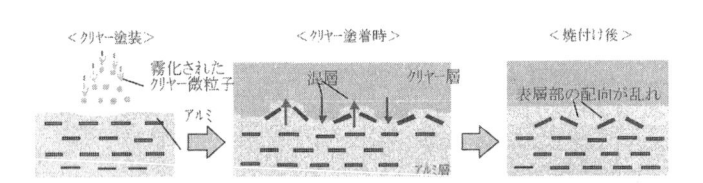

図7 混層によるアルミの配向不良

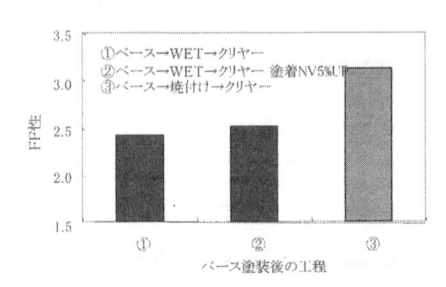

図8 ベース塗装後の工程とFF性との関係

第7章 蒸着アルミを用いた超金属調塗色設計

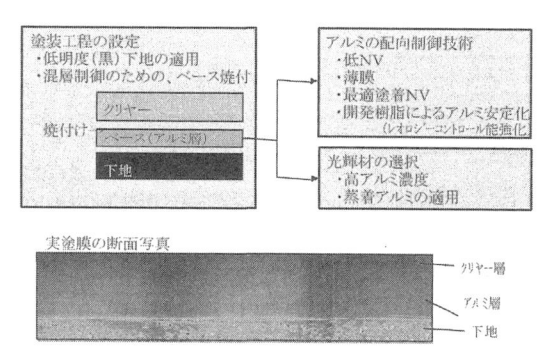

図9 超金属調シルバーを実現するための理想系

の塗着 NV を上げると，アルミ配向性は向上するものの，究極を目指すには，不十分なレベルである。しかしながら，ベース塗装後に焼付け工程を挟みその後クリヤーを塗装すると，アルミ配向性は格段に向上することが判る。

上述してきたことをまとめると，"超金属調シルバー"を実現するための理想的な系は，図9のようになる[4]。

3 市場への展開

これらの検討結果から導き出された技術を適用することにより，目標とする"超金属調シルバー"をかなり高いレベルで表現することができた。もちろん，必要な塗膜性能の確保・ライン塗装適性については様々な問題はあるが，ここでは，それらを克服し，実際に市場へと展開したこの超金属調シルバーの最終型「コスモシルバー」について述べる。図10にその塗装工程と各層の機能についてまとめた。中塗り及びクリヤーは，ダブルコート仕様により，外観品質向上（高仕上り性）を達成している。意匠性（メッキ感）・下地隠蔽性・下地のブツ隠蔽性を確保するために下地には黒（ベース①）を塗装し，その上に WET ON WET でアルミ層（ベース②）を塗り重ねる。また，アルミ層の上には，クリヤーとの密着性をさらに向上させるため，ベース①とほぼ同材質のクリヤー①を塗装する。これらにより，最終的には，8層塗り6回焼きという工程になった。これは"究極のシルバー"を目指したためであり，塗装ラインへの負荷が大きいことは言うまでもない。この省工程化は，今後検討していく課題である。

市場においても，色そのもののみならず，それを実現するための塗装技術も高く評価され，日本流行色協会（JAFCA）主催"2003年オートカラーアウォード技術賞"を獲得した。

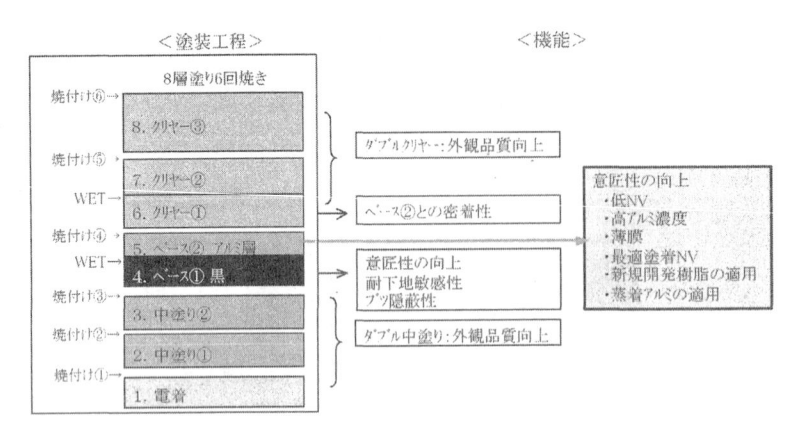

図10 超金属調シルバー「コスモシルバー」の塗装工程

文　献

1) JAFCA 自動車色彩研究所調べ
2) 特開 平 10-338793
3) 特開 平 11-192453
4) 特開 平 11-106686

第8章 パール顔料

清水海万[*]

1 はじめに

　パール顔料は，光の反射，屈折，透過，干渉現象を利用して，真珠（パール）のような柔らかで深みのある光沢感が得られることからパール顔料と呼ばれている。最近この輝きは生活の色々な分野で見られる。このようなパール意匠は，塗料，プラスチック，インキ，化粧品などの各種分野で，パール顔料を駆使することで得られている。パール顔料には，魚の鱗から抽出・精製して得られる天然パールエッセンスや，塩基性炭酸鉛，オキシ塩化ビスマスのような人工的に合成された板状結晶，雲母フレークに高屈折率の酸化チタン，酸化鉄などを被覆して得られる酸化チタン被覆雲母顔料（通称；雲母チタン）などがある。雲母を基材にしたパール顔料は他のパール顔料に比べて，無毒性，化学的安定性，物理的強度などの点で優れており，パール顔料の主流となっている。1984年に自動車塗料用途に初めて採用されて以来，自動車外装塗装への新しい意匠性の提案・演出などが求められるようになり，ガラスフレーク，シリカフレーク，アルミナフレークなどの人工基材に金属酸化物を被覆したパール顔料が上市されるようになった。

2 パール顔料の光学的原理

2.1 パール光沢（規則的多重反射）

　屈折率の異なる二つの層の境界において，入射してきた光は，一部は反射して一部は屈折・透過する。図1のように屈折率が異なる面が並行に配列し，多重層になっていると，入射光は各層の境界で反射するので規則的な多重層反射光が得られる。この規則的な反射光が，一般的にパール光沢と言われる。参考に宝石として好まれる天然パールの構造イメージとパール顔料使用塗装版の端面写真を図2に示す。

---

[*] Kaiman Shimizu　メルク㈱　PLS事業部　小名浜テクニカルセンター　R&Dグループ　主管研究員

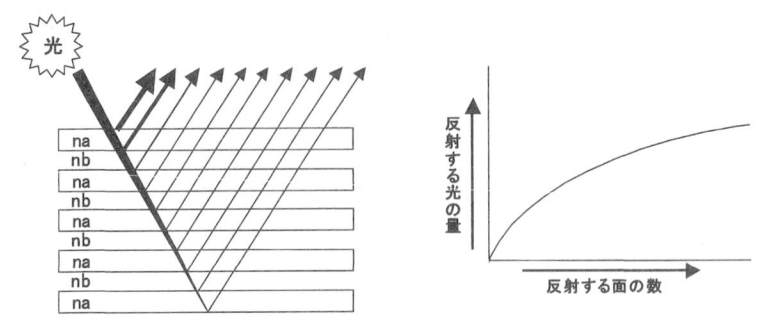

図1　規則的多重反射と反射光の量

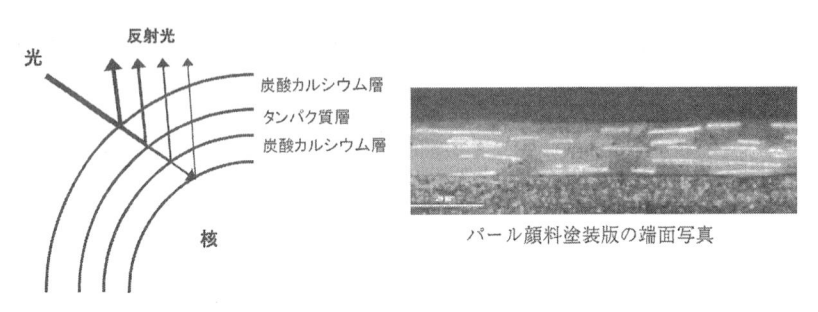

図2　天然パールの構造とパール顔料使用塗装版の端面写真

2.2　干渉色

図3に示すように，薄膜に光が入射すると，光は薄膜の上面と底面で反射する。薄膜の光学的厚さ（幾何学的厚さ d ×屈折率 n）が波長の1/4，またはその奇数倍の時，薄膜の底面から反射する光は薄膜上面から反射する光と位相が同じになり，反射光の波長が重複されることで，その波長の色が強くなる。これに対して，薄膜の光学的厚さが波長の1/2またはその整数倍の時には，二つの反射光の位相は半波長ずれることになり，反射光の色は打ち消されることになる。この原

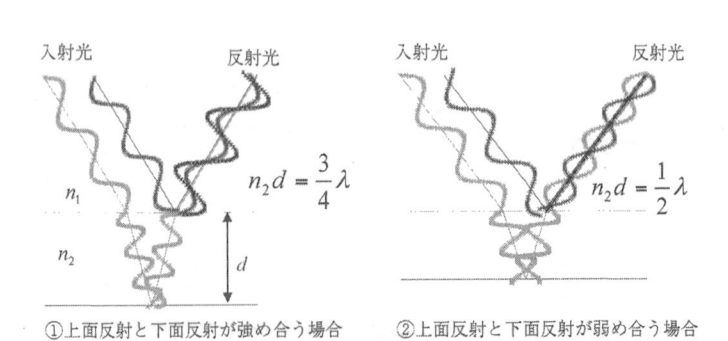

① 上面反射と下面反射が強め合う場合　　② 上面反射と下面反射が弱め合う場合

図3　薄膜における光の干渉（反射光が強め合う例と弱め合う例）

第8章 パール顔料

理を利用して，特定の波長の反射のみを強めることで鮮やかな干渉色を得ることができる。干渉色パール顔料はこの干渉原理を駆使することで得られる。

2.3 パール顔料の特徴

図4は古くから利用されている光の吸収を利用した一般的な顔料，金属光沢顔料及びパール光沢顔料の光学原理をイラストで表現したものである。光の吸収と散乱を利用した顔料の代表的な例としては酸化チタン，酸化鉄等がある。また，基本的に光の全反射によって得られるメタリック調顔料としては金属アルミフレーク顔料が代表的なものと言えるだろう。これらに対して，上記で説明した光の規則的多重反射と干渉原理を利用したものがパール顔料である。光学原理から分かるように，パール顔料になるためには，可視光線の一部を透過する透過性物質である必要がある。パール顔料は発色の原理だけではなく，粒子の形状と大きさの点で一般無機顔料と大きく異なる。例えば粒子径20μmのシルバーパール粒子1個の重さは，0.3μmの酸化チタン粒子の数千個分に相当する(図5)。このような粒子径はパール顔料において非常に重要である。パール顔料の粒子径が大きければ大きいほど，粒子1個の反射面積が増え高光沢が得られるが，粒子そ

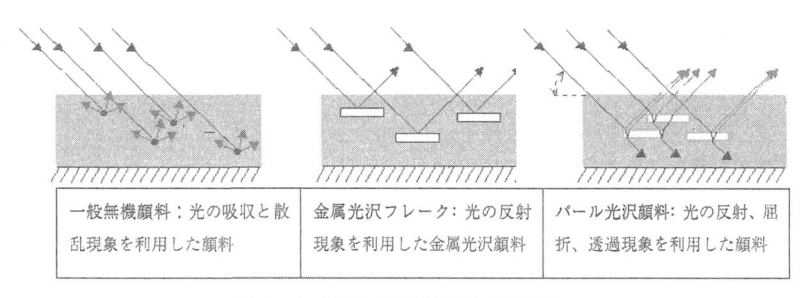

一般無機顔料：光の吸収と散乱現象を利用した顔料	金属光沢フレーク：光の反射現象を利用した金属光沢顔料	パール光沢顔料：光の反射、屈折、透過現象を利用した顔料

図4 各種顔料の光学原理イラスト

$20\mu m$

$\pi r^2 h \cong 125 \mu m^3$

$0.4\mu m$

パール顔料

$0.3\mu m$

$\frac{4}{3}\pi r^3 \cong 0.014 \mu m^3$

酸化チタン顔料

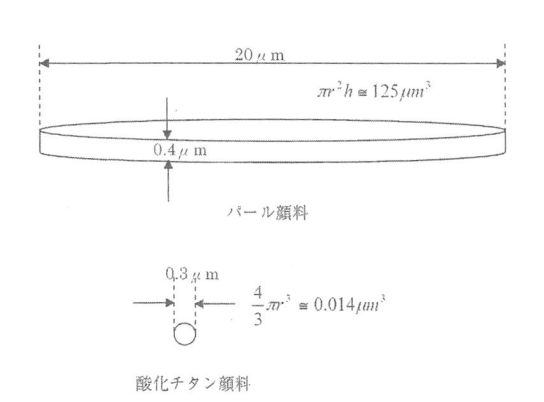

図5 パール顔料と酸化チタン顔料の粒子径(模式図)

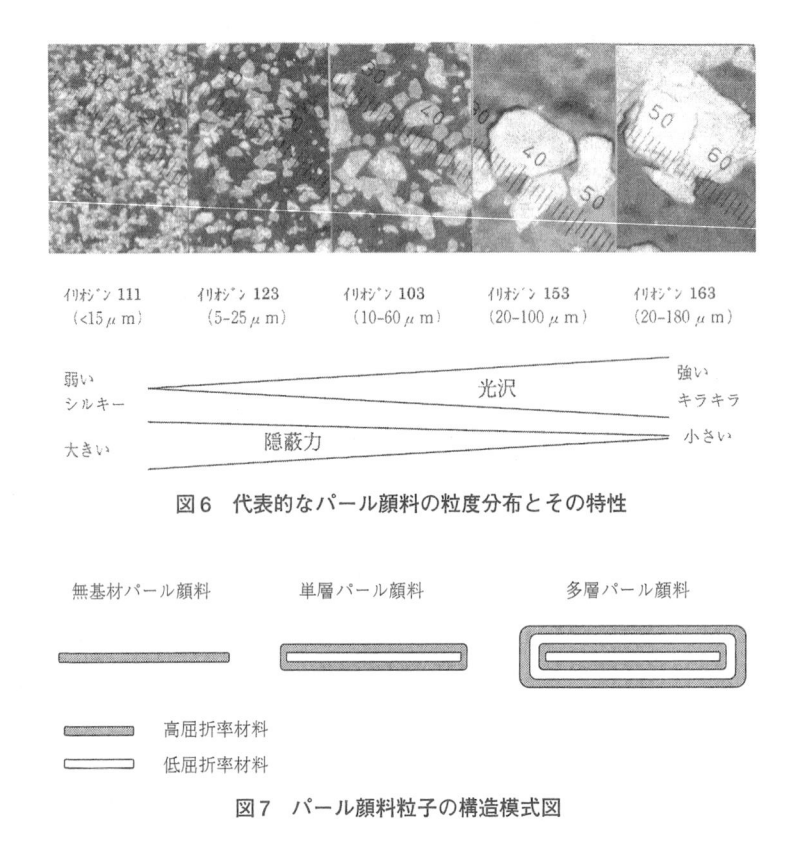

図6 代表的なパール顔料の粒度分布とその特性

図7 パール顔料粒子の構造模式図

のものが視認されるようになるとキラキラ感がでる。反対に粒子径が小さくなると反射面が小さくなり，粒子端での散乱光の割合が増えるため光沢は弱くなるが，隠ぺい力は増すことになる。

一方アプリケーションにおいては，粒子径が大きいほど目詰まりや沈降の問題が発生しやすくなり，粒子径が小さくなるほどバインダーと濡れにくくなって分散や配向に難が生じやすくなる。図6に代表的なパール顔料の光学顕微鏡写真と粒度分布，光沢，隠蔽性の関係をイラストで示した。目的とするパール光沢感を得るためにはパール顔料の粒子径を適切に選ぶ必要がある。パール顔料を大きく分けると，光学的に均質で基本的に一種類の高屈折率材料からなる粒子（無基材パール顔料）と，特定の光透過性基材（一般的に低屈折率材料）の上に屈折率の異なった物質層を設けた粒子（層状パール顔料）に分けることができる。また，層状パール顔料は，基材の上に一つの高屈折率層をもつ粒子（単層パール顔料）と，高屈折率層と低屈折率層を何層か重ねた粒子（多層パール顔料）に分けられる。図7にその模式図を示す。

2.4 パール顔料の色の評価[5〜7]

パール顔料を含んだ塗装板は見る角度によって反射光の強さや干渉色が変化する。反射光はア

第8章 パール顔料

ルミフレークなどを含むメタリック塗装色とは異なり，柔らかい深みのある塗色になる。このようなパール塗色の評価は目視評価が重要視されている。しかし品質管理の側面から，変角測色法などが取り入れられて標準化が試みられている。入射角を45°に固定し，受光角−20°〜−30°の間でL,a,bを測定することで目視と相関があるデータを取れるとの報告がある。また，入射角を−45°に固定し，受光角を−25°〜+65°まで5°刻みで測色することでパール顔料を評価する方法や，さらに，入射角と受光角の両方を変化させ，見る角度によって色が変わる干渉色顔料を評価する方法なども紹介されている。

3 パール顔料の種類と製法

3.1 無基材系パール顔料

3.1.1 天然パールエッセンス[1,2]

ソフトで滑らかなパール光沢を示す天然パールエッセンス（写真1）は，グアニン（$C_4H_4N_6O$）とヒポキサンチン（$C_5H_4N_4O$）の結晶である。太刀魚の皮またはニシンの鱗などを使用して，アルカリ溶液処理などで精製し結晶を採取する。この結晶を乾燥することなく，有機溶剤系の溶剤で調製される。1トンの魚から250g弱のパールエッセンスしか得られず，年間50トン程度が生産されているようである。非常に高価であることなどから高級化粧品などに限定的に使用されている。

3.1.2 塩基性炭酸鉛[2,3]

塩基性炭酸鉛は，酢酸鉛溶液から液相晶析法により1930年代に開発された最初の人工パール顔料で，六角薄片状の単結晶粒子である。粒子表面が平滑で自然のパール感に近い色調を表現する（写真2）。また，晶析時に粒子の厚みを制御することで，非常に奇麗な干渉色が発現することから干渉色顔料も開発された。しかし，鉛による毒性が問題となり，アプリケーションが限定さ

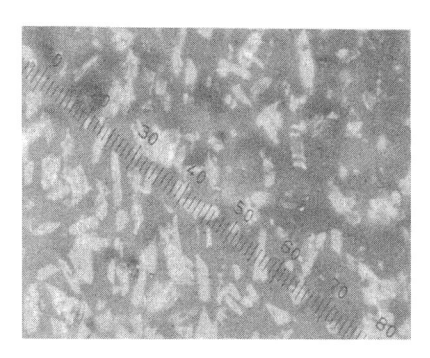

組成：グアニン（$C_4H_4N_6O$）
　　　ヒポキサンチン（$C_6H_4N_4O$）
形状：板状または針状結晶
粒度：1〜10−20〜25μm
厚み：40-50nm
屈折率：1.85
密度：1.6g/cm³

写真1　天然パールエッセンスの光学顕微鏡写真

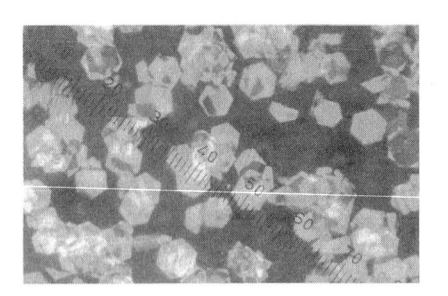

組成：$2PbCO_3 \cdot Pb(OH)_2$
形状：六角板状結晶
粒度：$4-20\mu m$
厚み：$50-60$ nm
屈折率：2.09
密度：6.2 g/cm³

写真2　塩基性炭酸鉛パール顔料粒子の光学顕微鏡写真

れるようになった。

3.1.3　オキシ塩化ビスマス[3, 4]

オキシ塩化ビスマス粒子は本来八面正方結晶体であるが，液相晶析時に形態を制御することで，パール顔料として適した四角板状体，八角板状体またはターゲット型の粒子に成長させたものがパール顔料として上市されている（写真3）。厚みは 60～150nm と薄く，粒子径が 5～25 μm とパール顔料としては小さいために，ソフトで滑らかなパール光沢が得られる。塩基性炭酸鉛とは対照的に無毒性パール顔料であるが，紫外線に弱く，還元されて灰色に変色する。紫外線吸収剤との併用で，プラスチック，塗料，印刷インキ等に使用されている。特に後ほど説明する天然雲母系パール顔料では得られない白さと緻密感（ノンフレーキー感）が好まれるアプリケーション用途にも使用されている。

3.1.4　その他無基材系パール顔料[49～51]

塩基性炭酸鉛あるいはオキシ塩化ビスマス粒子は単結晶であるが，板状の多結晶粒子として酸化チタンフレークが提案されている。製法は雲母などのフレーク基材に酸化チタン層を構築した後，酸化チタン層を剥離して得るか，または基材を化学的に溶解除去することで得られる。多結晶でかつ基材を持たないために，機械的に脆いのが欠点である。また，水熱合成法で得られる板

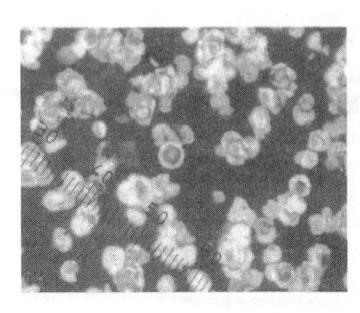

組成：BiOCl
形状：四角または八角板状
粒度：$5-25\mu m$
厚み：60-150 nm
屈折率：2.15
密度：7.7 g/cm³

写真3　オキシ塩化ビスマスパール顔料粒子の光学顕微鏡写真

第 8 章　パール顔料

状酸化鉄(α-Fe_2O_3, ヘマタイト)結晶もパール顔料として開発されている。

3.2　雲母基材系パール顔料[8〜12]

　雲母系パール顔料は，基材として天然白雲母(写真4)または合成雲母を砕いて得られる雲母フレークに金属酸化物を被覆したもので，パール顔料の代表的な存在である。写真5に雲母系パール顔料のSEM写真を示す。雲母系パール顔料は，雲母フレークの粒度分布によって光沢感が変わり，また被覆する金属酸化物の種類およびその被覆厚みによって色が変わることから，数多くのバリエーションができる。雲母系パール顔料の製法は，雲母フレークを調製する工程と金属酸化物を被覆する工程とに大別される。その概略を図8に示す。雲母フレークの調製工程では，天然の雲母を粉砕・分級・精製し，所定の厚みと粒度分布を持った精製雲母フレークを得る。不純物の混入と粒度・厚み分布を所定の管理幅内に入れるために様々な手法が取られる。一方，金属酸化物被覆の工程では，緻密な被覆層にすることやその厚みをナノメーターオーダーでコント

写真4　天然雲母の光学顕微鏡写真

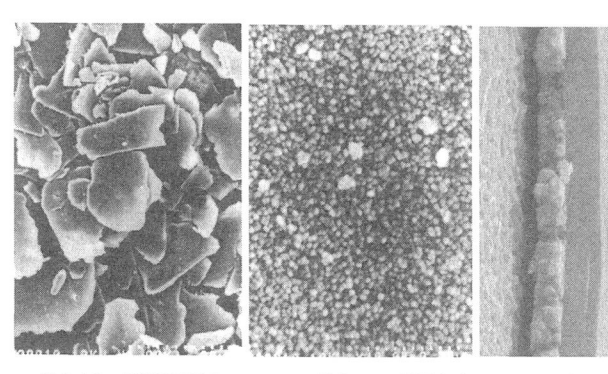

酸化チタン被覆雲母粒子　　　酸化チタン被覆表面　　　酸化チタン被覆雲

写真5　酸化チタン被覆雲母パール顔料のSEM写真

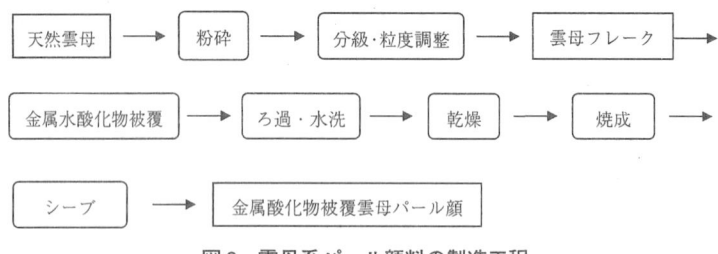

```
天然雲母 → 粉砕 → 分級・粒度調整 → 雲母フレーク →
金属水酸化物被覆 → ろ過・水洗 → 乾燥 → 焼成 →
シーブ → 金属酸化物被覆雲母パール顔
```

図8 雲母系パール顔料の製造工程

ロールする技術によって一定の色をもった品質が保たれる。代表的な金属酸化物のコーティング反応法を下記に示す。

① 均一沈殿法による酸化チタンのコーティング

所定濃度の雲母フレークスラリーに必要量の硫酸チタニール溶液を加え，沸点で撹拌しながら雲母フレーク表面に酸化チタン微粒子を沈積させる。

$TiOSO_4 + mica + H_2O → (100℃) → TiO_2 - mica + H_2SO_4$

② 滴下法による酸化チタンコーティング

撹拌下で，所定濃度の雲母フレークスラリーを60〜90℃に熱し，アルカリ溶液でpHを制御しながら，四塩化チタン溶液を滴下して雲母フレーク表面に酸化チタン微粒子を沈積させる。

$TiCl_4 + mica + 4NaOH → (60〜90℃) → TiO_2 - mica + 4NaCl + 2H_2O$

③ 滴下法による酸化鉄コーティング

撹拌下で，所定濃度の雲母フレークスラリーを60〜90℃に熱し，アルカリ溶液でpHを制御しながら，塩化第二鉄溶液を滴下して雲母フレーク表面に酸化鉄微粒子を沈積させる。

$2FeCl_3 + mica + 6NaOH → (60〜90℃) → Fe_2O_3 - mica + 6NaCl + 3H_2O$

3.3 人工合成基材系パール顔料

パール顔料の特徴である多重層反射光や干渉色を十分に生かすためには，基材を含めたパール顔料層の厚みを精密に制御する必要がある。基材として使用される天然雲母や合成雲母フレークの場合，層状物を粉砕・分級する製法のため，表面が階段状になったり，粒子端がギザギザになったりすることから，散乱光が多量発生しやすいことや，厚み分布を狭くするのが難しいことで，干渉色を強くするのが難しいなどの難がある。また，天然雲母の場合，微量着色不純物の影

第8章　パール顔料

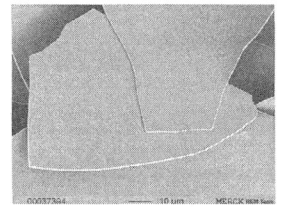

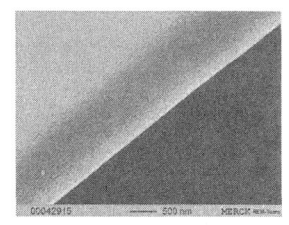

写真6　ガラスフレーク基材パール顔料

響で黄みやくすみが避けられない。このために，表面が滑らかで，厚み分布が均一なフレーク状基材の開発が行われてきた。1990年代に入り種々の人工合成フレーク状基材が提案されている。その代表的なものが，ガラスフレーク，シリカフレーク，アルミナフレークである。このようなフレークは表面が平滑で厚み分布が狭いことから多重層反射光を利用するパール顔料の基材として魅力的である。

3.3.1　ガラスフレーク系パール顔料[13～19]

　フィルム状あるいはフレーク状のガラスを粉砕・分級することで得られる表面平滑性に優れたガラスフレークを基体として，金・銀・ニッケル等の金属を無電解メッキ法やスパッタリング法で被覆したタイプと液相法でマイカ系パール顔料同様に金属酸化物を被覆したタイプがある。基材に着色が無く透明で，粒子周囲長が短い(キザキザがない)ことや表面平滑性で，非常に高い輝度感が得られる。また，雲母系パール顔料同様に表面の金属酸化物層の厚みを調整することにより，干渉色も得られる。写真6はガラスフレークに酸化チタンを被覆したパール顔料粒子である。

3.3.2　シリカフレーク系パール顔料[20,21]

　酸化珪素をフィルム状に加工し，これを粉砕・粒度調製して得られる非常に均一な厚みを持つシリカフレークに，金属酸化物(酸化鉄，酸化チタン)を被覆することにより，見る角度により干渉色が変化するマルチカラーエフェクト顔料が開発されている(写真7)。厚みが非常に均一で，屈折率が低いことから，入射光の角度が変化した時の光路長(干渉する波長)変化が大きくなる。これによって，見る角度によって認識される色調が変化するカラートラベル効果がはっきりする。この効果を利用して，バイオレット-グリーン，レッド-ゴールド，グリーン-レッド，ゴールド-ブルーなどのカラートラベルパール顔料が上市されている。

3.3.3　アルミナフレーク系パール顔料[20～23]

　アスペクト比が大きく表面が平滑なフレーク状のアルミナ結晶を基材とし，酸化鉄又は酸化チタン等の金属酸化物を被覆して得られるアルミナフレーク基材パール顔料は，独特なクリスタル光沢感と粒度分布がシャープで粗粒が存在しないことから，自動車塗料を始めとする高級塗色に広く使われている(写真8)。水酸化アルミを原料として溶融硫酸ナトリウム中で，結晶成長法で

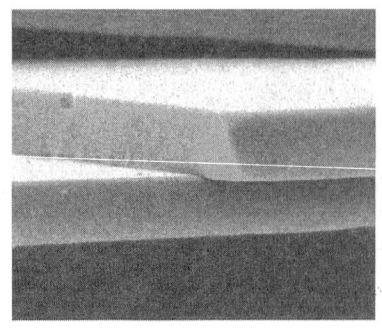

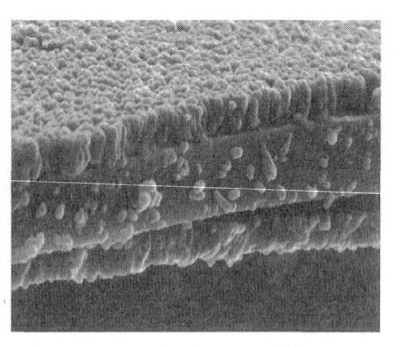

シリカフレーク	酸化鉄被覆シリカフレーク顔料端面

写真7　シリカフレークと酸化鉄被覆シリカフレーク顔料粒子の端面

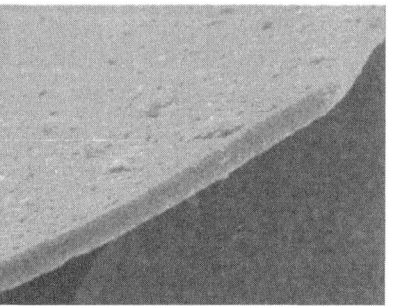

写真8　酸化チタン被覆アルミナフレーク顔料粒子

　得られるアルミナフレークは，アルミナ本来の物理的・化学的な安定性に加えて，不純物を含まないため色くすみがない，粒度分布がシャープ，粒子表面が平滑で周囲長が短いために光の散乱が少ない，単結晶体であることから透明性が高い，粒子径が小さい割には光沢が強いなどの特徴がある。これらの特徴から実際の応用例においても，従来の雲母系パール顔料に比べ，シルバー色タイプのものは，透明性が高く，かつ，光輝感が強いことから3コートホワイトパール色意匠での優位性が高い。また，干渉色タイプや赤系着色タイプにおいても，その高い透明性から有機顔料等の他色材の良さを損なうことなく，意匠自由度の高い色設計が可能となる。

3.3.4　金属アルミフレーク系パール顔料[24]

　金属アルミフレークを基材として，CVD法で鉄カルボニル化合物を被覆した着色光輝材顔料が調製されている。隠蔽性の高いアルミフレーク表面での強い反射光と酸化鉄層による吸収に加え，さらに酸化鉄表面の反射光とアルミフレーク表面からの反射光との干渉が加わり，高輝度・高隠蔽性をもつのが特徴である。また，アルミフレークにゾルゲル法でシリカを被覆し，その上に金属酸化物を被覆した顔料も提案されている。写真9は，金属アルミフレークに酸化鉄を被覆

第8章 パール顔料

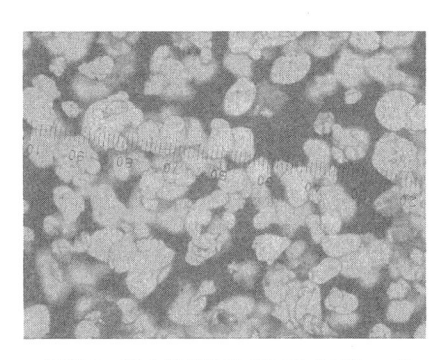

写真9 酸化鉄被覆金属アルミフレーク

した顔料の光学顕微鏡写真である。

3.3.5 その他の基材系パール顔料

フレーク状基材に金属酸化物などをコーティングすることで，顔料粒子1つで多重層反射光が得られることから上記以外の基材を使用したパール顔料が多数提案されている。それらをリストアップすると，①金属酸化物被覆グラファイト[25]，②金属酸化物被覆板状酸化鉄[26,27]，③酸化チタン被覆雲母あるいは雲母にチタン酸コバルトを被覆したパール顔料[28]，④酸化チタン・酸化ケイ素を多層被覆したメッキ粉末[29]，⑤蒸着法で薄膜アルミ上にフッ化マグネシウム，酸化ケイ素などを被覆した顔料[30]などがある。また，基材に低屈折率と高屈折率の酸化物を交互に多層被覆し，光の多重層反射効果を引き出す多層被覆系パール顔料が上市され，化粧品用途などで採用されている。

4 表面処理したパール顔料

パール顔料は通常の着色顔料と比べると扁平で粒子径が大きく，親水性の表面を持っている。また，酸化チタン被覆パール顔料の場合，酸化チタンの光活性は非常に大きい[31,32]。このようなパール顔料を自動車塗料など屋外用に使用するためには，樹脂との親和性・密着性を高める耐水性処理と，光活性を抑える耐光性処理が必要である。提案されている表面処理方法をリストアップすると，①金属水酸化物と高級脂肪酸の組み合わせ処理[33]，②水酸化クロム処理[34]，③鉄及び（または）マンガン化合物とメタアクリレートクロム塩化物の組み合わせ処理[35]，④次亜燐酸塩存在下で生成するジルコニウム化合物とセリウム，コバルト，マンガン化合物の中から少なくとも一つとの組み合わせ処理[36]，⑤セリウムとアンチモンの塩化物被覆後，さらにシリカ，アルミナで処理[37]，⑥フッ化ジルコニウム酸とクロム酸三価クロム塩の燐酸酸性溶液で処理[38]などがある。

一方，酸化チタン被覆基材系パール顔料は酸化チタン顔料と同様にポリオレフィン樹脂などの

中の添加剤との相互作用などにより黄色に変色する現象が起きる。この現象に対応するために，耐黄変表面処理顔料も上市されている[39～41]。また，耐プレートアウト処理パール顔料も提案されている[42]。

5　機能性材料への展開と今後の展望

　数十ミクロンオーダーのフレーク状基材にナノメーターオーダーの微細な金属酸化物を被覆することにより，様々な意匠効果を持つパール顔料が上市されてきた。この形状特徴と金属酸化物層被覆技術を生かした機能性顔料の開発が盛んに行われ，バリヤー効果材[43]，熱遮断材[44]，レーザーマーキング材[45]，偽造防止材[46]，除虫効果材[47]，バックライト光散乱材[48]，などの幅広い分野で応用されている。特に雲母フレーク表面に導電性を付与した静電防止材は床塗装材などの分野で高い支持を得ている[20]。一方，パール顔料本来の色材として考えると，いまだに天然パールエッセンスのような「粒子感を感じさせない柔らかい光沢」を示す無毒性で化学・物理的に安定性の高いパール顔料の開発が求められている。「緻密に光る―本真珠の輝き」を実現するための技術開発が望まれるところである。

文　　献

1) 蓮精，色材，**32**，p.61 (1959)
2) R.Maisch, M.Weigand, Pearl Lustre Pigments, Verlag Morderne Industrie, Landsberg/Lech, Germany (1991)
3) R. Glausch, M. Kieser, R. Maisch, G. Pfaff, J. Wetizel, in：U.Zorll (Ed), Special Effect Pigments, Vincents Verlag, Hannover, Germany (1998)
4) G. Pfaff, P. Reynders, *Chem. Rev.,* **99**, p.1963 (1999)
5) 尾内清美，荻野佐登視，原田邦行，自動車技術会学術講演集，**891**，119 (1989)
6) 馬場護郎，塗装技術，〔3〕，70 (1995)
7) A Gilchrist, Surface Coatings International Part B: Coatings Transactions, **85**, p.243 (2002)
8) 特開平 63-268771；USP5611851
9) 特公昭 43-25644
10) 特公昭 49-3824
11) 特公昭 56-43068
12) 特公昭 63-161063
13) USP.3087828

第8章 パール顔料

14) EURP.0289240 B1
15) K. Takemura, K. Doushita, K. Yokoi, T. Mizuno, *Key Eng. Mater.*, **150**, p.177(1998)
16) 実公平 6-40576
17) 特表 2002-509561
18) 特表 2004-533510
19) 特表 2005-502738
20) S. Teaney, G. Pfaff, K. Nitta, *Eur.Coat.J.*, (4), p.90(1999)
21) G. Pfaff, in: H. M. Smith (Ed.), High Performance Pigment, Wiley-VCH (2002)
22) 特開平 9-77512
23) EURP.0763573
24) 康智行, 塗装工学, **29**, No.11(1994)
25) 特開平 4-348170
26) 特開昭 64-75569
27) 特開平 6-184411
28) 特開平 4-28771
29) 特開平 6-93206
30) 特開平 6-032994
31) 三室英男, 色材, **47**, p.605(1974)
32) 吉川克, 色材, **50**, p.444(1977)
33) 特公昭 52-39849
34) 特開昭 54-96534
35) 特開昭 59-78265
36) 特開平 1-292067
37) 特開平 4-249584
38) 特開平 5-239378
39) 特開昭 63-118373
40) 特開平 5-186705
41) 特開平 6-16964
42) 特開昭 63-46266
43) 特開昭 60-193630；特開平 9-227696
44) 特開平 2-173060；特開平 5-785544；特開平 7-52335；特開平 8-120094；特開平 8-501332；特開平 10-67947
45) 特開平 9-12776；Modern Plastics International, April, p.24(1996)
46) 特開平 3-53971；特開平 9-169161；特開平 9-240133；特開平 9-267592
47) 特開昭 61-107737；特開昭 63-74449；特開平 1-203303
48) 特開平 9-96705
49) 特公昭 61-295208
50) EURP.417567
51) USP.5500043

第9章 薄片状ガラス顔料—内包型と被覆型

横井浩司[*]

1 はじめに

日本板硝子㈱では，塗装・ライニング層の寿命延長・クラック防止・耐薬品性向上用や，樹脂成形品の反り防止・寸法安定性用のフィラーとして，平均厚み約5 μm で，10～4000 μm の各種大きさの薄片状のガラス粉末（ガラスフレーク®）を，従来から製造・市販している。近年のテクノロジーの発展により，顔料にも新規な機能，新規な発色・外観が求められているが，この薄片状ガラスという特徴を活かし，新規な顔料の開発にも取り組んでいる。一つには，ゾルゲル法による，機能性ナノ粒子を薄片状シリカガラス中に内包・分散させた新規な機能性顔料（内包型薄片状ガラス顔料）がある。また，溶融法で作製された1 μm 程度の厚みの非常に薄い薄片状ガラス（ガラスフレーク®）に種々の材料（金属，金属酸化物など）を被覆することにより，これまでにない光輝感を有する顔料（被覆型薄片状ガラス顔料）を作製し販売している。前者は「ナノフレックス®」，後者は「メタシャイン®」というブランド名で市販している。これらについて，説明する。

2 ゾルゲル法によるシリカフレーク（内包型薄片状ガラス顔料）

まず，機能性ナノ粒子をシリカフレーク中に内包・含有させた新規顔料ナノフレックス®について説明する。平均厚みは1 μm 前後，平均粒径は10 μm 前後の薄片状のシリカであり，内包している機能性ナノ粒子により，種々の機能を有する。ナノフレックス®の概念図を図1に示した。

2.1 ゾルゲル法によるシリカフレークの作製方法

ゾルゲル法によるフレークの作製方法の概略フローチャートを図2に示した。ナノ粒子を均一分散させたシリカゾル溶液を基板に塗布し，乾燥後剥離して，乾燥したゲル状のシリカフレークを得る。その後必要に応じて焼成を行い緻密なシリカガラス化する。

---

[*] Koji Yokoi 日本板硝子㈱ 硝子繊維カンパニー 特機材料事業部 開発部 マネージャー

第9章 薄片状ガラス顔料—内包型と被覆型

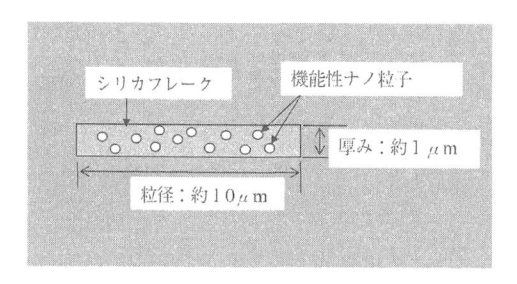

図1 ナノフレックス®の概略図

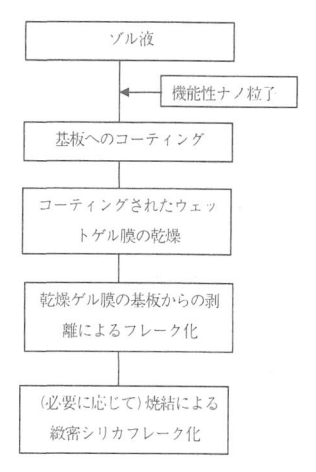

図2 ゾルゲル法によるフレークの作製フローチャート

2.2 紫外線吸収性透明シリカフレーク「ナノフレックス®NTS30K3TA」

　ナノフレックス®NTS30K3TAでは，20nm程度の大きさのチタニア微粒子をシリカフレーク中に約30％含有している。この大きさのチタニア微粒子は，透明性に優れ，また，紫外線を有効に吸収する。シリカ中にこのチタニア微粒子が均一単分散しているため，可視光領域では非常な透明性を有するにもかかわらず，紫外線を有効にカットする。チタニア微粒子のシリカフレーク中の分散状態を示す透過電顕写真を図3に示した。また，ビニル系樹脂にナノフレックス®NTS30K3TAを10wt％分散させて100μm厚みのフィルムを作製し，その分光特性を測定した結果を図4に示した。ナノフレックス®NTS30K3TAは，UV-B（波長280〜320nm）をほぼ完全に，UV-A（波長320〜400nm）を有効に遮蔽していることが分かる。また，チタニア粒子

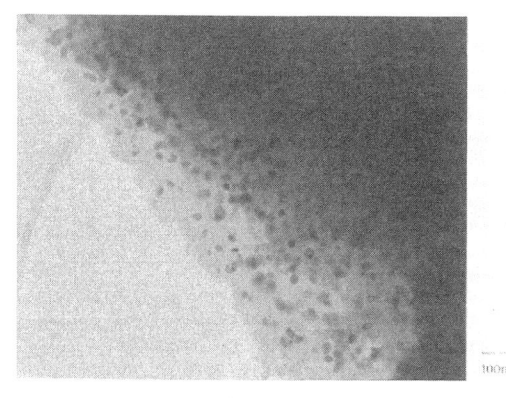

図3 ナノフレックス®NTS30K3TAの透過電顕写真（×159,000）

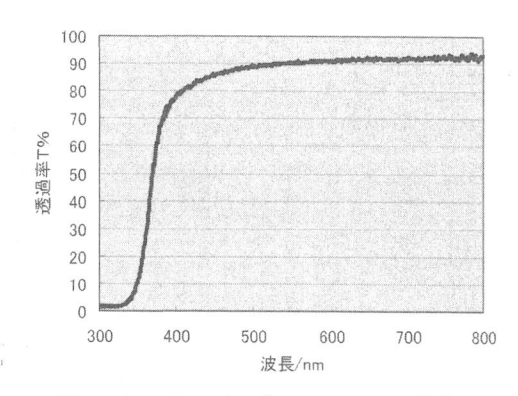

図4 ナノフレックス®NTS30K3TAの透過率

と異なり，白光りすることがない。

2.3 可視光散乱フレーク「ナノフレックス®NLT30H2WA」

　顔料の光散乱効率は，顔料粒径が光の波長のほぼ1/2の際に最大になる[1]。そこで可視光（波長400〜800nm）を有効に散乱させるには，その波長の1/2，すなわち200〜400nmの粒径の酸化チタン粒子を選定すれば良い。ナノフレックス®NLT30H2WAでは，粒径約250nmの大粒径のチタニア粒子をシリカフレーク中に約30％含有してある。この散乱効果の高いチタニア粒子をシリカ薄片中に分散固定化せしめたため，光を透過しながら，そのほとんどが散乱光というものになっている。

　ナノフレックス®NLT30H2WAにつき，光学特性（散乱効果）を以下の方法で測定した。サンプルフレークをビニル樹脂中に，乾燥後10wt％になるように添加混合し，100μm程度の厚みのフィルム状に成形後，3cm角程度を切り出し，測定用フィルムサンプルとした。そのフィルムサンプルにつき分光光度計（日立U-3210）を使用して，ビニル樹脂フィルムのみをバックグランドとして，全透過率Tt，直進透過率Dtを測定した。なお，波長550nmにおける光散乱率Hを，以下の式により求めた。式中の透過率はすべて波長550nmでの値である。

$$\text{光散乱率 } H(\%) = [\text{拡散透過率 St}/\text{全透過率 Tt}] \times 100$$
$$= [(\text{全透過率 Tt} - \text{直進透過率 Dt})/\text{全透過率 Tt}] \times 100 \quad (1)$$

　上記方法で測定した分光特性を図5に示した。図中には，別途作製したチタニア粒子がまったく含有されていないシリカ100％のフレークの分光特性も同時に示してある。可視光領域（波長400〜800nm）においては，チタニア粒子を含まないシリカフレークは，ほぼ100％の全透過率，80％前後の直進透過率を示している。若干の散乱光があるのは，シリカフレークの屈折率（1.46）

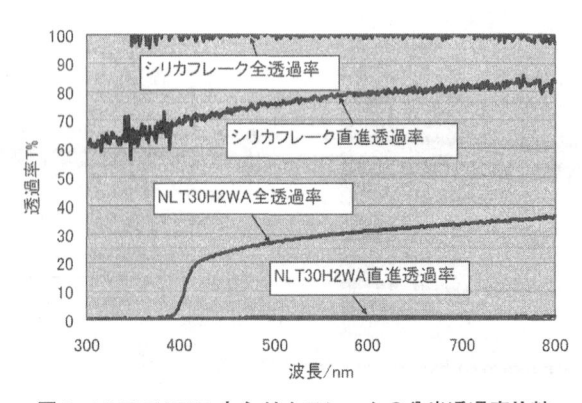

図5　NLT30H2WAとシリカフレークの分光透過率比較

第 9 章　薄片状ガラス顔料—内包型と被覆型

表 1　NLT30H2WA と他物質の光散乱特性比較

品種	全透過率 /%	直進透過率 /%	散乱率 /%
NLT30H2WA[*1]	30	0.6	98
シリカ粒子[*2]	98	84	14
チタニア粒子[*3]	9	0.2	98

＊1　フレーク厚み；0.7um，TiO_2 含有量：30wt％，内包する TiO_2 の粒径：250nm
＊2　シリカ粒子の粒径：300nm
＊3　チタニア粒子の粒径：250nm

とビニル樹脂の屈折率(1.54)が異なるので，その界面で散乱が起こるためである。これに対し，ナノフレックス®NLT30H2WA は，全透過率は 25〜35％程度を示し，直進透過率はほぼ 0％に近く，ほとんどの透過可視光が散乱されている。非常に効果的な光散乱材であるということが分かる。また，紫外線領域（波長 400nm 以下）では，全透過率は急激に低下し，ほぼ 0 となり，有効な紫外線カット材でもあることが分かる。

また，シリカ粒子（直径 300nm），及，チタニア粒子（直径 250nm）についても同様な方法で光学特性を測定した。それらの光学特性を上記のナノフレックス®NLT30H2WA と合わせて，表 1 に示した。代表的な光散乱物質である白色顔料として使用されるチタニア粒子は，全透過率が 9％程度と低いが，光散乱率 H は 98％と非常に高い。透明物質であるシリカ粒子は，全透過率が 98％程度と非常に高いが，光散乱率 H は 14％と小さく光散乱効果はあまりない。これらに対し，ナノフレックス®NLT30H2WA は，全透過率が 30％と適当な透過を示しながら，光散乱率 H が 98％と非常に高い可視光散乱効果を示している。つまり，適当な可視光透過性と良好な光散乱性を両立しているユニークな材料ということができる。

このナノフレックス®NLT30H2WA は，その透過光が殆ど散乱光であり直進透過がないという可視光散乱効果が非常に高いために，塗料や化粧品に使用された場合，下地を見えなくする効果や，顔料と混合した場合，反射散乱光で顔料の発色が非常にきれいになるなどの効果を有する。また，光散乱効果が非常に高いにもかかわらず，チタニア粒子などの他の散乱物質に比較し，全透過率が高く，白浮きが目立たないなどの効果がある。さらに副次的に UV カットの効果もある。

2.4　多孔質シリカフレーク「ナノフレックス®NPT30K3TA」

ナノフレックス®NPT30K3TA は，前述の紫外線吸収性透明シリカフレーク「ナノフレックス®NTS30K3TA」を多孔質状にした，チタニア微粒子含有多孔質シリカフレークである。球状や不定形の多孔質物質はいろいろあるが，薄片状の無機多孔質体はあまり例がなく，ユニークなものである。細孔の大きさはピーク細孔径で，4〜8nm，細孔容積は 20〜40％，比表面積は，

200～250m^2/g程度を示す。

大きな給油量による化粧持ちの改善，種々の物質の担持体，香料の徐放性付与等いろいろな用途が考えられる。

2.5 ナノフレックス®の今後

以上のような特性から，これらナノフレックス®は，化粧品，塗料，インキ，樹脂などの分野で応用が進んでいる。

さらに種々の機能を持つ材料を内包させることにより，新しい機能性フレークの今後の発展が望まれる。

3 被覆法による薄片状ガラス顔料(被覆型薄片状ガラス顔料)

光輝材は顔料の1つで，表面反射による「キラキラ感」を示すとともに，多重反射による「真珠光沢(パールカラー)」や「深み感」を与えることができる。光輝材には各種あるが，代表的なものにアルミニウムフレークやパールマイカなどがある。弊社では，溶融法による薄片状ガラス(ガラスフレーク®)を基材として，これに金属ないし金属酸化物を被覆した顔料として「メタシャイン®」シリーズを提供している。一般のアルミニウムフレークは，厚さに均一性がなくウエーブ状に湾曲していることが多く，またパールマイカは劈開性による段差を生じていることが判る。一方メタシャイン®は均一な厚さを持ち，かつ段差がない。したがって表面が平滑であり，それ故光の乱反射が少なく，非常に高い光輝性を示すことができる。

3.1 被覆法による薄片状ガラス顔料の作製方法

被覆法による薄片状ガラス(ガラスフレーク®)顔料の作製方法は以下の通りである。溶融したガラスをノズルから押し出し，ガラス融液を風船のように膨らませて引き伸ばし，冷却固化し，それを粉砕・分級することにより，平均厚み約1.3及び5μmで，各種の粒度を持つガラスフレーク®を得る。得られたガラスフレーク®に，無電解メッキや液相法により，金属や金属酸化物を制御された厚みに被覆することにより，高光輝性を有する薄片状ガラス顔料(メタシャイン®)とする。

3.2 「メタシャイン®」の種類と構造

被覆型ガラスフレーク光輝顔料「メタシャイン®」には，金属を被覆することでメタリックカラーを示すものと，金属酸化物を被覆することでパールカラーを示すものとがある。メタシャイ

第9章 薄片状ガラス顔料—内包型と被覆型

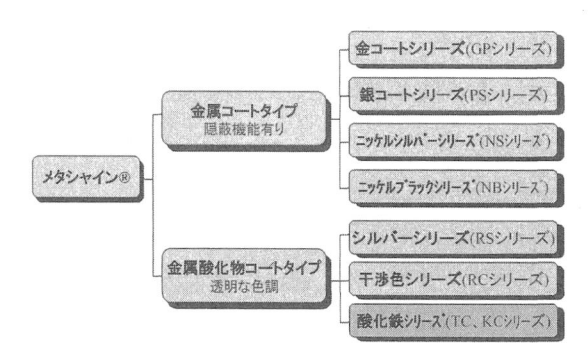

図6 メタシャイン®の品種別体系図

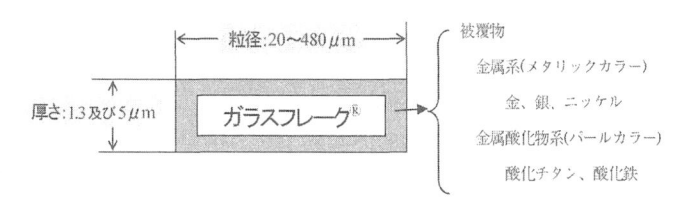

図7 メタシャイン®の構造概略図

ン®の品種別体系を図6に，構造を図7に示す。

3.3 「メタシャイン®」の特徴

メタシャイン®の代表的な特徴として以下があげられる。

① 透明で平滑度の高いガラスフレーク®が基材であり，高い光輝感と強い深み感が得られる。

② 不純物が少ないために，くすみのない透明性のある色調が得られる。

③ 無機系であり，また発色に有害重金属を必要としないことから，高い安全性を実現できる。

各品種別の特徴を以下に記す。

3.3.1 メタリックカラー色（銀，ニッケル，金などの金属被覆）

金属は高い反射率を持っているため，輝度の高い顔料を作製することができ，さらに基材がガラスフレーク®であることで，その表面平滑性から鏡面のような反射を示すことができる。なかでも銀は金属の中でも非常に高い反射率を示すので，銀を被覆したメタシャイン®PSは極めて高い光輝感を示す。金をメッキしたメタシャイン®GPは，本物の純金の色調があり高級感を示すことができる。また金箔より密度が小さいので，作業性にも優れている。

3.3.2 パールカラー色（酸化チタン，酸化鉄，還元酸化鉄などの金属酸化物被覆）

(1) 酸化チタン：RCシリーズ

メタシャイン®RCシリーズはガラスフレーク®の上に直接高屈折率のルチル型酸化チタンを被

覆することで，強くはっきりした干渉色を呈した透明感のある顔料となる。被覆厚さに伴って無彩色のシルバー調，黄，赤，青，緑の干渉色が発現する。高い光輝感，強い深み感を出すことができ，また着色顔料との組み合わせが容易であるなどパール調顔料としての特徴を最大限に引き出すことができる。

(2) **酸化鉄被覆メタシャイン®：TC シリーズ**

酸化鉄被覆ガラスフレーク®：メタシャイン®TC は，酸化チタン系と同様に，被覆厚さに伴って干渉色が変化する。その一方で酸化鉄自体の物体色を伴うため，酸化チタン被覆とは異なる色調を有し，また，隠蔽性が高く着色力が大きい顔料となる。

(3) **還元酸化鉄被覆メタシャイン®：KC シリーズ**

酸化鉄被覆フレークに還元処理を施すことによって，干渉色と共に黒みの強い深みのある色合いを呈するようになる。被覆厚さと還元度合いを適当に調整することによって，各種の色みを得ることができる。還元酸化鉄系メタシャイン®KC では単一材料で赤や青などの基調色と黒みや深みが同時に発現していることから，従来の濃色系製品における黒色顔料との併用とは異なる意匠性を実現することができる。

3.4 メタシャイン®の今後

メタシャイン®は光輝感が非常に強く，また不純物，特に有害重金属を含まないため安全性が高く，化粧品を始め，塗料，インキ，樹脂成形物，樹脂フィルム，紙，人工皮革など幅広い分野で使用されている。

光輝性顔料の分野においては，多様なニーズに応えるための研究開発課題は多いが，ガラスの特徴(透明性などの光学特性，平滑性などの形状特性等)を活かした，ガラスでないと出せない効果を持った薄片状ガラス顔料の開発が望まれる。また，ガラスフレーク®の厚みを現状の 1.3 μm から，μm 以下のナノレベルオーダーの厚みにすることによる新たな効果も考えられる。

(※「ガラスフレーク®」「ナノフレックス®」「メタシャイン®」は，日本板硝子㈱の登録商標です)

文　献

1) 清野　学，酸化チタン―物性と応用技術，技報堂出版，p.130-131(1991)

第10章　無機蛍光・畜光顔料

田村真治[*1]，増井敏行[*2]，今中信人[*3]

1　はじめに

　蛍光・畜光顔料はエネルギーを吸収しそれを光に変換する物質であり，一般には蛍光体と呼ばれている。蛍光体はディスプレイや照明など幅広い分野で使用されており，我々の日常生活を支える重要な材料の1つであり，その発光特性から大きく2つに分類できる。1つは半導体のようなバンド間の遷移により発光を示すものであり，もう1つは孤立したイオン，または原子団が発光中心となるものである。後者の蛍光体において，発光中心となりうるものには遷移金属や希土類イオンが挙げられるが，遷移金属はd-d遷移に基づく発光を示すため，その発光は母体の結晶場の影響を受ける。一方f-f遷移に基づく発光を示す3価の希土類イオンは，f軌道が外郭の

表1　蛍光体材料の励起機構と応用例

励起機構	物質例	応用例
紫外線励起	$Ca_3(PO_4)_2Ca(F,Cl)_2:Sb^{3+},Mn^{2+}$	蛍光灯
	$BaMgAl_{10}O_{17}:Eu^{2+}$（青色）	照明，プラズマディスプレイパネル
	$Zn_2SiO_4:Mn^{2+}$（緑色）	プラズマディスプレイパネル
	$LaPO_4:Tb^{3+},Ce^{3+}$（緑色）	蛍光灯
	$YBO_3:Eu^{3+}$（赤色）	プラズマディスプレイパネル
	$Y_2O_3:Eu^{3+}$（赤色）	蛍光灯
電子線励起	$ZnS:Cu,Al$（緑色）	ブラウン管
	$ZnS:Ag,Cl$（青色）	ブラウン管
	$Y_2O_2S:Eu^{3+}$（赤色）	ブラウン管
電界励起	$ZnS:Mn^{2+}$（橙色）	エレクトロルミネッセンスディスプレイ

*1　Shinji Tamura　大阪大学大学院　工学研究科　応用化学専攻　無機材料化学領域　助手
*2　Toshiyuki Masui　大阪大学大学院　工学研究科　応用化学専攻　無機材料化学領域　助教授
*3　Nobuhito Imanaka　大阪大学大学院　工学研究科　応用化学専攻　無機材料化学領域　教授

s，p 軌道によって遮蔽されているため母体の結晶場の影響を受けず，シャープな発光スペクトルを示す。表1に，市販化されている代表的な蛍光体の励起機構および応用例を示す。これから分かるように，蛍光体の付活イオン（発光イオン）は数種類に限定されるが，母体結晶は多岐にわたる。

本章では紙面の都合上，ディスプレイや照明用，LED（発行ダイオード）用無機蛍光体，畜光材料の最近の研究開発動向を中心に概説する。現有の無機蛍光体については，多数の良書が発刊されているため，それらを参考されたい。

2　白色LED用蛍光体

白色LEDは電球，蛍光ランプに替わるだけでなく，新たな用途が期待できる光源として社会に大きなインパクトを与えた材料である。そのため白色LED用蛍光体は，現在最も盛んに研究されている蛍光体と言える。現在の市販されている製品では，青色LEDに黄色発光の蛍光体$(Y,Gd)_3(Al,Ga)_5O_{12}:Ce^{3+}$を塗布したものが主流であるが，これ以外に365～420nmの近紫外光により青～赤の光を出す複数の蛍光体を使用した白色LEDや，RGBの3色ともLEDを用い，蛍光体を全く使用しない白色LEDも提案されている。しかし，後者の2種のLEDは発光効率，寿命特性，温度特性などの問題により現時点での実用化は難しい。一方，前者の青色LEDに黄色発光の蛍光体を塗布したLEDにおいても，実用化はされているが，さらなる特性向上のために，以下に示す蛍光体の開発が要求されている。

①　現行の白色LEDの演色性を向上させるための赤もしくは赤橙色蛍光体

②　高演色性光源としての紫外あるいは紫色LEDと組み合わせることができる3原色蛍光体

上記①は一般照明用として，②は一般照明用および液晶ディスプレイのバックライトとしての用途が期待されている。一般照明用には幅広い蛍光スペクトルを持つ蛍光体を用いればよいが，液晶ディスプレイのバックライトとしてはフィルターの光透過特性に合った狭い幅の蛍光スペクトルを持つ材料が望まれている。しかし，いずれの蛍光体も青色光で励起できることに加えて，高輝度の励起光で長時間照射されるため高い耐久性が要求され，既存の蛍光体では対応が難しく，新たな蛍光体の開発が望まれている。

2.1　窒化物および酸窒化物蛍光体

現在の蛍光体は，酸化物や硫化物の結晶に光学活性な希土類イオンが固溶したものが多く，蛍光灯やCRTを主用途として開発されてきた。しかし，これらの蛍光体では白色LEDで要求される可視光励起と耐久性を満足させるものは少なく，窒化物系の蛍光体が研究されている。窒化物

第 10 章　無機蛍光・蓄光顔料

や酸窒化物をホスト結晶とする蛍光体では，酸化物系蛍光体と比較して以下のようなメリットがあると言われている。

① ホスト結晶は耐熱材料として開発されたものが多く，耐久性および安定性に優れる
② 窒素を導入することで共有結合性が増大し，励起および発光波長が長波長化することで可視光応答が可能となる
③ 後述するサイアロンは固溶体であり，幅広い範囲の組成が可能となり，材料設計の自由度が広がる

2.1.1　αサイアロン（黄色蛍光体）

αサイアロンとは，α型の窒化ケイ素（Si_3N_4）の単位格子中に存在する2カ所の籠状空間に金属イオンが入ることによって安定化した固溶体[1,2]（図1）であり，一般式 $M_xSi_{12-(m+n)}Al_{m+n}O_nN_{16-n}$（x = m/v）で表される。ここで，x は M イオンの固溶量であり，v は M イオンの価数である。αサイアロンでは M^{v+} イオンの役割が重要であり，Li, Mg, Ca, Y とランタノイド元素が固溶することができるが，蛍光体として有効な金属元素は Ce, Sm, Eu, Tb, Dy, Yb などであり，元素固有の色を発する蛍光体が得られる[3,4]。一例として 450nm の青色励起で 590nm 前後の黄色発光を示す蛍光体（Eu^{2+}で付活した Ca-αサイアロン）の励起・発光スペクトルを図2に示す。

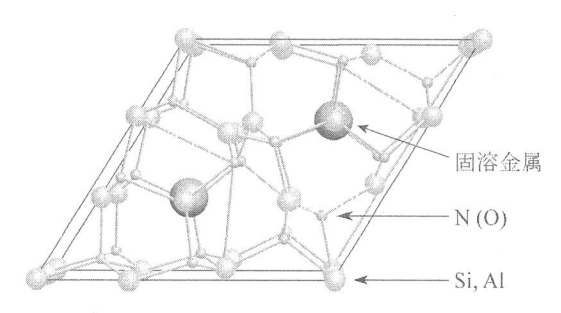

図1　α-サイアロンの結晶構造

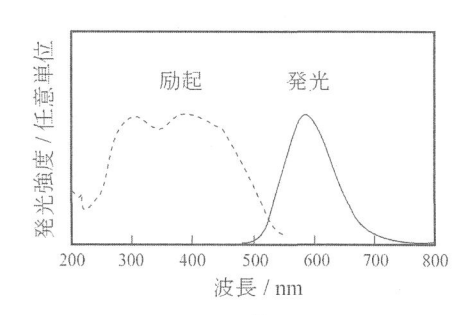

図2　Ca-αサイアロン：Eu^{2+}の励起・発光スペクトル

前述の$(Y,Gd)_3(Al,Ga)_5O_{12}$:Ce^{3+}を用いた白色LEDは色温度の高い(青白い)白色光を発するが，αサイアロンを用いると色温度の低い暖かみのある電球色となることに加え，市販品($(Y,Gd)_3(Al,Ga)_5O_{12}$:Ce^{3+}を用いたLED)と比較すると色度変化は1/7～1/3と温度安定性にも優れており，一般照明用途に適した白色光である。

2.1.2 βサイアロン(緑色蛍光体)

βサイアロンは，αサイアロンと同様に高温構造材料として研究されてきた材料であり，β型窒化ケイ素(Si_3N_4)と同じ結晶構造を持つ固溶体$Si_{6-x}Al_xO_xN_{8-x}$($0 < x < 4.2$)である。従来，βサイアロンはαサイアロンとは異なり，金属元素を格子内に取り込まないと言われてきたが，Eu^{2+}を付活したところ，300～500nm程度の幅広い励起スペクトルと540nm付近にEu^{2+}の5dから4fへの遷移に伴う緑色の発光スペクトルを持つことが判明した[5]。そのため，紫あるいは青色のLEDを励起源とする利用が期待される蛍光体である。

2.1.3 $CaAlSiN_3$(赤色蛍光体)

$CaAlSiN_3$(CASN：カズン)は窒化ケイ素系材料の相関系の研究で見つかった結晶であるが，この結晶のCaの一部をEu^{2+}で置換することで赤色蛍光体となることが報告された[6]。図3に示すように$CaAlSiN_3$:Eu^{2+}赤色蛍光体は450nmの青色光で効率よく励起され，650nmの赤色光を発する。これまでに白色LEDに適した赤色蛍光体として報告されている$M_2Si_5N_8$:Eu^{2+}(M = Ca,Sr,Ba)[7]と比較すると長波長域で強い発光が得られることに加え，本蛍光体は励起帯域が広いことが特徴として挙げられる。そのため，青色LEDとの組み合わせの他に将来の方式として期待されている紫LEDや紫外LEDと組み合わせることも期待されている。

2.2 タングステン酸塩系赤色蛍光体

従来より様々なデバイスの赤色蛍光体として利用されているY_2O_3:Eu^{3+}やLa_2O_2S:Eu^{3+}を白色LEDに利用する試みもなされてきたが，Y_2O_3母体では強い吸収を示す電荷移動吸収帯が紫外部に限られている。またLa_2O_2S母体ではSが含まれることによる共有結合性の増加に伴い電荷移動吸収帯が長波長側にシフトしているものの，その領域の遷移は主に禁制遷移であるため，吸収線の波長がLEDの波長とずれているといった欠点があった。これらの欠点を克服するためにEu濃度を高め，市販LEDの波長405nmに近い403nmに吸収線を持つSm^{3+}を増感剤として添加した$Li(Eu_{0.96}Sm_{0.04})W_2O_8$[8]や$La_{0.5-x}Sm_xEu_{1.5}W_3O_{12}$(最適濃

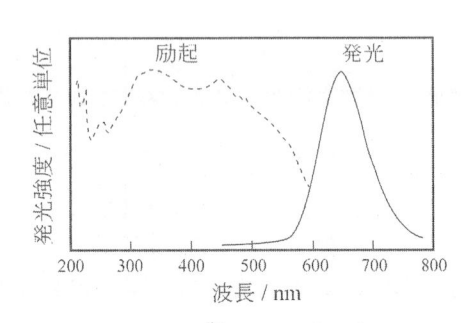

図3 $CaAlSiN_3$:Eu^{2+}の励起・発光スペクトル

度 x = 0.1)が考案された[9]。Eu^{3+}の蛍光は 610 〜 625nm 付近の狭い領域に集中しているため，液晶フィルターと組み合わせたときに有効となるが，これらの系では，Sm^{3+}の吸収も禁制遷移であるため，光の吸収がなお弱いといった問題が残っている。

3　PDP 用蛍光体

プラズマディスプレイパネル(PDP)の発光原理は蛍光灯のものと類似しており，1966 年にアメリカ合衆国のイリノイ大学で提唱されている。1990 年代の日本でのカラー化の研究の進展から，薄型で大画面のテレビとして注目を浴びており，特に近年，プラズマテレビの市場は大きく伸び続けている。大型テレビにおいてはリアルプロジェクションや液晶テレビとの競争があるものの，プラズマテレビは依然として主役である。図 4 に，カラー PDP の構造図を示す。電極を表面に形成した 2 枚のガラス板の間に放電ガスとして希ガスである Xe と Ne の混合気体を封入してある。電極間に電圧をかけることによって紫外線を発生させ，蛍光体を光らせて表示する。封入ガスがプラズマ状態になっていることから，プラズマディスプレイと呼ばれている。

プラズマテレビの開発当初は画質，寿命特性や消費電力に問題があったが，近年の研究開発によりこれらの問題も改善されつつある。消費電力においては液晶テレビと同等レベルまで改善されている。しかしながら，次世代のプラズマディスプレイでは現在よりも高画質・高精細化・低消費電力化が望まれており，これらを達成できる蛍光体の開発が要求されている。

蛍光体としては，真空紫外線の励起により効率的に発光する$(Y,Gd)BO_3：Eu^{3+}$（赤色）・$Zn_2SiO_4：Mn^{2+}$（緑色）・$BaMgAl_{10}O_{17}：Eu^{2+}$（青色）が用いられており，上述したように開発当初より特性は向上しているが，各色とも実用上において依然多くの問題点を抱えている（表 2 参照）。特に，青色蛍光体の層状構造

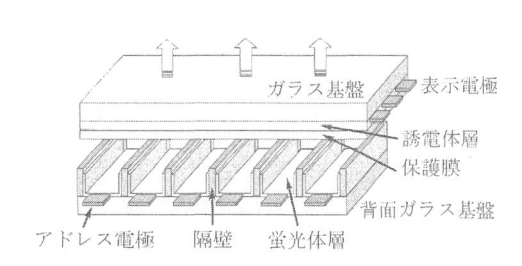

図 4　カラー PDP の構造

表 2　実用カラー PDP 用蛍光体の組成式と特徴

色	組成	色調	劣化	残光
青	$BaMgAl_{10}O_{17}:Eu^{2+}$	○	×	◎
緑	$Zn_2SiO_4:Mn^{2+}$	○	△	△
緑	$(Ba,Mg,Sr)O \cdot aAl_2O_3:Mn^{2+}$	◎	×	△
緑	$(Y,Gd)BO_3:Tb^{3+}$	△	○	△
赤	$(Y,Gd)BO_3:Eu^{3+}$	△	◎	△

の$BaMgAl_{10}O_{17}:Eu^{2+}$（BAM）は，パネル作製時の高温処理および点灯時に急速な劣化が起こってしまう。

本節では，これら現有の蛍光体が持つ問題の改善を目的として最近研究されているPDP用蛍光体について紹介する。

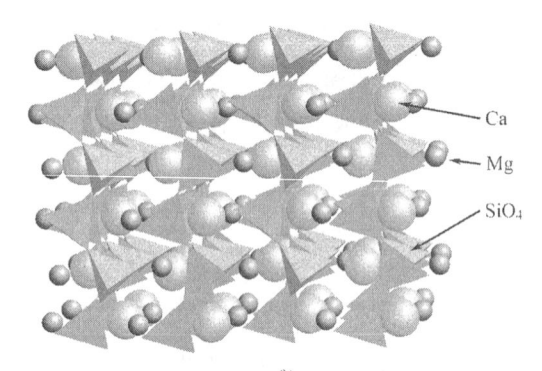

図5　$CaMgSi_2O_6:Eu^{2+}$（CMS）の結晶構造

3.1　$CaMgSi_2O_6:Eu^{2+}$（青色蛍光体）

前述したようにBAMは高温にすることで熱劣化を起こすため，図5に示すような堅い骨格を持つ青色蛍光体$CaMgSi_2O_6:Eu^{2+}$（CMS）が開発され，一部で実用化されている。CMSはBAMよりも安定性に優れ，一桁長い寿命を持つということが報告されているが[10]，輝度不足だけでなく依然として温度消光の課題が残っている。輝度向上を目的とした噴霧高温分解法による合成[11]や発光効率向上を目的としたCMSへのGdドープ[12]などが行われているが，いずれの試料の発光特性もBAMに劣っており，さらなる特性改善が望まれている。

さらに，CMS以外にもシリケートをベースとした$(Ba,Sr)_3MgSi_2O_8:Eu^{2+}$や$CaAl_2Si_2O_8:Eu^{2+}$[13,14]といった蛍光体も報告されているが，初期劣化の点でCMSに劣る。

3.2　$YPO_4:Tb^{3+}$，$YBO_3:Tb^{3+}$（緑色蛍光体）

緑色の蛍光体としてTbを付活したリン酸塩（$YPO_4:Tb^{3+}$）またはホウ酸塩（$YBO_3:Tb^{3+}$）が提案されている[15,16]。しかしながら，Tb^{3+}による発光は図6に示すようにシャープなスペクトルであるため，発光面積では現行品（$Zn_2SiO_4:Mn^{2+}$）より小さくなり，輝度は劣っている。また，色純度も$Zn_2SiO_4:Mn^{2+}$より悪く，$Zn_2SiO_4:Mn^{2+}$と同様の色純度を得るためには490nm以下（青色発光）および590nm付近（オレンジ色発光）の発光をカットする必要がある。

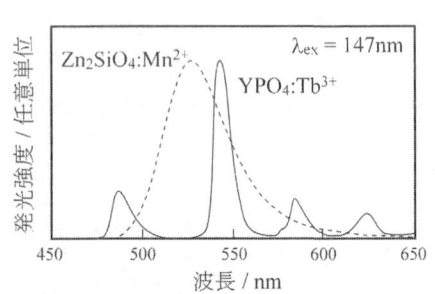

図6　$YPO_4:Tb^{3+}$および$Zn_2SiO_4:Mn^{2+}$の発光スペクトル（励起波長：147nm）

4　次世代照明用蛍光体

現在，我々の生活に欠かせないものの一つは照明であり，照明器具の多くは水銀が封入された蛍光灯である。水銀は低い蒸気圧で放電させると，効率的な254nm（および185nm）の紫外スペクト

第10章　無機蛍光・蓄光顔料

ルを発し，ガラス管内に塗布した蛍光体により白色光に変換する。蛍光灯は発熱が少ないため，同じ明るさを得るのに必要な消費電力は白熱電球の1/5程度であり，簡易照明器具としては最も効率的なものである。しかしながら，欧州において採択されたRoHS指令では，電気・電子機器製造者は鉛や水銀のような有害物質の使用を禁止されている。代替技術のない現在の蛍光灯は規制対象外ではあるが，いずれは規制の対象になると考えられており，代替技術の開発が熱望されている。

そのような代替技術には，白色LED（前述）や水銀フリーランプが考えられているが，白色LEDは光照射の指向性が強すぎるためスポットライトや反射光を利用する間接照明には適しているものの，部屋全体を照らす直接照明には適していない。

一方，直接照明用途としてはキセノンを放電ガスとして用いた誘電体バリア放電に基づくランプ（図7）が水銀フリーランプ（キセノン放電ランプ）として期待されている。水銀を用いない手法としては最も高い効率を得ており，液晶ディスプレイのバックライト用面光源や照明への利用が提案されている。誘電体バリア放電とは，電極が誘電体に囲まれることで直接，放電空間と接触しない放電方法である。この原理は，プラズマディスプレイパネルなどにもすでに利用されている。

このランプの最も大きな問題点は，蛍光体の劣化である。キセノン放電のエネルギー 147 nm (8.4 eV)は，水銀の放電による254 nm (4.9 eV)の紫外線の約2倍であり，励起光が非常に短波長のため十分な発光効率が得られない，蛍光体の劣化が生じやすい，表面が損傷し発光効率が低下するなどの問題が存在する。蛍光体としては，真空紫外線の励起により効率的に発光するPDP用蛍光体$(Y,Gd)BO_3:Eu^{3+}$（赤色）・$Zn_2SiO_4:Mn^{2+}$（緑色）・$BaMgAl_{10}O_{17}:Eu^{2+}$（青色）の転用が考えられるが，前述したように各色とも実用上において多くの問題点を抱えている。常時点灯で

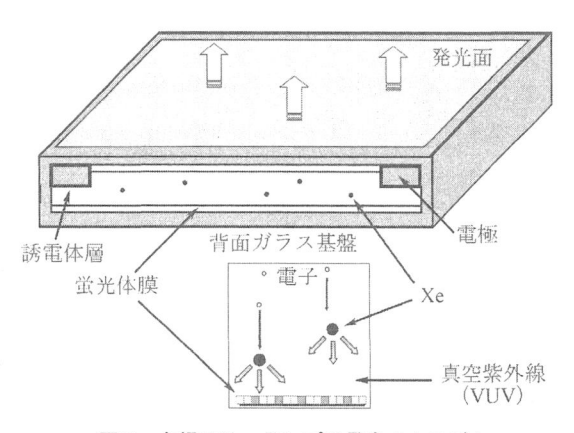

図7　水銀フリーランプの発光メカニズム

あるランプ用の用途では，使用時間は PDP よりも長くなることからより高い耐久性を持つ材料を水銀フリーランプ用蛍光体として新規に開発する必要がある。最近，475 nm で発光するホウリン酸塩系蛍光体 $Sr_6BP_5O_{20}$：Eu^{2+} が真空紫外線の励起の下で高い輝度を示す材料であることが報告された[17〜19]。この蛍光体をパネルとして評価した結果，熱処理やイオン衝撃にも強く，キセノン放電ランプ用蛍光体としてすぐれた特性を持っていることが明らかになった。

また，前述の CMS も BAM より一桁長い寿命を持つことから，水銀フリーランプ用の青色蛍光体としての利用が期待できる。

5 蓄光材料

蓄光材料は古くから研究され，ガードレール衝突防止警告版，時計の文字盤，避難経路誘導表示などに使われてきた。1996 年に従来の蓄光材料よりも残光輝度および持続時間が一桁以上高い性能を有する緑色や青緑色の残光を示す希土類イオンを添加したアルカリ土類アルミン酸塩（$SrAl_2O_4$：Eu,Dy や $Sr_4Al_{14}O_{25}$：Eu^{2+},Dy^{3+}）が発見され，これらの蛍光体の開発により，現在蓄光材料は上述の用途以外にもインテリア用品や日用品に至るまで，幅広く利用されている。表3に代表的な蓄光材料の残光輝度および残光時間を示す。このように現在までに様々な色の蓄光材料が開発されているが，人間の色彩感度はオレンジで最大となるため，高輝度で持続時間の長いオレンジ残光を示す蓄光材料が開発されれば，従来の緑色蓄光材料よりもさらに広い応用が期待される。しかしながら，現時点では上述の $SrAl_2O_4$：Eu^{2+},Dy^{3+} や $Sr_4Al_{14}O_{25}$：Eu^{2+},Dy^{3+} に置き換わるオレンジ残光を示す材料は得られていない。

一方，種々の蓄光材料を混合することで様々な色の残光を得ることが可能となることが分かっ

表3 蓄光材料の残光特性

	組成	発光色	残光輝度(mcd/m^2)		残光時間（分）
			10 分後	60 分後	
硫化物	CaSrS:Bi	青	5	0.7	約 90
	ZnS:Cu	黄緑	45	2	約 200
	ZnS:Cu, Co	黄緑	40	5	約 500
	CaS:Eu, Tm	赤	1.2	—	約 45
アルミン酸塩	$CaAl_2O_4$:Eu, Nd	紫青	20	6	1000 以上
	$Sr_4Al_{14}O_{25}$:Eu, Dy	青緑	350	50	2000 以上
	$SrAl_2O_4$:Eu, Dy	黄緑	400	60	2000 以上
酸硫化物	Y_2O_2S:Eu, Mg, Ti	黄褐	40	3	500 以上
	Y_2O_2S:Eu, Mg, Ti	赤	15	1	300 以上

第 10 章　無機蛍光・畜光顔料

表 4　種々の割合で蛍光体を組み合わせた畜光材料の発光色と残光輝度

組み合わせ	発光色	残光輝度 (mcd/m^2)	
		1 分後	10 分後
Y_2O_2S:Eu, Mg, Ti = 60%；$Sr_4Al_{14}O_{25}$:Eu, Dy = 20%；$CaAl_2O_4$:Eu, Nd = 20%	白	1500	150
Y_2O_2S:Eu, Mg, Ti = 50%；$CaAl_2O_4$:Eu, Nd = 50%	紫	400	50
$Sr_4Al_{14}O_{25}$:Eu, Dy = 60%；$(Y, Gd)_3Al_5O_{12}$:Ce = 40%	黄色	1700	300
$Sr_4Al_{14}O_{25}$:Eu, Dy = 80%；$(Sr, Ca)_2Si_5N_8$:Eu = 20%	白	700	100
$Sr_4Al_{14}O_{25}$:Eu, Dy = 30%；$CaAl_2O_4$:Eu, Nd = 50%；$(Sr, Ca)_2Si_5N_8$:Eu = 20%	ピンク	400	80

ている。代表的な畜光材料の組み合わせおよびその残光輝度を表 4 に示す。これから分かるように，蛍光体の組み合わせによっては十分な残光輝度を示す様々な色の畜光材料を得ることが可能となり，今後様々な色の畜光材料が利用されることが予想される。

文　　献

1) W. T. Carnall, G. L. Goodman, K. Rajnak and R. S. Rana, *J. Chem. Phys.*, **90**, 3443 (1989)
2) S. Hampshire, H. K. Park, D. P. Thompson and K. H. Jack, *Nature*, **274**, 880 (1978)
3) R. J. Xie, M. Mitomo, K. Uheda, F. F. Xu and Y. Akimune, *J. Am. Ceram. Soc.*, **85**, 1229 (2002)
4) R. J. Xie, M. Mitomo and N. Hirosaki, *Key Eng. Mater.*, **317-318**, 797 (2006)
5) N. Hirosaki, R. J. Xie, K. Kimoto, T. Sekiguchi, Y. Yamamoto, T. Suehiro and M. Mitomo, *Appl. Phys. Lett.*, **86**, 211905 (2005)
6) K. Uheda, N. Nirosaki, Y. Yamamoto, A. Naito, T. Nakajima and H. Yamamoto, *Electrochem. Solid-State Lett.*, **9**, H22 (2006)
7) H. A. Hoppe, H. Lutz, P. Morys, W. Schnick and A. Seilmeier, *J. Phys. Chem. Solids*, **61**, 2001 (2000)
8) 小田喜勉，橋本和明，吉田克己，戸田善朝，第 298 回蛍光体同学会講演予稿，9 (2003)
9) 岡本愼二，山元　明，2005 年電気化学会秋季大会講演要旨集，267 (2005)
10) 國本　崇，第 304 回蛍光体同学会講演予稿，7 (2004)
11) K.-Y. Jung, K.-H. Han, Y.-C. Kang and H.-K. Jung, *Mater. Chem. Phys.*, **98**, 330 (2006)
12) T. Kunimoto, H. Kobayashi, R. Yoshimatsu, S. Honda, E. Hata, S. Yamaguchi and K. Ohmi, *J. SID*, **13**, 929 (2005)

13) H.-K. Jung and K.-S. Seo, *Opti. Mater.*, **28**, 602(2006)
14) W.-B. Im, Y.-I. Kim, J.-H. Kang and D.-H. Jeon, *Solid State Commun.*, **134**, 717(2005)
15) W.-H. Di, X.-J. Wang, B.-J. Chen and X.-X. Zhao, *Chem. Lett.*, **34**, 566(2005)
16) W.-H. Di, X.-J. Wang, B.-J. Chen, H.-S. Lai and X.-X. Zhao, *Opti. Mater.*, **27**, 1386(2005)
17) 戸田健司, マテリアルインテグレーション, **17**(3), 15(2004)
18) K-S. Sohn, J. G. Yoo, N. Shin, K. Toda and D-S. Zang, *J. Electrochem. Soc.*, **152**, 213(2005)
19) K. Toda, *J. Alloys Compd.*, **408‐412**, 665(2006)

第11章 紫外線吸収顔料

増井敏行[*1],田村真治[*2],今中信人[*3]

1 紫外線の影響とその防御

　太陽光に含まれる紫外線は,プラスチックや樹脂製の基材の変色や劣化を引き起こし,また,我々の皮膚にも大きな影響を及ぼすことが知られている[1]。紫外線は,UVC(波長190〜280 nm),UVB(波長280〜320 nm),UVA(波長320〜400 nm)の3つに分類される。UVCは成層圏に分布するオゾン層で吸収散乱されているために,地球上に届く量は極めて少ない。UVBはオゾン層を通過し,材料の光劣化の主要因となる。また,皮膚にあたると,DNAの損傷,赤くなる日焼け,皮膚ガンや白内障など発生させる。長波長紫外線であるUVAは,UVBよりも10〜20倍も多く太陽光線中に含まれている。UVBに比べてエネルギーが小さいものの,壁紙や床,家具などが褪色劣化する要因のひとつである。皮膚に対しては,透過性が高く皮膚の真皮まで到達してコラーゲンやエラスチン線維に作用したり,フリーラジカルや活性酸素などを発生させたりして皮膚の老化を促進させるほか,UVBの悪影響を増大させることが知られている[2,3]。

　紫外線遮断剤(サンスクリーン)は,紫外線を吸収するはたらきや,紫外線を散乱させるはたらきによって紫外線から基材(あるいは皮膚)を守っており,有機系と無機系の遮断剤がある[4,5]。有機系紫外線吸収剤は,紫外線のエネルギーを吸収して熱エネルギーに変換することで紫外線が透過するのを防いでおり,分子構造により極大吸収波長や吸光係数が異なる。一方,無機系の紫外線遮断剤は金属酸化物超微粒子が中心であり,図1に示すように,吸収効果と散乱効果の両方により紫外線を防ぐ。紫外線の吸収には酸化物半導体のバンドギャップ(BG)間遷移が,また散乱には金属酸化物の高い屈折率が寄与しているため,バンドギャップが紫外線の領域に相当し,できるだけ屈折率の大きいものが用いられる。

---

* 1　Toshiyuki Masui　大阪大学大学院　工学研究科　応用化学専攻　無機材料化学領域　助教授
* 2　Shinji Tamura　大阪大学大学院　工学研究科　応用化学専攻　無機材料化学領域　助手
* 3　Nobuhito Imanaka　大阪大学大学院　工学研究科　応用化学専攻　無機材料化学領域　教授

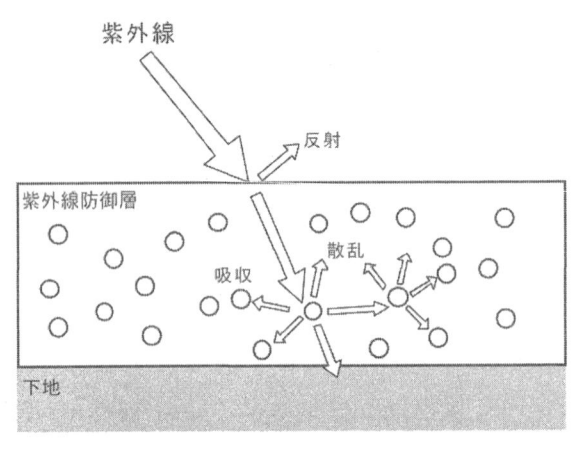

図1 紫外線遮断機構を表すモデル図

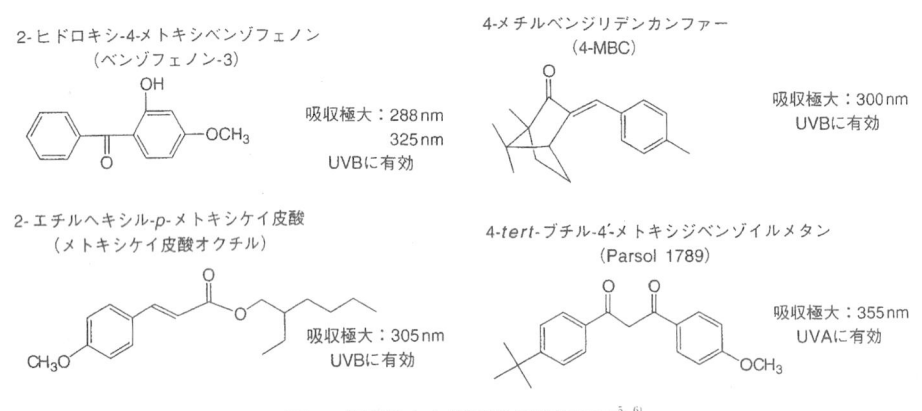

図2 代表的な有機系紫外線吸収剤[5,6]

2 有機系紫外線吸収剤

有機系の紫外線吸収剤はその構造により，パラアミノ安息香酸(PABA：Para Amino Benzoic Acid)系，サリチル酸系，ケイ皮酸系，ベンゾフェノン系，ジベンゾイルメタン系，そのほかに大別される。図2に代表的な有機系紫外線吸収剤をまとめる[5,6]。現在，日焼け止めの化粧品に使用されるのはほとんどメトキシケイ皮酸オクチルだけになっている。有機系紫外線吸収剤のほとんどはUVBを効果的に遮断するものであり，UVAに対して有効なものは限られている。その中で，4-tert-ブチル-4'-メトキシ-ジベンゾイルメタンなどのジベンゾイルメタン誘導体が，ケト・エノール互変異性により極大吸収が345nm以上になるため，UVA遮断剤として用いられている。ほかにもシロキサン系のMexoryl SXおよびMexoryl XLなどが開発されているが[7]，依然として有効なUVA遮断剤は少ない。

第11章　紫外線吸収顔料

3　無機系紫外線遮断剤

3.1　酸化チタン

　白色顔料としてよく知られている酸化チタンは，高いUVB遮断効果を有していることから，最もよく利用されている無機系紫外線遮断剤である。酸化チタンの結晶形には，アナタース，ブルッカイト，ルチルの3種類があり，工業的にはアナタースとルチルが製造されている。アナタース型のバンドギャップが3.2 eV（388 nm），ルチル型のそれは3.0 eV（410 nm）であるため，ルチル型のほうがより長波長の紫外線を吸収できる。また，可視光領域における屈折率もアナタース型が2.5であるの対し，ルチル型は2.7と大きい。従って，紫外線遮断剤としてはルチル型が用いられる[8]。

　酸化チタンの高い屈折率は，下地の隠蔽と紫外線遮断には極めて有効であるが，化粧膜にするとその白さがかえって不自然さを招くことがあった。また，酸化チタンの光触媒作用は，共存成分の酸化分解を引き起こすために，その配合量は制限され，かつては有機系紫外線吸収剤の補助的な役割を果たしていた。しかし，超微粒子化技術の進歩と[9]，表面処理や分散技術の向上により，酸化チタンの紫外線遮断性と透明性は著しく向上し，光触媒作用も抑制されている[10]。

　酸化チタンの紫外線遮断性の粒子径依存性については，理論的[11]にも実験的[12]にも検討されている。波長300 nmのUVB光に対しては，酸化チタンの粒子径が小さくなるほど低い透過率を示すことから，UVBの防御に関しては超微粒子（市販品では20 nm程度）の酸化チタンをできるだけ分散させて使用することが望ましい。一方，波長325～400 nmのUVAについては，それぞれの波長に応じた最適粒子径が存在することがわかっており，波長が長くなるほど最適粒子系は大きくなる。これはUVA防御に対する吸収と散乱の寄与が波長によって変化するためであり，400 nm付近の長波長紫外線に対しては散乱が支配的であるの対し，350 nm以下では吸収の寄与が支配的になるためである[13]。

　従って，UVBの防御効果と透明性を考えると粒子サイズが小さいほどよく，UVA防御効果を考えれば粒子サイズをやや大きくするほうがよい。しかし，消費者の志向は透明性を重視する傾向が強いため，UVB防御に重点を置いた粒径20～70nm程度の超微粒子が使用されており，粒径を大きくすれば透明性の低下が避けられない。そこで粒子の形態を針状または紡錘状，樹枝状，扇または盤状，薄片状，バタフライ状などに制御する，あるいは他成分との複合化や併用を行うことにより，透明性を保持したままUVA防御効果を高める改良がなされている[4]。また，超微粒子化するに伴い光触媒活性や粒子の凝集力が増加するが，種々の物質で表面処理を行うことにより，これらの改善がなされている[10, 14]。

3.2 酸化亜鉛

酸化亜鉛は白色顔料や収れん剤として古くから化粧品に使用されてきた化合物であるが，超微粒子酸化亜鉛の開発により，優れた透明性とUVA防御特性が注目されるようになり，使用頻度が高くなった紫外線遮断剤である[15]。

酸化亜鉛のバンドギャップエネルギーは3.2 eVであり，ルチル型酸化チタンの3.0 eVよりも大きいため，図3に示すように光吸収自体は酸化亜鉛よりも酸化チタンのほうがより長波長側から起こる[13]。しかし，酸化亜鉛の吸光係数は波長340〜380 nmの領域において極大をとることが知られており，薄く塗布したときのUVA領域における紫外線防御能は酸化チタンを上回る[16]。さらに，酸化亜鉛の屈折率は2.0と酸化チタンに比べ小さいことから，可視光領域での散乱が小さく，高い透明性が得られる。

酸化亜鉛超微粒子以外にも，形態を薄片状[17,18]や花びら状[19,20]に制御することによって(図4)，高い透明性と優れた紫外線防御効果を同時に達成することができる。

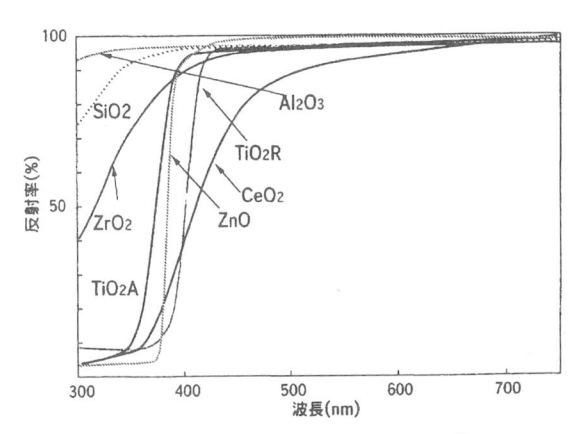

図3 主な金属酸化物の分光反射率曲線[13]

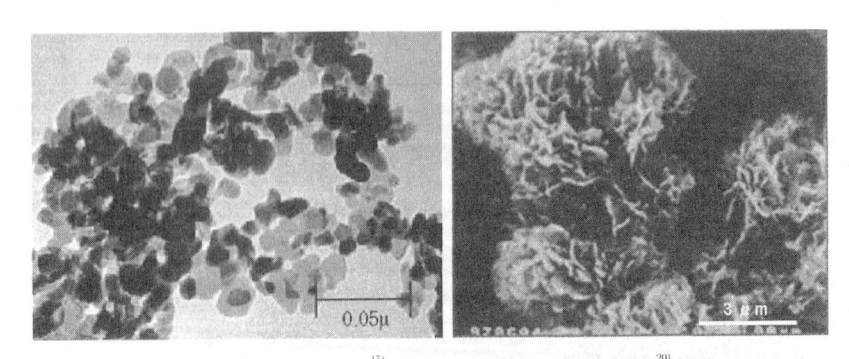

図4 超微粒子酸化亜鉛[15]（左）および花びら状酸化亜鉛[20]（右）

第 11 章　紫外線吸収顔料

3.3　酸化セリウム

現在無機系の紫外線遮断剤として汎用されているのは，主として酸化チタンと酸化亜鉛である。しかしながら，酸化チタンと酸化亜鉛はともに高い光触媒活性を有することや，酸化チタンは薄膜状に塗布したときの白浮き，酸化亜鉛は UVB の吸収能が弱いという問題がある。そこで第 3 の無機系紫外線遮断剤として酸化セリウムが注目されている。

酸化セリウムのバンドギャップエネルギーは 3.1 eV であり，これは UVA 吸収帯に含まれるため長波長の紫外領域から吸収が始まる。また，屈折率は 2.1 と低い値を示すことから可視光領域で散乱光の影響が少なく，透明性を確保することが可能となる。酸化セリウムは光触媒活性を持たないが，熱による有機物の酸化活性が高いため，油脂などを酸化劣化させる問題があったが，酸化セリウム超微粒子表面のシリカ[21, 22]や窒化ホウ素[23, 24]による被覆によって，酸化触媒活性を著しく低減させることができる。

酸化セリウムについても粒子の形態や色彩の制御が試みられている。図 5 に示すように，塩化セリウム水溶液にアルカリ水溶液を加えて生成させた水酸化セリウムを，pH7 以下の酸性条件下において過酸化水素などを用いて酸化すると球状粒子(図 5 左)になり，pH8 以上のアルカリ性条件下で酸化すると柱状粒子となる(図 5 右)[22, 25]。また，酸化セリウムにカルシウムや亜鉛を固溶させると，高い紫外線遮断効果と酸化触媒活性の低減を両立させることができる。なかでも酸化セリウムにカルシウムを 20 mol％固溶させた粒子は，固溶させない場合に比べ透明性と紫外線防御能のいずれも向上するだけでなく，酸化触媒活性が著しく抑制されることが明らかとなっている[25]。

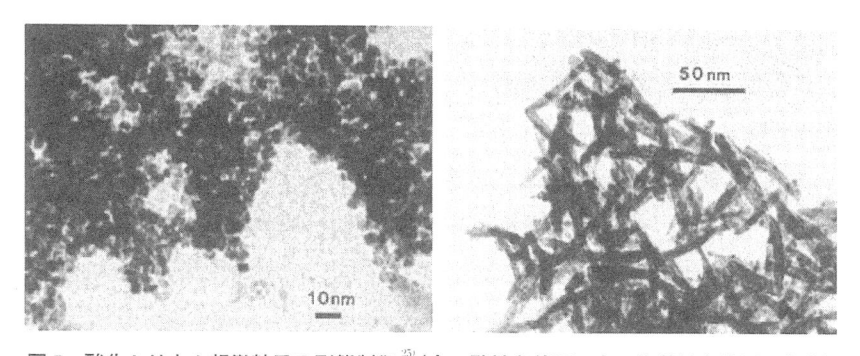

図 5　酸化セリウム超微粒子の形態制御[25](左：酸性条件下，右：塩基性条件下で合成)

4 紫外線遮断剤内包カプセル

紫外線遮断剤にとってしばしば問題になるのが人体に対する安全性である。無機系の紫外線遮断剤を超微粒子化したときに生ずる触媒活性や粒子の凝集力の増加は，シリカコーティングなどの表面処理を行うことにより抑制することができる[26, 27]。さらに最近では，図6のような紫外線遮断剤を内包したシリカマイクロカプセルも開発されている[28, 29]。

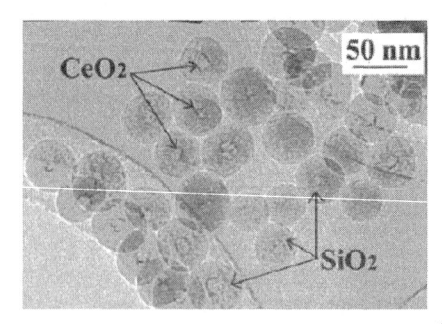

図6 CeO_2を内包したシリカマイクロカプセル[29]

これに対し，とかく問題とされるのが有機系紫外線吸収剤で，例えば図2に示した有機系紫外線吸収剤のうち，4-メチルベンジリデンカンファー(4-MBC)や2-エチルヘキシル-p-メトキシケイ皮酸(メトキシケイ皮酸オクチル)等に環境ホルモン的作用が指摘されている[30]。これを解決するために，シリコーンレジン化ポリペプチドを壁材に用い，このポリマーのカプセル内に有機系紫外線遮断剤を内包した新しい材料が開発されている[31]。この材料は90％という高い内包率で有機系紫外線吸収剤がカプセル化されているが，肌に直接触れることがないため安全である。さらに，水分散性にも優れており，薄膜状にしても白浮きのない自然な仕上がりとなることが報告されている。

5 新しい紫外線吸収顔料

これまでに紹介してきた紫外線吸収顔料は，触媒活性による変質や環境ホルモン作用を抑制するために表面被覆やカプセル化が必須である。顔料の母体材料そのものを見直し，紫外線吸収能を有しているが，本質的に表面処理を行う必要がない新材料として，セリウムとチタンの複合アモルファスリン酸塩からなる全く新規な紫外線遮断剤が開発された[32, 33]。アモルファス$Ce_{1-x}Ti_xP_2O_7$試料の紫外可視反射スペクトルを図7に示す。この材料は紫外光を効率よく吸収し，その吸収波長はTi量の減少に伴い長波長側にシフトするため，組成を変えるだけで任意に吸収波長を自在に制御できるという特徴を有している。金属リン酸塩は，地球上に鉱物として存在するだけでなく，骨や歯の構成成分の1つとしてもよく知られていることから，人体に対して全く無害である。開発されたアモルファスリン酸塩の粒子径は15〜30 nmであるが，従来の酸化チタン，酸化亜鉛，酸化セリウムに見られた光あるいは熱触媒活性は見られず，皮膚あるいはほかの有機物を分解しない。また屈折率も1.6〜2.0と低いため可視光透明性にも優れる。

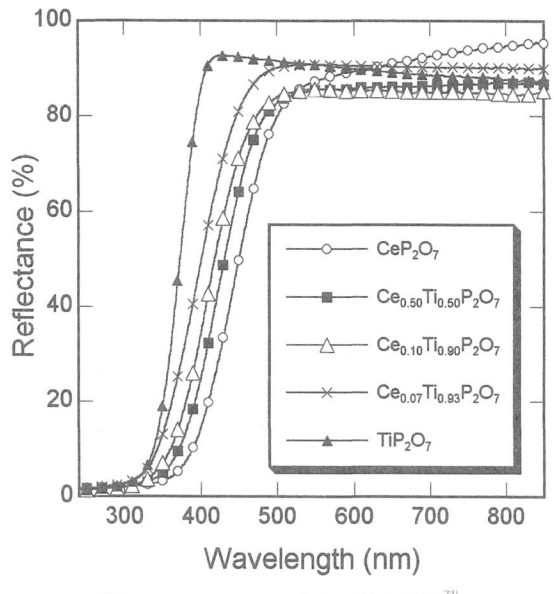

図7　$Ce_{1-x}Ti_xP_2O_7$の分光反射率曲線[32]

6 おわりに

　紫外線吸収顔料の開発動向について大まかにまとめた。有機系，無機系の紫外線遮断剤それぞれに一長一短はあるが，表面処理やマイクロカプセル化技術の開発により，性能が飛躍的に向上している。しかし，高い遮断能，透明性，安全性を同時に満たす材料はまだまだ少なく，今後の研究成果に期待するところが大きい。

文　　　献

1) 菅原努，野津敬一，太陽紫外線と健康，裳華房(1998)
2) 佐藤悦久，紫外線がわたしたちを狙っている，丸善(1999)
3) 正木仁，*Fragrance Journal*，**32**(4)，26(2004)
4) 増井敏行，足立吟也，色材，**73**，350(2000)
5) 増井敏行，今中信人，化学，**57**，62(2002)
6) 長沼雅子，*Fragrance Journal*，**24**(8)，16(1996)
7) セルジュ・フォレスティエ，ステファン・オルティス，實川節子，*Fragrance Journal*，**32**

(4), 59(2004)
8) 清野学, 酸化チタン・物性と応用技術, 技報堂出版(1991)
9) 安藤均, *Fragrance Journal*, **25**(8), 65(1997)
10) 菅原智, 猪俣幸雄, *Fragrance Journal*, **32**(4), 72(2004)
11) P. Stamakis, B. R. Palmer, G. C. Salzman, C. F. Bohren and T. B. Allen, *J. Coat. Technol.*, **62**, 95 (1990)
12) 坂本正志, 奥田晴夫, 二又秀雄, 坂井章人, 飯田正紀, 色材, **68**, 203(1995)
13) 坂本正志, 二又秀雄, 坂井章人, *Fragrance Journal*, **24**(3), 68(1996)
14) 朝戸純子, *Fragrance Journal*, **27**(5), 51(1999)
15) 桜井但, 斉藤兼広, *Fragrance Journal*, **27**(5), 79(1999)
16) M. W. Anderson, J. P. Hewitt and S. R. Spruce, in "*Sunscreens — Development, Evaluation, and Regulatory Aspects,*" 2nd Ed. (N. J. Lowe, N. A. Shaath and M. A. Pathak, eds.), Marcel Dekker, New York (1997)
17) 原川正司, 山本和夫, *Fragrance Journal*, **22**(4), 58(1994)
18) 鈴木裕二, *Fragrance Journal*, **24**(3), 62(1996)
19) 黒沢卓文, *Fragrance Journal*, **27**(5), 14(1999)
20) 黒沢卓文, 松本俊, 化学と工業, **52**, 710(1999)
21) 矢部信良, 百瀬重禎, *J. Soc. Cosmet. Chem. Jpn.*, **32**, 372(1998)
22) 矢部信良, 希土類, **35**, 47(1999)
23) T. Masui, M. Yamamoto, T. Sakata, H. Mori and G. Adachi, *J. Mater. Chem.*, **10**, 353(2000)
24) T. Masui, H. Hirai, R. Hamada, N. Imanaka, G. Adachi, T. Sakata and H. Mori, *J. Mater. Chem.*, **13**, 622(2000)
25) S. Yabe and T. Sato, *J. Solid State Chem.*, **171**, 7(2003)
26) 小川雅久, *Fragrance Journal*, **26**(12), 28(1998)
27) 高間道裕, 石井伸晃, 和田紘一, *Fragrance Journal*, **26**(12), 108(1998)
28) 黒木修, 水口正昭, 野口正泰, 鎌田薩男, 色材, **71**, 488(1998)
29) T., Tago, S. Tashiro, Y. Hashimoto, K. Wakabayashi and M. Kishida, *J. Nanoparticles Res.*, **5**, 55(2003)
30) M. Schlumpf, B. Cotton, M. Conscience, V. Haller, B. Steinmann, W. Lichtensteiger, *Environ. Health Perspect.*, **109**, 239(2001)
31) 植田有香, 吉岡正人, *Fragrance Journal*, **30**(7), 62(2002)
32) N. Imanaka, T. Masui, H. Hirai and G. Adachi, *Chem. Mater.*, **15**, 2289(2003)
33) T. Masui, H. Hirai, N. Imanaka and G. Adachi, *J. Alloys Compd.*, **408–412**, 1141(2006)

第12章 重金属フリー防錆顔料

菊池茂夫[*]

1 はじめに

　鉄は，人類がもっとも古くから使用した金属である。その加工性の良さと使いやすさから幅広い分野に使用されてきた。しかし，鉄の最大の欠点は，錆びるということである。それは鉄が酸化鉄という安定な状態から，人工的にエネルギーを加え還元して鉄という金属を取り出しているため，熱力学的に安定な状態に落ち着こうとする，つまり錆びるという現象が起きることになる。錆の発生機構を図1に示す。

　水中における金属の腐食は電気化学的反応であり，アノード反応とカソード反応が同時に進行する。

①アノード反応（鉄の酸化反応）
$$Fe \rightarrow Fe^{2+} + 2e^-$$
②カソード反応（水素イオン又は溶存酸素の還元反応）
$$2H^+ + 2e^- \rightarrow H_2 \quad (酸性溶液)$$
$$1/2\,O_2 + H_2O + 2e^- \rightarrow 2OH^- \quad (中性又はアルカリ溶液)$$

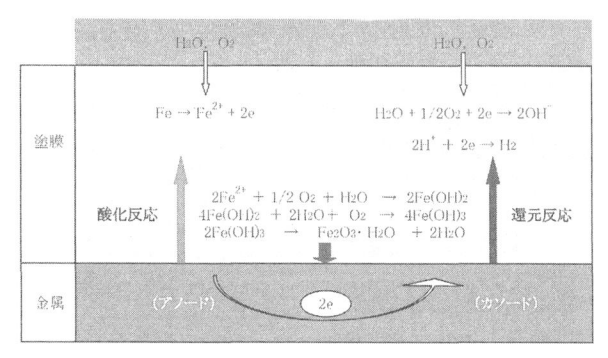

図1　錆の発生機構

---

[*] Shigeo Kikuchi　キクチカラー㈱　品質保証部　部長

$$2Fe^{2+} + 1/2\ O_2 + H_2O \rightarrow 2Fe(OH)_2$$
$$4Fe(OH)_2 + 2H_2O + O_2 \rightarrow 4Fe(OH)_3$$
$$2Fe(OH)_3 \rightarrow Fe_2O_3 \cdot H_2O + 2H_2O$$

アノードで生成した電子は金属中を通って移動し,生成した分だけがカソードで消費される。従って腐食を防止するにはアノード反応とカソード反応のいずれか一方の反応もしくは両方の反応を抑制すれば良いことになる。

2 腐食抑制の方法

錆を防ぐ方法として,①水,酸素との接触を避ける,②電気化学的防食法,③不動態皮膜,化成皮膜の生成,④金属被覆,⑤耐食性金属材料の使用,⑥塗料による防食,などの方法があるが,塗料による方法がもっともコスト的にも手頃であり一般に行われている方法である。しかし,塗膜のみでは,完全に水分,酸素,腐食性イオンの透過を防ぐことは困難である。塗膜中に侵入してきた腐食性物質や,塗膜の損傷により,金属は腐食するが,その反応を抑制するのが防錆顔料である。

3 重金属フリー防錆顔料の概要及び種類

重金属の定義では,重金属とは,Zn,Fe など比重が4～5以上の金属を重金属と定義されているが,リン酸亜鉛など一般に重金属フリー防錆顔料と呼んでいるものの多くは亜鉛(Zn)などの重金属が含まれており,実質的には,重金属フリー防錆顔料は,特に環境負荷の大きい Pb, Cr, Hg, Cd などの金属元素を含まない防錆顔料と考えてよい。

ここでは,重金属フリー防錆顔料としたが,塗料関係で最近よく用いられる環境対応型塗料という表現に対応した表現として防錆顔料においても環境対応型防錆顔料という表現も可能である。さび止め塗料の基本的な構成要素は,防錆顔料とビヒクルであり,そのほかに着色顔料や体質顔料,補助剤が入っている。それらを適切に組み合わせて,種々の特徴をもったさび止め塗料が製造されている。この中に含まれる防錆顔料とは金属の防食を目的にした顔料で,一般に鉛系,クロム系,亜鉛系,リン酸系,モリブデン酸系,ケイ酸系,硼酸系など,多くの種類があり,対象となる金属,ビヒクルの種類,用途に応じて使い分けられている。

近年,環境問題から従来からの鉛系,クロメート系の防錆顔料からリン酸系,モリブデン酸系の防錆顔料が注目されており,リン酸塩系防錆顔料を使用したさび止めペイントとして,㈳日本

第12章 重金属フリー防錆顔料

塗料工業会規格「リン酸塩系さび止めペイント(JPMS 26)が1997年に制定され，2003年11月には，鉛，クロムを含まない塗料のJIS規格として鉛・クロムフリーさび止めペイント(JIS K 5674：2003)が制定された。

4 リン酸塩系防錆顔料

リン酸塩によるさび止めの方法は，イギリスのT.W. Coslettが1906年に初めて工業的方法を発明して以来，鉄鋼表面処理の分野に広く利用されるようになった。

また，さび止め塗料としても，リン酸塩の応用研究は，比較的古くから進められて，種々のリン酸金属塩が提案され今日に至っている。

防錆顔料としてのリン酸塩にはオルトリン酸塩，ポリリン酸塩，亜リン酸塩などがあり，その使用する金属も多くの重金属フリーのものが検討されている。亜鉛，カルシウム，アルミニウムを始めとして，マグネシウム，ストロンチウムなどのリン酸塩が有効であるとされている。

これらの中で古くから研究され，実用化されているものとしては，リン酸亜鉛が有名であり，鉛，クロメート系防錆顔料の代替として需要が伸びている。

4.1 リン酸亜鉛系

リン酸亜鉛は，1959年頃よりイギリスをかわきりに，ヨーロッパ各地で防錆顔料として積極的に開発が進められた。今日ではイギリスの規格であるBS規格，ISO規格にも採り入れられ，鉄道などの多くの公共機関に採用されているのを始めとして，ヨーロッパでも実用例が多い。わが国においては，1972年頃より公害問題を契機として，クロメート系，鉛系の防錆顔料の代替として使用され始め，重金属フリー防錆顔料としての需要がある。

4.1.1 製造方法

リン酸亜鉛は一般には組成式 $Zn_3(PO_4)_2 \cdot nH_2O$ ($n = 2,4$)で表される第3リン酸亜鉛をさし，オルトリン酸亜鉛，正リン酸亜鉛と称されることもある。その他ポリリン酸亜鉛や塩基性タイプなど各種変性リン酸亜鉛がある。

製造方法としては，酸化亜鉛や水酸化亜鉛に直接リン酸を作用させる直接法や，亜鉛塩とリン酸塩とを反応させる複分解法などがある。

その例を反応式で示すと次のようになる。

① 直接法

$$3ZnO + 2H_3PO_4 + H_2O \rightarrow Zn_3(PO_4)_2 \cdot 4H_2O$$

② 複分解法

$$3ZnSO_4 + 2Na_3PO_4 + 4H_2O \rightarrow Zn_3(PO_4)_2 \cdot 4H_2O + 3Na_2SO_4$$

複分解法によると，可溶性塩類の除去が必要となるなど不都合があるため，工業的には一般的ではない。

4.1.2 防錆性

リン酸亜鉛の防錆機構については，古くから研究され今日に至っている。

その防錆性は，リン酸塩顔料から溶出したイオンが，鉄鋼表面の鉄イオンと反応して水不溶性の強固な化成皮膜を形成し，これが鉄鋼表面を不動態化することによる。

$Zn_3(PO_4)_2 \cdot 4H_2O$ の結晶水の部分解離によって，$[Zn_3(PO_4)_2 \cdot (OH)_n \cdot (4-n)H_2O]^{n-}$ の種々の塩基酸を生じ，これが鉄面より生ずる鉄イオンや展色剤との間に例えば，$Fe^{III}[Zn_3(PO_4)_2 \cdot (RCOO)_4]_3$ のような錯化合物を生じ強固な皮膜層を形成するという。また，リン酸亜鉛は酸性腐食イオンに対してもこれを中和する働きがある。リン酸亜鉛の防錆機構がリン酸イオンの溶出に起因することから，リン酸亜鉛の添加量を増やすことにより防錆効果を向上することが可能である。

リン酸亜鉛を使用する樹脂の違いによって防錆効果の発現に差はあるが，1例としてアルキド樹脂において，防錆顔料の添加量を増やすことによる防錆性能の変化を写真1に示した。写真1は，リン酸亜鉛の添加量を6％，10％，20％と増やした場合の防錆力の比較であるが，リン酸分の増大により防錆効果が向上していることがわかる。

ただし，防錆顔料の種類によっては添加量の増加がブリスター（塗膜のフクレ）の原因になることがあるので，注意が必要である。

4.1.3 一般性状

表1にリン酸亜鉛の一般性状例を示す。

防錆顔料	リン酸亜鉛		
防錆顔料添加量	6%	10%	20%
塩水噴霧試験 384 hrs.			
樹脂	フェノール変性アルキド樹脂		
素材	冷間圧延鋼板 ダル		
膜厚	約 30 μm		

写真1　防錆顔料の添加量と防錆性能

表1　リン酸亜鉛の一般性状

外　　観	白色粉末
主 成 分	$Zn_3(PO_4)_2 \cdot nH_2O$ ($n = 2, 4$)
水 溶 分	1％以下
吸 油 量	15〜50ml/100g
密　　度	3.0〜3.9 g/ml
強熱減量　結晶水 $4H_2O$	16％以下
$2H_2O$	10％以下
屈 折 率	1.6
pH　値	6.0〜8.0

第12章　重金属フリー防錆顔料

リン酸亜鉛の特徴は次の通りである。
① リン酸亜鉛は比較的安定な物質で，顔料のpH値も中性近辺であるところから塗料化した場合の貯蔵性が良い。従って，塗料中のリン酸亜鉛の使用量を比較的多くすることができる。
② リン酸亜鉛はリン片状結晶であり，塗膜中で平行に配向することにより，外部からの水分や腐食性イオンの透過を抑制する効果がある。
③ リン酸亜鉛は白色であり，屈折率も1.6と小さく調色に有利である。

4.1.4　用途

リン酸亜鉛は各種の溶剤型塗料，油性塗料を始めとして水溶性塗料，エマルション塗料などにほとんどの樹脂に対し適正があるので，産業機械や家電，型鋼の一次防錆などの工業用塗料，自動車部品，一般鉄鋼構造物などの汎用塗料，及び船舶など広範囲に使用されている。

4.2　リン酸アルミニウム系

リン酸アルミニウム系には，リンモリブデン酸アルミニウム，縮合リン酸アルミニウム等各種変性したタイプのリン酸アルミニウムがあるが，主成分としては $AlH_2P_3O_{10}\cdot 2H_2O$ で表されるトリポリリン酸アルミニウムが主流である。

その製造方法は，第一リン酸アルミニウムを約300℃で焼成し，縮合脱水してトリポリリン酸アルミニウムを得る。

$$Al(H_2PO_4)_3 \xrightarrow{300℃で焼成} AlH_2P_3O_{10} \xrightarrow{水中に戻し乾燥} AlH_2P_3O_{10}\cdot 2H_2O$$

防錆機構としては，塗膜中のリン酸アルミニウムが侵入して来る水分に徐々に溶解して，オルトリン酸イオン(PO_4^{3-})，ピロリン酸イオン($P_2O_7^{4-}$)，トリポリリン酸イオン($P_3O_{10}^{5-}$)等を溶出して鉄面や，溶出した鉄イオンと反応して化成皮膜を生成して不動態化する。オルトリン酸イオンに比べ，ピロ，トリポリと縮合度の高いリン酸イオンの方が鉄に配位する力も強く，錯体形成の能力も高い。

また，この保護皮膜はクロム酸による不動態皮膜より塩素イオン，硫酸イオン等の腐食性イオンに対して強い耐性があると言われている。

樹脂適正，用途に合った品種が用意されており，工業用塗料，自動車部品，鉄構造物や自動車のカチオン電着塗料等広範囲に使用されている。

水系塗料への応用例を写真2に示した。

防錆顔料	リンモリブデン酸アルミニウム	塩基性リン酸亜鉛	リン酸亜鉛
防錆顔料添加量	4%	4%	4%
塩水噴霧試験 144 hrs.	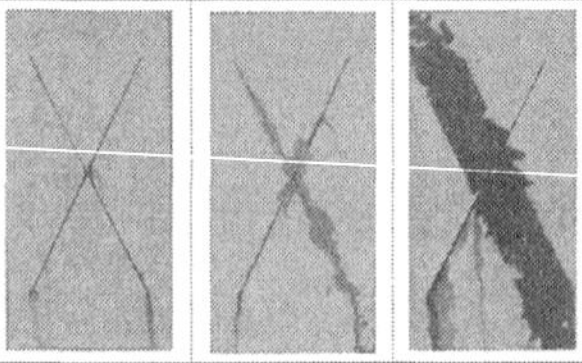		
樹脂	水性２液型エポキシ樹脂		
素材	冷間圧延鋼板 ダル		
膜厚	約 35 μm		

写真２ リンモリブデン酸アルミニウムの防錆性能

4.3 その他のリン酸塩系防錆顔料

亜鉛，アルミニウムのリン酸塩に比べ数量はまだ少ないが，カルシウム，マグネシウム等のリン酸塩も防錆顔料として上市されており，亜鉛，アルミニウムのリン酸塩には無い性能を保持している。特にリン酸マグネシウム系は亜鉛系メッキ鋼板に優れた防錆性能があり，工業用塗料，自動車部品等で使用されている。

4.4 亜リン酸塩系

亜リン酸塩系は，これらの示す還元性により腐食の進行を抑制し，良好な防錆性を示すと言われており，亜鉛，カルシウム，ストロンチウム等の亜リン酸塩系防錆顔料が上市されている。

例えば亜リン酸亜鉛は $ZnHPO_4 \cdot nH_2O$ で表されるが，防錆顔料用としては樹脂適性に合わせて色々変性されており，塩基性に変性した亜リン酸亜鉛はアルキド樹脂系塗料で優れた防錆性を示し，鉄構造物，建材関係で使用されている。

亜リン酸は強力な還元剤であり，特に酸化剤の存在下でリン酸に酸化される。前述の錆の発生機構で，カソードでは溶存酸素が還元され，OH イオンが発生するが，この酸素が酸化剤の働きをし，亜リン酸がリン酸に酸化され，そのリン酸イオンが化成皮膜形成に寄与する。また，このカソード反応における OH イオンの生成は，ブリスターの原因になり，素材との密着性を悪くするが，この溶存酸素を亜リン酸が捕捉することにより，カソード反応を抑制し，OH イオンの生成を抑えることにより防錆効果が発揮されると考えられる。

第12章 重金属フリー防錆顔料

5 モリブデン酸塩系防錆顔料

モリブデン酸塩系防錆顔料には，モリブデン酸亜鉛，モリブデン酸カルシウム，モリブデン酸亜鉛カルシウムなどがある。モリブデンはクロムと周期表の上で同族であり防錆剤として古くから利用されモリブデン酸塩類の防錆性に関しては1950年代より，G. H. Carlledgeらによって紹介されている。

モリブデン酸は，腐食過程で生ずる鉄(Fe^{3+})イオンと$Fe_2(MoO_4)_3 \cdot xH_2O$などの不動態皮膜を形成し，防錆力を発揮すると言われている。ただモリブデンは，クロムと同族であるから6価の化合物を生成するが，クロムは3価が更に安定なのに対し，モリブデンは6価がもっとも安定なため，クロム酸ほどの酸化力はない。そのためこの不動態皮膜形成時には酸化剤として働く溶存酸素の存在が必要である。また，モリブデン酸イオンによって形成された不動態皮膜は，クロム酸イオンのそれに比べて，腐食性アニオンによって破壊され難いと言われている。

モリブデン酸系防錆顔料には，モリブデン酸亜鉛系，モリブデン酸亜鉛カルシウム等が有り，いずれも酸化亜鉛または炭酸カルシウムと三酸化モリブデンとの固液反応によって製造する。モリブデン酸イオンの溶出を調整するために，製造時にカリウムを添加したり，相乗効果を持たせるためにリン酸を添加する方法などが行われている。

5.1 一般性状

表2にモリブデン酸塩系防錆顔料の一般性状を示す。

表2 モリブデン酸塩系防錆顔料の一般性状

	(塩基性)モリブデン酸亜鉛	(塩基性)モリブデン酸亜鉛カルシウム
組成	$mZnO \cdot MoO_3$	$xZnO \cdot yCaO \cdot MoO_3$
外観	白色粉末	白色粉末
水溶分(%)	1.2	0.4
pH値	6.8	8.0
吸油量(ml/100g)	20	29
密度(g/ml)	5.1	3.2
平均粒径(μm)	1	2

5.2 用途

一般にモリブデン酸亜鉛系は溶剤系塗料，モリブデン酸亜鉛カルシウムは水系塗料に使用されているが，モリブデン酸亜鉛は組成中にほとんど結晶水を含まないため耐熱性が良好で，シリコ

ン樹脂等の耐熱性防錆塗料にも使用されている。

　また，モリブデン化合物がジンクリッチペイントの溶接・溶断の際に起きやすい，ピット，ブローホールの発生の抑制や白錆抑制に効果があるとのことで，船舶等のジンクリッチペイントにモリブデン酸亜鉛が併用されている。

6　その他の防錆顔料

　鉄構造物や鏡用塗料として使用されている，従来のシアナミド鉛の鉛フリータイプでシアナミド亜鉛や，自動車のカチオン電着で使用されていた塩基性ケイ酸鉛に替わり，ビスマス化合物が使われている。

7　主な適用法規

　主な適用法規には，次のものがある。
　　労働安全衛生法：文書の公布等（第57条の2）（酸化亜鉛）
　　水質汚濁防止法：（亜鉛含有）
　　廃棄物の処理及び清掃に関する法律：（亜鉛含有）
　　化学物質管理促進法（PRTR法）：（モリブデン及びその化合物）
　主な重金属フリー防錆顔料の各成分の既存化学物質番号及びCAS No.を参考資料として表3に示した。

表3　防錆顔料　既存化学物質番号及びCAS No.

組成物	既存化学物質No.	CAS No.
リン酸亜鉛	1-526	7779-90-0
リン酸アルミニウム	1-24	13939-25-8
リン酸カルシウム	1-183	7757-93-9
リン酸マグネシウム	1-387	7757-86-0
亜リン酸亜鉛	1-1184	14332-59-3
モリブデン酸亜鉛	1-781	13767-32-3
モリブデン酸カルシウム	1-186	7789-92-4

第 12 章　重金属フリー防錆顔料

8　重金属フリー防錆顔料の開発における現状での問題点

8.1　PCM のクロムフリー

着色顔料の分野において 1986 年に開発されたジケトピロロピロール顔料以降，画期的な新規構造の有色顔料が開発されていないと言われるが，防錆顔料においても，従来の鉛系，クロム系に替わる重金属フリー防錆顔料が開発されている中，プレコートメタルの分野においては，クロム系防錆顔料の代表であるストロンチウムクロメートを凌ぐ防錆力のある防錆顔料が開発されていないというのが現状である。特に端面や加工部に対して厳しい防錆性能を要求される建材分野には，ストロンチウムクロメートが現在でも使用されている。

8.2　VOC 対応塗料への適正

VOC 規制等により，水系塗料，弱溶剤塗料，ハイソリッド，粉体塗料などの環境対応塗料が大幅に伸びているが，従来の溶剤系樹脂からそれぞれの環境対応タイプの樹脂に適正のある防錆顔料が望まれている。特に水系塗料の場合，増粘等で問題が発生しやすいので，貯蔵安定性が良く，優れた防錆性能を持つ防錆顔料が要求されているが，現状では十分対応できているとは言えない。

9　おわりに

以上述べてきたように重金属フリー防錆顔料には，リン酸亜鉛の他，リン酸アルミニウム，モリブデン酸カルシウム亜鉛などの数々の種類があるが，それぞれの用途により，一概にどれが防錆顔料として優れているとは言えないのであり，用途，使用樹脂，塗料処方，素材等から，より適性の合った防錆顔料を選択することが重要な因子となる。

しかし今後は，樹脂や素材等の種類に影響されず，広範囲な樹脂に優れた防錆性を持ち，貯蔵安定性の良い防錆顔料の開発が必要であろう。

第13章　船舶用防汚銀微粒子

上野由喜[*]

1　はじめに

　ナノテクノロジーの素材は，世界各国の多くの企業が研究開発を行い，多様な製品に応用展開されている。このナノテクノロジーは，ナノ（10億分の1 m）サイズの原子や分子を操作制御し，新しい機能を持った材料を作る先端技術である。物質はサイズが小さければ小さくなるほど，物理的，電気的，光学的特性が増幅され，新しい応用技術として期待できる。銀については，古くから抗菌・殺菌作用をもつ材料として使用されている。

　一般に，原子のサイズは，1 Å = 0.1 nm ほどであり，銀原子のサイズは 0.12 nm である。また，銀粒子のサイズが 2〜10 nm の場合には銀原子は 20〜100 個ほど集まっていると考えられる。

　現在，ナノテクノロジーは，繊維，製紙・パルプ，高分子，塗料，化粧品，医薬・医療，電気，建築，土木，農業・水産，トイレタリー関係，IT，分析，印刷などの広範囲で応用されている。また，ナノレベルに微粒子化できる金属は銀のみならず，多数の金属元素が対象となるため，あらゆる分野での応用が可能である。

　本稿では，銀をナノサイズに加工し，銀の持つ抗菌・殺菌作用の機能を船底塗料防汚剤として船底塗料として応用した弊社の独自技術について報告する。しかし，データと資料については開示できないものも多く，不足しているところがあるのであらかじめその点についてご了承を願いたい。

2　ナノ銀微粒子の船底用防汚塗料への応用

　1999年ロンドンのIMO（国際海事機関）で，海洋生態系への汚染を防止するために，有機スズを含有する船底塗料が2003年1月から禁止となり，2008年には全面禁止とする決議が参加各国により採択された[1]。現時点では船底用防汚塗料として，亜酸化銅や有機窒素（硫黄）系の薬剤が船底塗料として最も広く使用されている。しかし，亜酸化銅は有機スズに比べると毒性は低いものの，重金属であることに変わりなく，環境や生体への蓄積が懸念されており北欧ではすでに規

---

[*]　Yoshiki Ueno　㈱SS LINE　ナノ技術事業部　課長

制の動きがある。現在，船底塗料としてノンスズタイプと無機銅，亜鉛等を使用しているが，防汚効果・環境への配慮ともに満足な結果が出ていないのが実情である。そこで微生物に対しての抗菌・殺菌効果として認められる銀を船底防汚剤として応用した。

以下，弊社で開発したナノ化した銀を添加した防汚塗料について報告する。ちなみに本稿の報告で用いたナノ化銀のサイズは主に 7 nm に分布がある。以後はナノ銀と呼称する。

銀及び銀錯体の抗菌・殺菌性[2]は，遊離する銀イオンによって高い抗菌力を発揮するが，海水中では多量に存在する塩化物イオンと反応し抗菌性が失われるという欠点がある。

我々が最初に海洋性付着細菌に対する抗菌性を発現する物質として注目したのが，生物に無毒な各種アミノ酸と銀の錯体である。メチオニン及びヒスチジンの銀錯体を加えた場合，海洋性付着細菌の生菌数が全く観察されなかったとの報告がある[3]。

そこで，MFS(Metalize Finishing System)により形成したナノ銀粒子膜を作製して，評価試験を行ったところ抗菌性を有することが判明した。実験では黒麹カビと大腸菌に対する抗菌作用を評価したところ，4時間後には両者とも殺菌された状態であった。

我々が開発したナノ銀とは安全性が確認されたメタル銀をベースに，新技術によりイオン化ではなく銀のコロイド状とし，溶液中に 2 ～ 20 nm の微粒子を分散状態で維持した製品である。硝酸銀を原料とした場合に起こる，残留硝酸イオンや海水中の塩素イオンとの反応による着色等のトラブルもない。また，多くの反応基を持つ塗料に対し安定であり，熱に対して 1,300 ℃ 程度まで安定しており，酸化されて黒色化する着色現象もない。

これらの要素を持つ銀の粒子をナノ化することにより，ナノ銀の表面積を拡大して，光特性と抗菌・殺菌効果を増大させた。

既存のナノ化技術を使った銀や銀イオンは，酸化や塩素イオンとの反応により効力の持続性が望めなかったが，この安定性及び耐久性の問題をナノ銀で克服できたと考え，船底塗料の防汚剤として応用にいたった。

3　ナノ銀の抗菌及び殺菌メカニズムについて

ナノ銀は，デルタプラスイオン($Ag^{\delta+}$)によるデルタ電位の発生エネルギー作用，触媒作用によって酸素が活性酸素に変化し，殺菌作用を起こす。また，微生物が摂取すると呼吸障害と代謝障害を引起して死滅させる作用がある。

ナノ銀が抗菌作用を示すのは細菌等の−SH 基，−COOH 基，−OH 基と結合し，細胞壁を破壊，新陳代謝を停止させ，酵素等のたんぱく質と結合してエネルギー代謝を阻害するためと推察される。参考資料として各細菌に対するナノ銀の最小使用濃度を表 1 に記す。

表1 ナノ銀の微生物に対する最小使用濃度

微生物	症状	NANO™濃度 MICs*(μg/ml)
大腸菌 ATCC 25922 *Escherichia coli*	食品や飲み物を直接汚染。食中毒による下痢，腸炎の原因菌。	5
ベロ毒素生産性大腸菌 O157 *Escherichia coli*	ベロ毒素を生成させ，食物を毒素化して下血を引起す。	5
緑膿菌 ATCC 27853 *Pseudomonas aeruginosa*	魚貝類を腐敗させる原因菌。汚染水，動物の汚物による伝染性が高い。	5
黄色ブドウ状球菌 ATCC 29213 *Staphylococcus aureus*	エンテロトックシン毒素を生成し，食中毒，敗血症等の感染症や嘔吐，下痢症状を引起す原因菌。	5
桿状細菌 *Non-spore forming* *Bacillus subtilis*	牛乳，肉等の腐敗を引起す。	5
サルモネラ菌 *Salmonella typhimurium*	伝染病である腸チフスや食中毒の原因菌。主に，食品汚染された水で感染。腹痛，嘔吐，高熱，頭痛，全身麻痺等の症状を誘発。	5
メチシルリン耐性黄色ブドウ球菌 MSRA	第3世代セベムの化学治療剤の普及により，耐性を持つようになり院内感染の原因菌。	5
カンディダ	カンディダ炎症を誘発するカビ類。	5
杆状菌 ATCC 29212 *Enterococcus faecalis*	食品原料と管理不備な製造工程に発生。pH9.6，摂氏60℃で30分加熱しても耐性があり，6.5％の食塩，魚，冷凍食品，野菜，精肉等にも存在する。	5

* MICs：Minimal Inhibitory Concentrations。MICsの数値は，試験室での結果で，製品への応用の場合は，素材，工程等により若干の数値差が生じる。

　また，これはまだ仮説であるが電気分解による抗菌機構も考えられる。それは船舶本体と塗料に添加されたナノ銀とが極となり，イオン化傾向により，船底に塩素を発生させることによって塗料に付着した細菌等を殺菌するという仮説である。

4 ナノ銀の安定性

　ナノ銀の安定性について表2に記す。
　表に記した安定性を生かして，UV塗料やウレタン塗料とナノ銀を一つのコンポーネントタイプとして応用できるのが大きな特徴である。各種コンポーネントタイプでも施工後1時間以内に99.9％の殺菌力を発揮できる。ナノ銀の濃度は，1,000ppmまで調整可能でありコスト面の要望

第 13 章　船舶用防汚銀微粒子

表2　ナノ銀の安定性

熱安定性	・1,200℃以上でも質的変化・色変化なし	・陶磁器表面焼付後(1,300℃)も抗菌力・色調に変化なし ・様々なプラスチックの加工成型に対応可能
紫外線安定性	・コロイダル状態で一年間保存で酸化・沈殿なし	・UV塗料の紫外線安定試験に合格(試験条件：UV 15W・照射距離20cm・温度20±5℃・72時間)
化学安定性	・水道水，海水などの各種アニオンを含む溶液でも沈殿なく安定性を維持	

に対しても対応可能である。

5　ナノ銀の塗料と樹脂への添加

　ナノ銀を添加した塗料と添加していない塗料を試料として調整し，塗料の殺菌性及び最近の繁殖について調査した。まずこの試料について原子間力顕微鏡写真を撮影した。原子間力顕微鏡の画像処理(図1)からの推察では，塗料のみの場合凹凸部分が多く認められる。そのため異物，細菌などが蓄積〈棲息〉しやすいのではないかと推定した。そしてナノ銀を添加することによって凹凸部分が相対的に小さくなるために異物，細菌などが蓄積しにくいと考える。

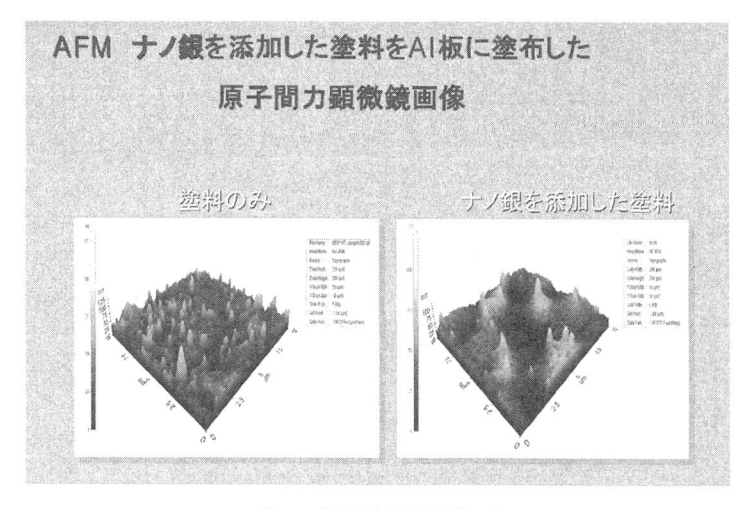

図1　原子間力顕微鏡画像

機能性顔料とナノテクノロジー

5.1 ナノ銀添加船底塗料の特徴

- 使用されたナノ銀は，サイズ2～10 nmである。7 nmのサイズに分布が集中している。
- 耐久性が良好で，有害金属を含まず毒性もほとんどない。
- エポキシ塗料との相溶性も良好である。
- 既存の被膜分離型の塗料よりも薄膜である。
- 塗装の厚みが1回で60μmとなり1年間ほど有効である。
- 海洋生態系に対して悪影響がない。

5.2 ナノ銀の防汚剤としての機能

- 船底塗料に含まれたナノ銀が，代謝障害作用により被膜表面の微生物繁殖を阻止する。
- 緑藻や青海苔等の付着生成を抑制し，貝類の付着も防止（緑藻が，船底塗料被膜表面に付着する過程で細菌が介在していると推測。添加ナノ銀が，基本的に細菌が棲息できない効力を発揮する）。
- 塗料表面を平滑にするため，異物・細菌の付着防止。

図2は約半年間の海中浸漬による結果である。

塗料には自己加水分解性の樹脂を使用した。ナノ銀を添加した試料に付着物があるのは，塗料の分散状態が影響を与えていると考えられる。

図2　海中浸漬結果
S1：ブランクの加水分解型塗料
S2：ナノ銀添加の加水分解型塗料

6 電気分解による殺菌メカニズム仮説について

細菌が付着できないことについては電気分解による殺菌のメカニズム仮説を提案したい。塗料に添加されたナノ銀が極となり海水を電気分解させ，船底廻りに塩素を発生して塗料に付着する細菌等を殺菌する仮説である。

金属を海水のような電解質溶液に浸漬すると，電解質溶液と金属との間に電位差が生じ，イオン化傾向の違いにより塩素が発生する。この仮説はまだ裏付けがないため，早急に実験による確認を行いたいと考えている[5]。

7 船底塗料にナノ銀添加の挙動

図3は，実際に船底エポキシ系塗料にナノ銀10％を添加処理した塗料を施工し，10月に出港し4月に引揚げて船底部分を確認したものである。

確認された付着物としては，光合成，混合比，酸化，浮遊ゴミ由来のものであると考えられる。

図3　実地試験結果

8　結果と考察

　銀の抗菌性・殺菌性の有効性は，歴史的に古くから認識されており，また，銀は耐性菌を作らない物質として再認識されつつあり，日常生活においてもかけがえのない位置を築きつつある。そして数年前に問題になった中国のSARSに対しても，消毒剤として唯一銀系抗菌剤が使用され好結果を残し現在も使用されているように，銀系抗菌剤の活躍の場面は広がり，銀の抗菌作用は注目を浴びている。

　我々のナノ銀の研究開発は始めてからあまり時間経過が少なく，満足な研究開発ができていないのが実状である。ナノ銀は表1にあるように微量添加で細菌に対して効果が確認されたが，詳しいデータはビジネスシークレットで公開できない状況である。

　銀は，消臭（体臭，生活臭），健康飲料水や様々な菌・ウィルスに対する抗菌・殺菌で注目を浴びているが，塗料分野においては，解決しなければならない問題が数多くあり，まだ入口のドアを叩いたに過ぎない。

　今後，ナノテクノロジーに携わる方以外でも[8]"コロンブスのタマゴ"的なユニークで画期的な発想にもとづくアイディアを提供して頂き研究開発を進めることができれば，人々や地球にエコロジカルをもたらすことが可能と考えている。

文　献

1) 川又　睦，フジツボと新規防汚塗料，フジツボ類の最新学，恒星社厚生閣（2006）
2) 青木延夫，紫外線硬化樹脂，環境保全型コーティングの開発，シーエムシー出版（2001）
3) 槙田洋二，海洋資源環境研究部門，環境配慮の"海水中での抗菌剤"開発，銀錯体抗菌剤とはなんだろう？，㈱産業技術総合研究所四国センターが持つ基礎技術2
4) 橋本　智，平野輝美，銀鏡塗装のシステム化とその応用，塗装技術，理工出版，pp.53-54
5) 桐生春雄，生態機能塗料，特殊機能塗料の開発，シーエムシー出版（2001）
6) 川辺允志，フジツボと電気化学―電位，フジツボ類の最新学，恒星社厚生閣（2006）
7) 松村清隆，キプリス幼生の付着機構1，フジツボ類の最新学，恒星社厚生閣（2006）
8) 岡野桂樹，キプリス幼生の付着機構2，フジツボ類の最新学，恒星社厚生閣（2006）
9) 上野由喜，機械技術，テクニカルレポート，8，日刊工業新聞（2000）
10) 千田哲也，国土交通省，㈱海上技術安全研究所，船底塗物質の海中挙動の解明
11) 山盛直樹，海洋・防錆技術研究所，将来の防汚塗料（2006）
12) 島田　守，日本ペイントマリン㈱研究開発部，内航船用すずフリー加水分解船底塗料「ハイソル」

有機顔料編

第14章　機能性フタロシアニン

坂本恵一[*]

1　はじめに

フタロシアニン(Phthalocyanine；PC)と呼ばれる化合物群は，1907年にイギリスで発見され，1928年に命名された有機錯体であり，青から緑色の有機顔料で現在最も多く使用されている。PCの分子構造は血色素ヘモグロビン，葉緑素クロロフィル，ビタミンB_{12}および生体内で重要な機能を有する酵素チトークローム P450 などの基本骨格を形成するポルフィリン類縁構造の化合物である(図1)。

PC類は中心金属を持たない無金属PC(H_2-PC)をはじめ，63種の金属元素と有機錯体化合物を形成することが可能であり，金属PC(M-PC；以降，中心金属Mは元素記号で表す)と呼ば

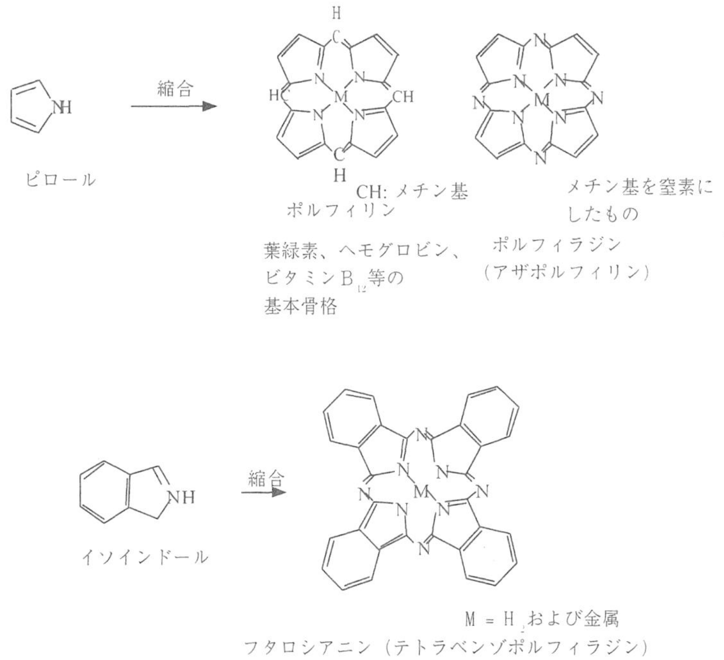

図1　ポルフィリンとフタロシアニン

* Keiichi Sakamoto　日本大学　生産工学部　応用分子化学科　助教授

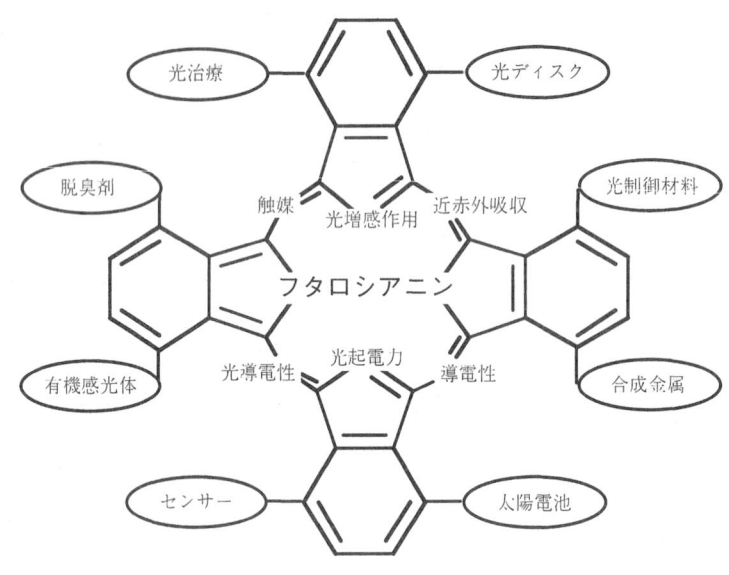

図2 フタロシアニンの機能

れている。その代表的なものにCu-PCがあり，最も多く使用されている青色顔料である。またPC類はベンゼンおよびトルエンなど一般の芳香族化合物と同様に，置換基を有する誘導体の合成が可能である。

　機能性色素としてのPC類は，電子写真用電荷発生剤，電荷輸送剤および電荷調整剤，光学データ記録システム，ガス検出デバイス，太陽電池，燃料電池，光半導体，酸化還元樹脂，触媒，エレクトロクロミックディスプレー，液晶ディスプレー(Liquid crystal display；LCD)用カラーフィルター，有機エレクトロルミネッセンス(Electro luminescence；EL)素子，増感色素などへ適用するため，広範囲に研究されている[1〜19]（図2）。

2　構造論

　H_2-PCをはじめM-PCは大別して，フタロニトリルと金属塩とを縮合させるLinstead法とよばれる方法と，無水フタル酸などのフタル酸誘導体と尿素および金属塩から製造するWyler法とよばれる2種類の合成法が良く知られている(図3)。前者の合成法は実験室的であり，後者は原料が安価なことから工場生産にも用いられている。

　代表的なCu-PCは堅牢な青色の有機顔料として大量に製造され，現在最も多く使用されている。Cu-PCを塩素化した塩素化Cu-PCは緑色を呈しており，代表的な緑色の有機顔料である。
　塩素化Cu-PCは京都大学化学研究所にて，高分解電子顕微鏡を用いて分子の形が撮影された。

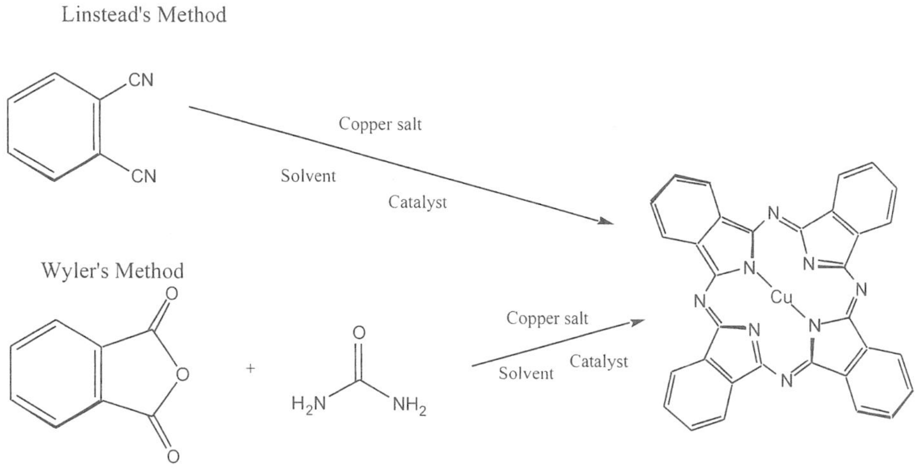

第14章　機能性フタロシアニン

図3　フタロシアニンの合成法

　この電子顕微鏡写真による塩素化 Cu-PC の撮影は，史上人類が直接分子を見たはじめての例といわれている。

　H_2-PC をはじめ M-PC は平面分子であるため，van der Waals 力，双極子能などの複雑な分子間相互作用によって分子が積み重なるスタッキング構造をとっている。

　H_2-PC をはじめ M-PC は複雑な分子間相互作用によって，分子の積み重なり方の違いによって結晶多型を示し，物性が変化することが知られている。H_2-PC をはじめ M-PC のいくつかは，結晶多型が報告されている。各種 M-PC の結晶はほぼ類似である。とくに Cu-PC は結晶多型が良く研究されている。

　Cu-PC は準安定型の α 型と安定型の β 型の結晶多型が有名である。Cu-PC の β 型結晶は熱力学的に最も安定であり，不活性気体中高温の下で成長できる。この β 型結晶を濃硫酸にて処理をする Acid pasting を行うと，α 型結晶に転位する。Cu-PC の α 型結晶は有機溶剤との接触あるいは加熱によって容易に β 型へ転位する。顔料としての Cu-PC は粒径が細かく，染着性の高い α 型が用いられることが多い。

　β 型 Cu-PC は単斜晶系の針状結晶である。β 型 Cu-PC の結晶は，その成長方向にたいして 44.8°傾き，479 pm の間隔で平行に積み重なって結晶を形成している。この β 型 Cu-PC の結晶における成長面は，中心金属が下側に存在している分子のメソ位窒素上に位置している（図4，図5）。

　一方，α 型 Cu-PC は正方晶系に属する結晶型である。α 型 Cu-PC の結晶は，その成長方向に対して 63.5°傾き，381 pm の間隔の積層構造である。α 型 Cu-PC の積層構造は，その結晶成

機能性顔料とナノテクノロジー

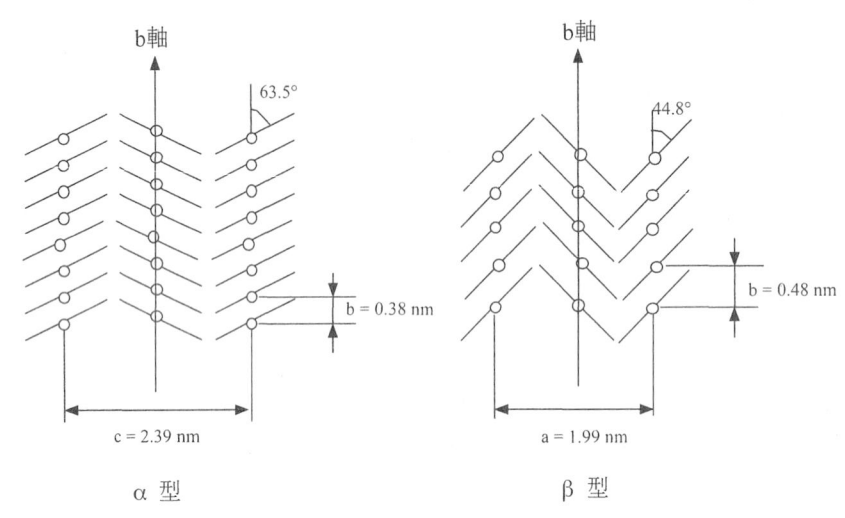

図4 銅フタロシアニン結晶の積層構造

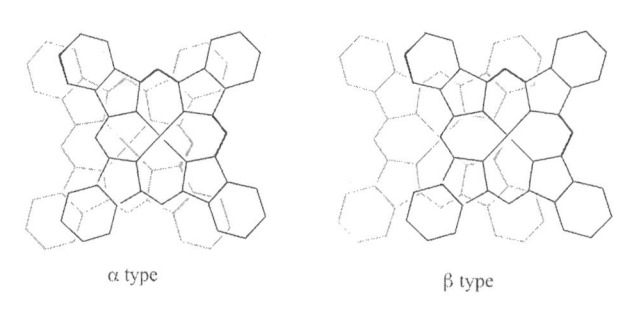

図5 銅フタロシアニン結晶の分子配列

長面位置において，中心金属が下側に存在する分子のメソ位窒素上に位置せず，内側に約半分ずれている。

Cu-PC はこれ以外にも多くの結晶多型があり，γ 型，ε 型，χ 型，δ 型などが知られており，用途によって使い分けられている。例えば，コピーおよびレーザープリンター用の Cu-PC は χ 型が好まれている。また，H_2-PC および多くの M-PC でも，結晶多型が知られている (図6)。

PC 類の分子構造は18員環のアザ[18]アヌレンが基本骨格の化合物と考えることができる。これから PC は 18 π 電子共役系であり，Hückel 則に従うことから芳香族性を持つことがわかる。当然，PC は一般の芳香族化合物と同様の反応が可能であり，最大16個まで置換基を導入できる。ここで PC 外環の炭素のうち 2, 3, 9, 10, 16, 17, 23, 24 位がペリフェラル位，1, 4, 8, 11, 15, 18, 22, 25 位がノン-ペリフェラル位といわれている (図7)。

溶液中において PC 類の可視吸収スペクトルは，$\pi-\pi^*$ 遷移に起因する 400 nm 付近の Soret

第14章　機能性フタロシアニン

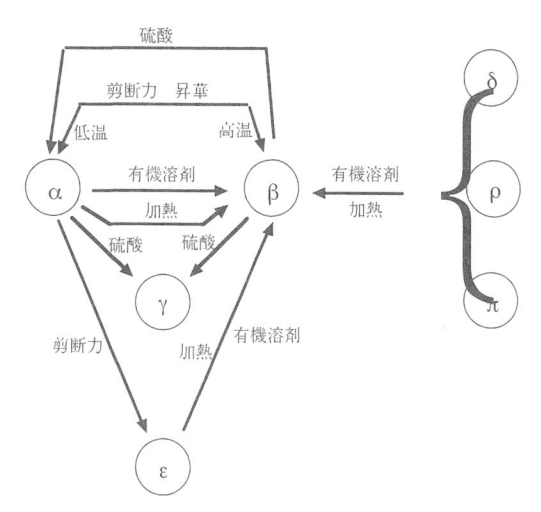

図6　銅フタロシアニンの結晶多型と転位

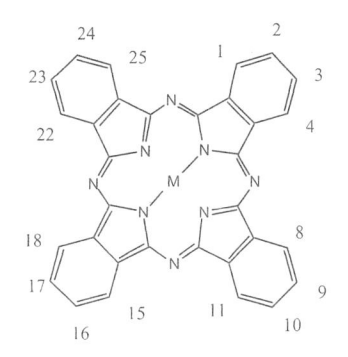

図7　金属フタロシアニンの置換可能位置

帯と呼ばれる吸収帯と 600 nm 付近の Q 帯と呼ばれる吸収帯がある。とくに Q 帯は吸光係数 ε の対数 $\log \varepsilon$ が 4.5 以上と大きくなり，PC 類に特徴的である。PC 類の場合，Soret 帯の吸収は NHOMO–LUMO 間の，Q 帯は HOMO–LUMO 間の電子遷移に起因している。ポルフィリンでは Soret 帯が HOMO–LUMO の吸収であり，Q 帯が NHOMO–LUMO に相当している。PC 類の Q 帯は分子の対称性によって分裂することが知られている。この例として，対称性の低い PC 類は Q 帯が 640 nm と 670 nm 付近に現れることが知られている(表1)。

　固体状態において PC 類の可視吸収スペクトルは，吸収位置のシフトをもたらすエキシトンカップリングのため，ブロードとなる。この現象は分子の充填に依存するといわれている。そのため，PC 類の Q 帯は結晶型によっても異なった位置に現れることが知られている。例えば，Cu–PC の場合，Q 帯は β 型では 660 nm と 700 nm に，α 型では 600 nm と 690 nm に，χ 型では

機能性顔料とナノテクノロジー

表1 金属フタロシアニンの吸収スペクトル

Compounds	λ max/nm	solvent
H₂-PC	350, 554, 602, 638, 665, 698	1-chloronaphtalene
Cu-PC	350, 510, 526, 567, 588, 611, 648, 678	1-chloronaphtalene
Ni-PC	351, 560, 580, 603, 643, 671	1-chloronaphtalene
Co-PC	348, 606, 672	1-chloronaphtalene
Co-PC	330, 596, 657	pyridine
Fe-PC	330, 595, 656	o-dichlorobenzene
Pd-PC	347, 557, 576, 595, 633, 660	1-chloronaphtalene
Sn-PC₂	338, 575, 626, 774	chlorobenzene

600 nm と 790 nm に現れることが知られている。固体状態における可視吸収スペクトルは粒子サイズによっても幾分変化する。

3 LCD用カラーフィルター色素

LCDは低消費電力，平面性であり，ノート型ばかりでなくデスクトップ型パソコンのディスプレー，テレビのモニター，携帯電話，デジタルカメラなど様々な分野で使われ，大きな成長を続けている。LCDにおけるカラーフィルターは液晶を支える要素技術として，非常に重要である。

カラーフィルター形成法の主流は顔料分散法であり，生産量の約60％を担っている。この方法は顔料を分散させたカラーレジストを，フォトリソグラフィー法あるいはフォトエッチング法によってパターニングする方法である。この方法は耐熱性，耐光性および精度が高い。この顔料分散法は顔料の粒径に依存して彩度が異なるので，顔料粒子を透過波長の1/2程度の，理想的には100 nm以下の粒径にすることが要求されている。また，粗大粒子の存在がコントラストを下げる原因になるので，粒度分布が狭いことも必要である。

LCDは加法混色の原理で発色させるので，赤(Red；R)，緑(Green；G)および青(Blue；B)の三原色分のカラーレジストが必要である。それぞれのカラーレジストはカラーペースト，バインダー樹脂，モノマー，開始剤および添加剤より構成されている。

カラーフィルターは15～100 μm角ほどの画素サイズで，厚みは1 μmである。カラーフィルター中に粗大粒が存在するとコントラストが低下するので，顔料は100 nm以下の小さな粒径でかつ粒度分布が狭いことが要求される。この条件をクリアーするためには，顔料の選択が重要となってくる。

LCD用カラーフィルター色素は，Rにアントラキノン系，キナクリドン系，ジケトピロロピ

第14章　機能性フタロシアニン

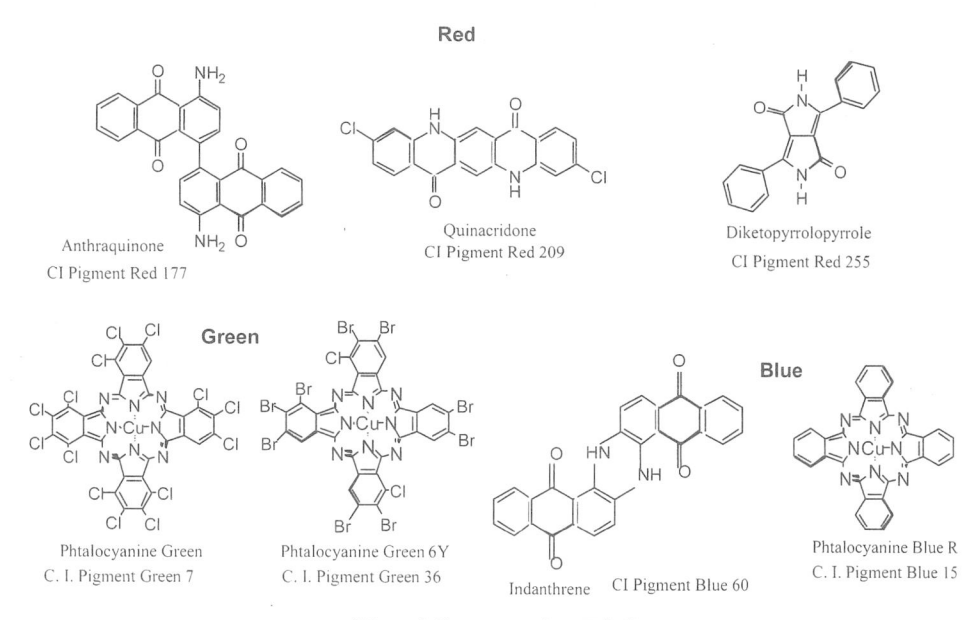

図8　カラーフィルター用色素

ロール系が，Gにポリハロゲン化M-PCが，BにM-PC系の顔料が用いられている(図8)。すなわちM-PCがLCD用カラーフィルター色素として用いられている。

　カラーフィルター色素は各画素がバックライトからの主波長を極力透過することが必要であり，Rでは610 nm，Gでは540 nm，Bでは440 nmの光を透過することが必要であるが，それぞれの色は他の波長光を遮断することが求められている。

　顔料はその粒径に依存して彩度が異なるので，顔料粒子を透過波長100 nm以下の粒径でかつ粒度分布が狭いことが要求されている。

　カラーフィルターの着色剤に求められる条件は，色の開発であり，その高濃度化と高明度値化である。具体的に色の開発では，三原色の色度と明度ばかりでなく白色のコントロールが必要である。RGB単色光のスペクトルを測定して色度座標を求め，色度図上にプロットすると三角形が形成される。この三角形は表現できる色を表している。すなわち表現できる色は，その三角形の内側のみであるということができる。

　カラーフィルターの高濃度化のために，バックライトの分光分布および色温度に合わせた色再現が考慮されたカラーバランスが要求される。すなわち演色性は，バックライトが冷陰極管であるかLED(Light Emitting Diode)であるかによって分光分布および色温度が異なるため，違いが見られる。当然，LCD中のバックライトの配置にも依存して，透過型か，半透過型か，反射型かでも，演色性は異なってくる。

高明度値化は透過率の向上でもあり，低電力化が要求されているノートパソコンでは特に大きな課題である。この対策は顔料の粒径を小さくすることで，成し遂げることができる。またコントラストを向上させるためにも顔料の微粒化が貢献している。

4　コピーおよびレーザープリンター用有機光半導体

色素の多くは光導電性を有しているように，M-PC も 1949 年にその特性が見いだされた。この特性は M-PC でもっとも利用されているものの一つである[20]。

M-PC は，有機光半導体(Organic photoconductor；OPC)すなわち感光体として重要な色素である。

M-PC が OPC として用いられている例に電子写真がある。これは Carlson による非銀塩写真記録であり，一般にコピーといわれる。OPC は分散型と現在主流である機能分離型感光体があり，機能分離型では機能性色素は感光体の電荷発生層(Charge generation layer；CGL)中の電荷発生剤(Charge generation material；CGM)，電荷移動層(Charge transfer layer；CTL)中の電荷移動剤(Charge transfer material；CTM)に用いられている。また現像剤であるトナーおよびカラーコピーのカラートナーも機能性色素である。さらに，機能性色素は電荷調整剤(Charge controlling agents；CCA)にも使われている(図9)。

コピーはコロナ放電によって感光ドラムの表面が帯電して静電荷を保持し，そこに光が照射されると電荷が消失する。光が当たらず電荷が残存した部分に電荷を有したトナーで現像する。その後，紙に転写，定着の過程を経るサイクルによってコピーがとれる(図10)。

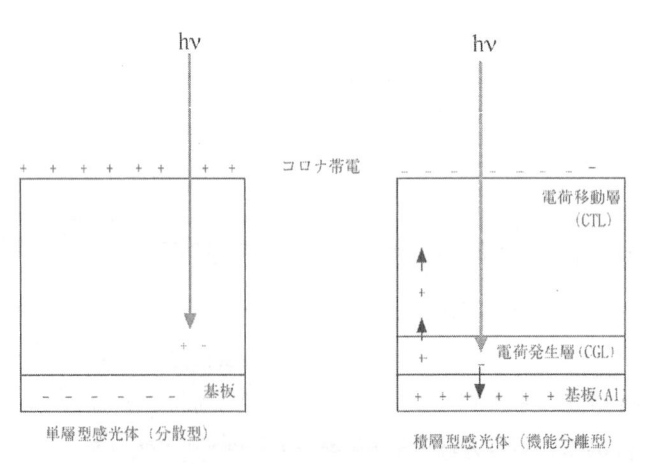

図9　コピー用有機光半導体

第14章 機能性フタロシアニン

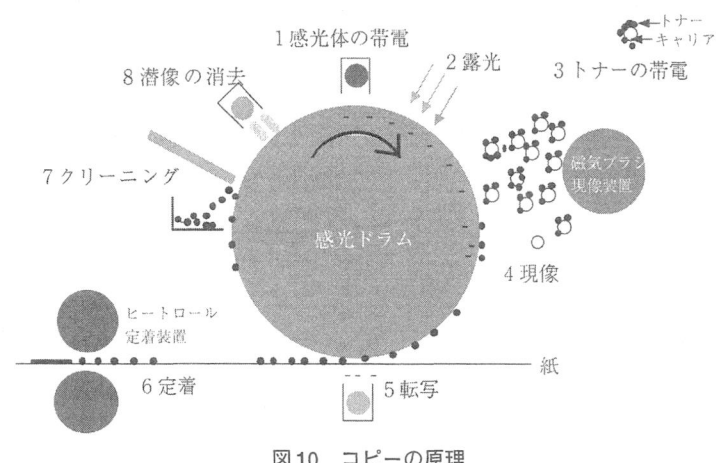

図10 コピーの原理

表2 積層型感光体の感度

フタロシアニン	膜形態	CT剤	特性
VO-PC	分散	トリフェニルアミン	
ε-Cu-PC	分散	TNF	780 nm 0.5 μJ/cm^2
AlCl-PCCl	蒸着	ヒドラゾン	830 nm 0.3 μJ/cm^2
TiO-PC	蒸着	ヒドラゾン	830 nm 0.7 μJ/cm^2
InCl-PC	蒸着	PVK	850 nm 0.3 μJ/cm^2
τ-H$_2$-PC	蒸着	オキサザール	800 nm 0.5 μJ/cm^2
AlCl-PCCl	蒸着	ポリエステル系	800 nm 0.5 μJ/cm^2
AlCl-PC	分散	ヒドラゾン	790 nm 0.2 μJ/cm^2
TiO-PC	分散	ヒドラゾン	800 nm 1 μJ/cm^2

　一般のコピーにおいてCGMは500～600 nmの光に対する正孔発生率が高いことが重要であり（表2），M-PCの他にはペリレン系，アゾ系，スクワリリウム系，の色素が用いられる。

　コピー用OPCではコロナ帯電特性が重要である。OPCのコロナ帯電特性は，暗所におけるコロナ放電によって1.5×10^{-7} C cm^{-2}程度の表面電化を保持できて光露光まではその変化が少なく，光露光によって減衰していかなければならない。M-PCは無毒であり，容易に合成できることからCGMとして多く用いられている。CGMとしてのM-PCはCu-PC，H$_2$-PC，TiO-PC，VO-PC，Mg-PC，AlCl-PCなどが用いられている。またM-PCのコロナ帯電特性は結晶型による結晶軸方向によってキャリア発生効率が異なるため，大きく異なることが知られている（図11）。

　レーザープリンターもコピーと全く同じ原理であるが，近赤外線領域の波長で感度が出ることが必要であり，CGMはPC系の色素が用いられている。

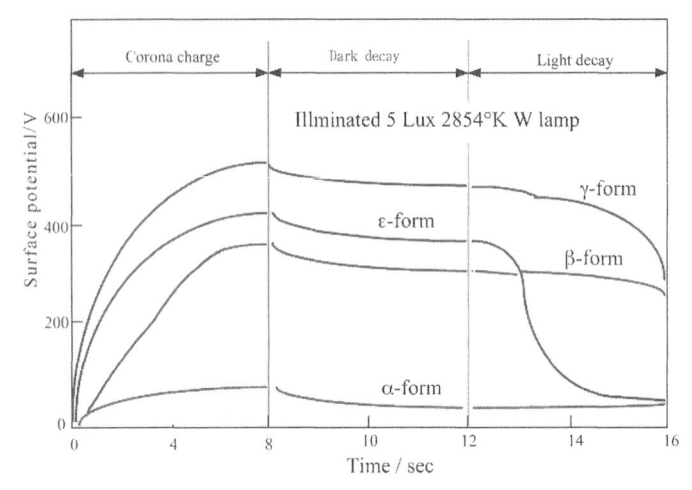

図11 銅フタロシアニンの電子写真特性

　CTL は CGL から正孔の注入を受けて，それを表面に運ぶので，イオン化電圧が低いキャリアの注入効果が高く，CGL 中で正孔の移動度が高く，吸収スペクトルが CGM と重ならないことが要求される。そこで CTL は M-PC に合わせたアミン系のものが使われる。

　トナー用色素は静電気潜像を現像するのに用いられるものである。トナーはスチレン，アクリル共重合体，ポリエステルなどのバインダー樹脂，カーボンブラックあるいは色素などの着色剤，CCA から構成されている。CCA は帯電性の安定と初期電位を高める用途に使われる。CCA は感光ドラム上で正電荷を発生させる場合，負電荷型剤として含金属アゾ色素あるいは M-PC が用いられる。また感光ドラム上で負電荷を生成する場合，CCA は正電荷型としてニグロシン系染料が用いられる。

　カラーコピーおよびカラーレーザープリンターの場合，カラートナーの色素は減法混色の原理で黄(Yellow；Y)，赤紫(Magenta；M)および青緑(Cyan；C)の三原色を必要とする。カラートナーは分散性，帯電性が重要となる。カラートナーは Y がジスアゾ系顔料，M がキナクリドン系顔料，C は M-PC が用いられる。

5 CD-R，DVD-R 用色素

　レーザー記録にも M-PC が用いられている。半導体レーザーの発振波長は近赤外線領域であるので，それに感応する色素は 750〜850 nm に吸収があることが必要となる。その中で追記型光記録媒体レーザーディスクが CD-R あるいは DVD-R として実用化されている。CD-R や DVD-R は通常の CD や DVD に色素記録層を設けたものである(図12)。

第14章　機能性フタロシアニン

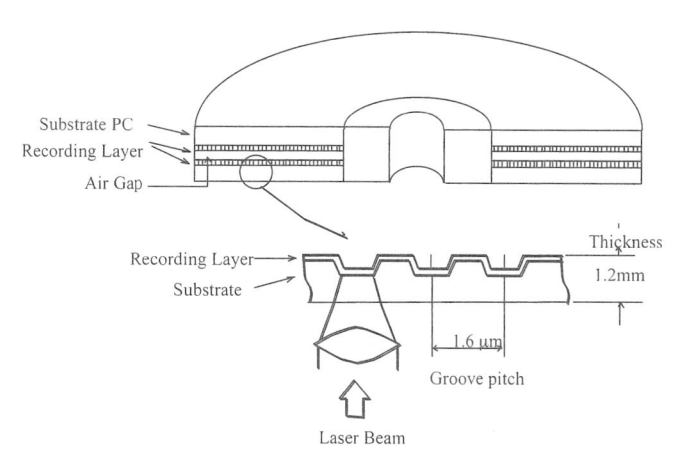

図12　CD-Rの構造

　当初CD-RはCDとは反射率の関係で別規格であったが，金の反射膜を入れることで互換性を達成した。

　CD-Rはポリカーボネート樹脂基盤上に1.6μmピッチで同心円状トラックを形成し，その上にスピンコートによって0.1μmの色素膜を塗布する。このままでは780 nmにおける反射率が40％程度であるため，アルミニウム反射膜によるCDやCD-ROMの反射率65％に適合させるため，金の反射膜を形成させる。

　CD-Rへの記録は出力12 mW程度で780 nmのGaAlAs半導体レーザーにて色素膜にあてると250℃程度となり，色素を溶融あるいは分解させることによって直径1μmのピットを形成させる。再生は記録時の1/10程度の出力でピットの有無を確認することによる。

　CD-R用の色素はPC系色素が多く使われているが，他にPCを拡張したナフタロシアニン系色素，アゾ金属錯体系，インドレニン系ヘプタメチンシアニン色素が用いられている。

　PC系色素は当初VO-PCが用いられたが感度が低いため実用化されなかった。しかし半導体レーザーの近赤外線吸収に対応するためには，Pb-PC系色素が適することがわかった。そこでPb-PCの可溶化が検討され，$-O$アルキルあるいは$-S$アルキル基などの導入が図られた。また，SiやAlなどの多価元素を中心金属として，アキシャル位にアルコキシル基，シロキシ基あるいはリン酸エステルを導入して可溶化したものが使われている。ナフタロシアニンもPCと同様に置換基が導入されて用いられている（図13，図14）。

　DVD-Rもほとんど同じ機構で記録，再生を行うが，記録および再生波長が635～660 nmであるので，550～610 nmに吸収極大を有する赤色の色素が用いられ，赤色のPC類の開発が期待されている[21,22]。

図13 CD-R用可溶性フタロシアニン

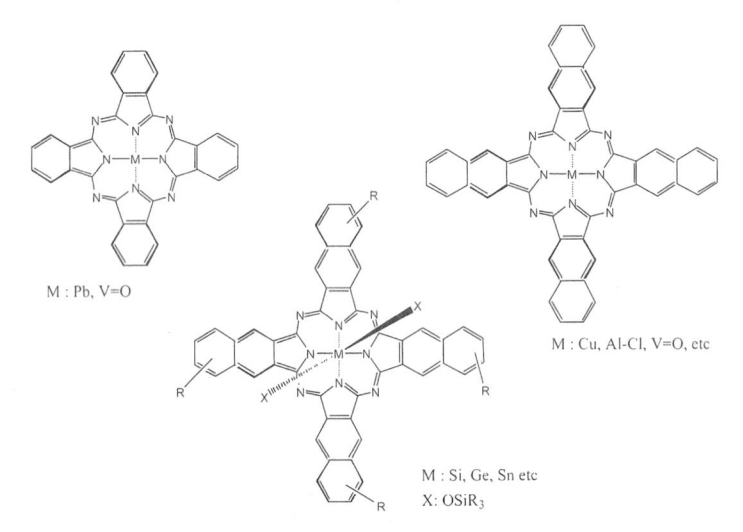

図14 CD-R用フタロシアニン，ナフタロシアニン

6 有機EL素子

近年注目されている情報表示として有機EL素子がある。これは色素の光電気変換能力を利用しようというものであり，有機半導体の応用の一つである。有機ELの原理は，発光層である有機蛍光物質に電子と正孔を与え，そのときに発生するエネルギーによって励起状態となることで発光することを利用したものである。

有機EL素子は二層型のものから三層型になってきている（図15）。

有機EL素子は電子輸送層（Electron transfer layer；ETL）と正孔輸送層（Hole transfer layer；HTL）および発光層からなる。二層型有機EL素子はETLを兼ねた発光層とHTLある

第14章 機能性フタロシアニン

いは HTL を兼ねた発光層と ETL との組み合わせで構成されている。

発光層は，R がスチリルピラン誘導体を，G がクマリン誘導体あるいはキナクリドン誘導体を，青がジスチリルベンゼン誘導体を用いている。

ETL はオキサジアゾール誘導体，アルミキノリノール誘導体，ペリノン誘導体などが用いられている。HTL は日本触媒などでは M-PC 誘導体が用いられると報告して

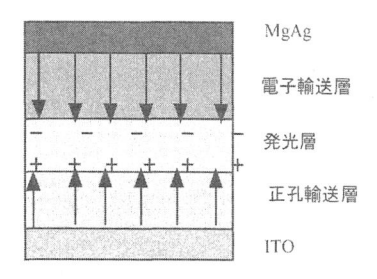

図15　有機 EL 素子構成図

いるが，他にトリフェニルアミン誘導体が用いられている。HTL として用いられている M-PC は Cu-PC，H_2-PC，TiO-PC が報告されており，PC 類の熱および電気への安定性のために，高寿命の素子となっている。

M-PC を発光層とした有機 EL 素子もあり，TMSSi-PC をドープした素子は色純度の高い深赤色発光する[1]。

7　太陽電池

太陽電池はシリコン半導体，化合物半導体および有機半導体を用いるものに分類できる。有機半導体を用いた太陽電池は次世代型といわれている。有機半導体太陽電池は有機薄膜型と色素増感型があり，なかでも色素増感型太陽電池は効率が良いことから注目されている。

有機半導体は前述したように，色素が用いられている。太陽電池は色素の光電変換能力を応用したものである。すなわち，光電変換は色素が光を吸収して，電子あるいは正孔を発生する能力を用いたものである。

有機半導体と金属あるいは他の有機半導体とを接触させると，接触界面近傍にポテンシャル障壁ができる。有機半導体と金属あるいは二種の有機半導体が接触しているものに光照射して電荷を生成させると，光起電力が発生する。有機半導体と金属の接合によるショットキー障壁を利用した光エネルギー変換素子としての太陽電池が広範に研究された(図16)。

この太陽電池は変換効率が約 1% である。有機半導体はメロシアニン系色素が用いられた。

ついで n 型半導体特性を有する色素と p 型半導体特性を有する色素とを組み合わせた p-n 接合型有機太陽電池が提案された。ここで代表的な色素の組み合わせは，ペリレン系色素が n 型半導体として，Cu-PC が p 型半導体として用いられている(図17)。

さらに，メロシアニン系色素とトリフェニルメタン系色素などの組み合わせも知られている。

次世代の太陽電池として，1991 年にスイスローザンヌ工科大学の Graetzel は光電変換効率

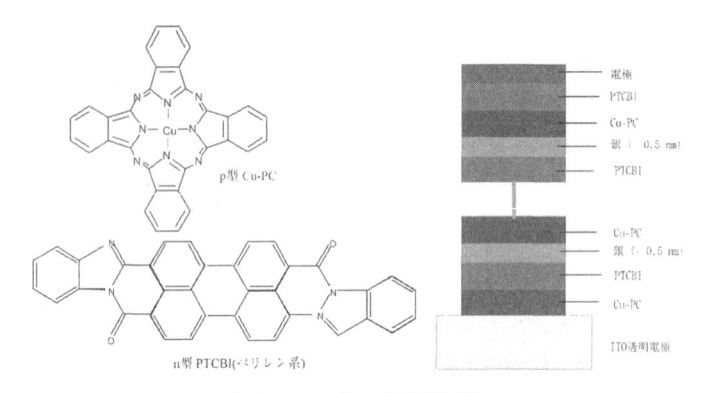

図16　p-n接合型太陽電池

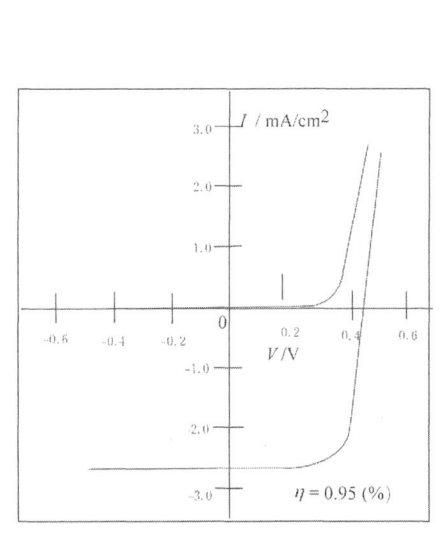

図17　銅フタロシアニン-ペリレン系二層型
　　　太陽電池の電流電圧特性

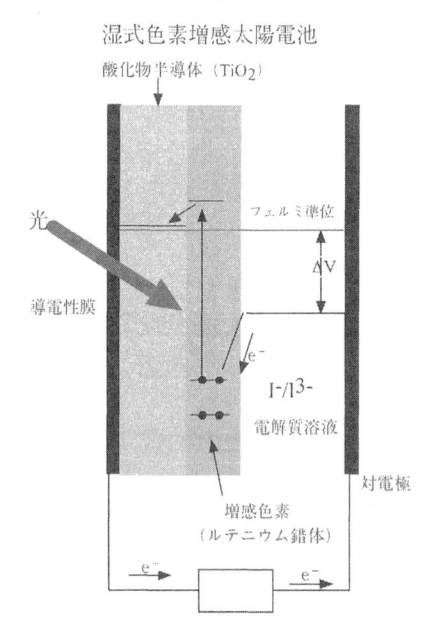

図18　色素増感太陽電池の構成

10％を得られる，色素増感太陽電池を発表した。色素増感太陽電池は発明者にちなんで，別名Graetzel cell ともよばれている(図18)。

　光電変換の機構は，可視光が照射されると，励起状態となった増感色素の電子が TiO_2 の伝導帯へ移動し，導電性膜から対電極へ動いていく。ついで，対電極に移動した電子は電解質溶液のヨウ素イオン I^- を I_3^- まで酸化することによって増感色素に戻される。酸化された I_3^- は対電極で電子を受けて I^- に戻る。

　電子と正孔が結合する p-n 接合型有機太陽電池と異なり，色素増感太陽電池は電子のみが

第14章　機能性フタロシアニン

TiO_2 半導体電極に注入されるため,効率的であるといわれている。色素増感太陽電池用の M-PC として,Fe-PC-2, 9, 16, 23-テトラカルボン酸,Mg-PC-2, 9, 16, 23-テトラカルボン酸,Zn-PC-2, 9, 16, 23-テトラカルボン酸などが高い効率を有すると報告されている[1]。

しかし,電解質が液体であるという欠点があり,固体電解質あるいは HTL の使用が検討されている。色素増感太陽電池の HTL として M-PC,M-PC を拡張したナフタロシアニンやアントラシアニンが考えられている。

色素増感太陽電池は太陽光を幅広く吸収し,TiO_2 半導体電極に電子を注入できうる波長 900 nm 付近にまで吸収できるルテニウム錯体色素が開発されている。

ルテニウム錯体に代わって,安価な有機色素を用いた色素増感太陽電池も検討されている。色素増感太陽電池用の有機色素は,M-PC,M-PC を拡張したナフタロシアニンやアントラシアニンの他,メロシアニン系,クマリン系がある。

8　ガン光線力学用色素

最近注目を集めている用途に,光線力学ガン治療(Photodynamic therapy of cancer ; PDT)の増感色素がある。増感色素は,通常のいわゆる治療薬としての使用法ではなく,体外から患部を X 線などによって検出する腫瘍マーカーとしての使用と光治療用色素として用いられることが多くなってきている。

光治療は,広義では 400～500 nm の可視光を用いた体内ビリルビン分解による黄疸,575 nm のレーザー光線によるあざの治療などをも含む。しかし狭義ではレーザーによるガン治療のことである(表3)。

この方法は増感色素をガン細胞の中に入れ,その部分にレーザー光を照射して,光化学反応で発生する一重項酸素によってガン細胞を攻撃する治療法であり,PDT とよばれている[24]。

PDT は細胞レベルのオカルトキャンサーをも攻撃できることから,ガン細胞破壊のナノテクノロジーであるナノアタックが可能となり,手術に代わる画期的な治療として注目されている。

PDT に用いられている増感色素は,無毒でガン細胞選択性が高く,体内深くに光を到達させるために 600～700 nm の範囲に吸収極大を有し,光増感作用によって一重項酸素を生成しやすく,長い三重項寿命を持ち,蓄積性がないことなどが必要条件である。

現在実用化されている PDT 用増感色素に,エキシマーレーザーと組み合わせて用いるヘマトポルフィリン誘導体であるフォトフリンⅡ^{TM} がある[24]。しかし,フォトフリンⅡ^{TM} は細胞毒性を示すなど種々の欠点を有している(図19)。

フタロシアニンの場合,吸収極大は 650 nm 以上に存在しており,蛍光はこの吸収のすぐ近く

表3　光治療の種類

		光線の種類	効果	光増感剤
広義	1. 黄疸	400〜500nmの可視光線 ・白色蛍光灯	ビリルビンの熱破壊	なし
	2. あざ	575nm付近のレーザー ・ルビーレーザー ・アルゴンレーザー ・炭酸ガスレーザー	ヘモグロビンおよびメラニン 色素の熱破壊	なし
狭義	3. ガン	600〜850nm付近のレーザー ・YAGレーザー ・クリプトンレーザー ・エキシマーレーザー	肺ガンの破壊 食道ガンの破壊 胃ガンの破壊 子宮けい部ガンの破壊	あり

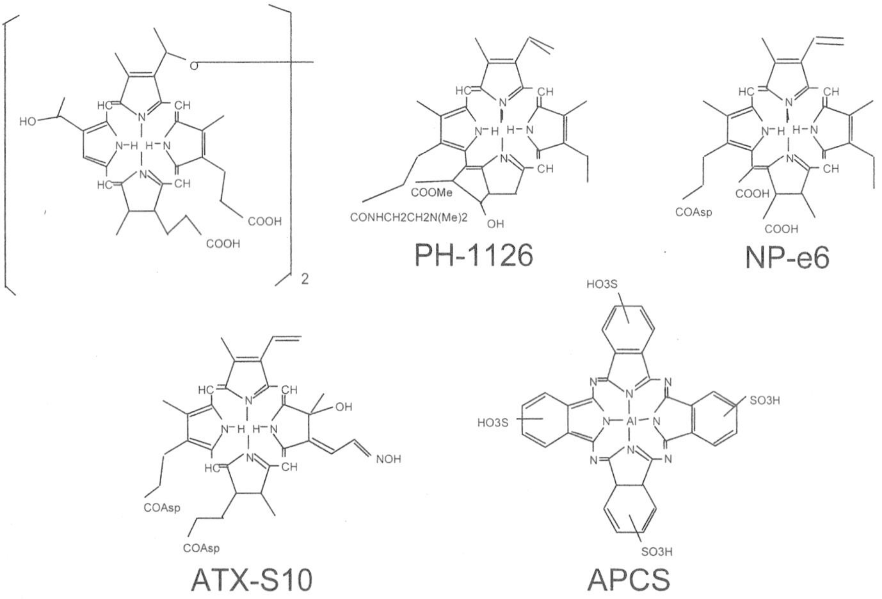

図19　現在使用されているPDT用増感色素

の長波長側に現れ，吸収と蛍光の分離を示すStokesシフトは非常に小さい値となる。このことからフタロシアニンの遷移エネルギーは小さい。励起状態からのエネルギー移動は，低い励起エネルギーを持つ相手に対して進行する。励起エネルギーの低いフタロシアニンはエネルギー移動をしやすい相手が少なく，酸素はそのうちの一つである。酸素の基底状態は二つの非共有電子対を有し三重項状態であり，最低の励起状態は一重項である。このため，フタロシアニンの励起三重項から酸素の基底状態へのエネルギー移動が起きやすく，一重項酸素が発生する。

さらに，フタロシアニンはフォトフリンII^{TM}のような欠点が無いうえに，PDT用増感過程に

第14章 機能性フタロシアニン

て発生した過酸化物によって速やかに分解され，体外に排出される。したがって，この化合物は生体内で安全な，バイオグリーンケミストリーを達成できることを意味している。そのため，PDT 用増感色素として金属フタロシアニン誘導体は有用と考えられている。

　金属フタロシアニン誘導体は，ごく一部ロシアで試用されている以外，ほとんど実用化されていない。しかし，フタロシアニンは次世代 PTD 増感色素として多くのものが提案されており[25〜30]，細胞を使った生物科学的な研究や動物実験も報告されつつある。

文　献

1) 廣橋亮，坂本恵一，奥村映子，"機能性色素としてのフタロシアニン"，アイピーシー（2004）
2) N. Kobayashi, *Bull. Chem. Soc. Jpn.*, **75**, 1(2002)
3) M. J. Cook, *J. Matter .Chem.*, **6**, 677(1996)
4) T. Inabe, *J. Porphyrins Phthalocyanines*, **5**, 3(2001)
5) F. Fernandez–lazaro, T. Torres, B. Hauschel, M. Hanack, *Chem. Rev.*, **98**, 563(1998)
6) G. de la Torre, C. G. Claessens, T. Torres, *Eur. J. Org. Chem.*, **2000**, 2821(2000)
7) M. Kimura, K. Nakada, Y. Yamaguchi, K. Hanabusa, H. Shirai, N. Kobayashi, *Chem. commun.*, **1997**, 1215(1997)
8) C. C. Leznoff, A. B. P. Lever, "Phthalocyanines Properties and Applications Vol. 1-4", VCH (1989–1996)
9) N. B. McKeown, "Phthalocyanine Materials", Cambridge Univ. Press(1998)
10) 白井汪芳，小林長夫，"フタロシアニン　化学と機能"，アイピーシー（1997）
11) 大野（奥村）映子，坂本恵一，色材，**72**, 345(1999)
12) K. Sakamoto and E. Ohno–Okumura, *J. Soc. Dyers Colorists*, **117**, 82(2001)
13) 坂本恵一，園部淳，芝宮福松，日化，**1990**, 770(1990)
14) 坂本恵一，芝宮福松，石油誌，**34**, 557(1991)
15) T. Urano, E. Ohno–Okumura, K. Sakamoto and H. Ito, *J. Photopolymer Sci. Tech.*, **12**, 747(1999)
16) T. Urano, E. Ohno–Okumura, K. Sakamoto, S. Suzuki and T. Yamaoka, *J. Photopolymer Sci. Tech.*, **13**, 673(2000)
17) T. Urano, E. Ohno–Okumura, K. Sakamoto, T. Hatano, K.Fukui, T. Karatsu and A. Kitamura, *J. Photopolymer Sci. Tech.*, **13**, 679(2000)
18) T. Urano, E. Ohno–Okumura, K. Sakamoto, S. Suzuki, N. Hara, K. Fukui, T. Karatsu and A. Kitamura, *J. Photopolymer Sci. Tech.*, **13**, 691(2000)
19) N. B. Mckeown, "Phthlocyanine Materials Synthesis, Structure and Function", Cambridge, (1998)

20) D. Eley, *Nature*, **162**, 819 (1948)
21) P. M. Burnham, M. J. Cook, L. A. Gerrard, M. J. Heeney, D. L. Hughes, *Chem. Com.*, **2003**, 2064 (2003)
22) T. Fukuda, K. Ono, S. Homma, N. Kobayashi, *Chem. Lett.*, **32**, 736 (2003)
23) 日本触媒　特許公開 2004-18561
24) I. J. Macdonald and T. J. Dougherty, *J. Porphyrins Phthalocyanines*, **5**, 105 (2001)
25) K. Sakamoto, T. Kato, T. Kawaguchi, E. Ohno-Okumura, T. Urano, S. Suzuki, T. Yamaoka and M. J. Cook, *J. Photochem. Photobiol. A: Chem.*, **153**, 245 (2002)
26) M. J. Cook, I. Chambrier, S. J. Cracknell, D. A. mayes and D. A. Russel, *Photochem. Photobiol.*, **62**, 542 (1995)
27) R. Eddrei, V. Gottfried, J. E. van Lier and S. Kimel, *J. Porphyrins Phthalocyanines*, **2**, 191 (1998)
28) S. T. Murphy, K. Kudo and C. S. Foots, *J. Am. Chem. Soc.*, **121**, 3751 (1999)
29) E. A. Lukyanets, *J. Porphyrins Phthalocyanines*, **3**, 424 (1999)
30) U. Drechsler, M. Pfaff and M. Hanack, *Eur. J. Org. Chem.*, **1999**, 3441 (1999)
31) K. Oda, S. Ogura and I. Okura, *J. Photochem. Phtobiol. B:Biol.*, **59**, 20 (2000)
32) M. P. de Filippis, D. Dei, L. Fanetti and G. Roncucci, *Tetrahedron Lett.*, **41**, 9143 (2000)
33) F. Mitzel, S. FitzGerald, A. beeby and R. Faust, *Chem. Commun.*, **2001**, 2596 (2001)
34) K. Ozoemena, N. Kuznetsova and T. Nyokong, *J. Photochem. Photobiol. A: Chem.*, **139**, 217 (2001)

第15章 有機蛍光顔料の基礎特性

藤原賢治[*]

1 はじめに

　有機蛍光顔料(または単に蛍光顔料)はその鮮やかな色彩から,看板,ポスター,チラシ等の広告,あるいは非常標識等の目立たせたい,目につきやすくする用途に利用されている。近年では反対に目につきにくい用途である偽造防止,カラーフィルター等の分野でも利用されるようになってきた。これらの多種多様な用途に対応するため,様々なグレードの有機蛍光顔料が開発されてきた。特に偽造防止等の特殊分野向けには,インビジブルタイプと呼んでいる,可視光下では白色または透明で,紫外線ランプ等で認識できる無機蛍光体のような特性を持ったグレードもある。また,粒子径においても,用途に応じ0.1～10μmの間で自在に制御して特性を持たせている。

　現在,蛍光顔料メーカーは欧米,日本以外に,台湾,韓国,インド,中国に点在する。特に,中国でメーカーの乱立が顕著になってきており,海外市場では各メーカーの競争が激しくなってきている。このため,鮮明な色彩以外の特性も求められるようになった。

　現在流通している有機蛍光顔料について,簡単ではあるが述べるとともに,将来的な動向にも言及したい。

2 有機蛍光顔料の特性

　有機蛍光顔料の最大の特徴は,非常に鮮明で明るい色相を持つことである(インビジブルタイプを除く)。一般的に蛍光色と呼ばれているこの明るい色相は,有機蛍光顔料が持つ物体色に蛍光成分が加わることによって得られている。有機蛍光顔料の蛍光は無機蛍光体とは異なり,紫外線ランプ等を必要とせず,昼光(太陽光)下で発光するため昼光蛍光とも呼ばれている。昼光のうち,紫外から可視短波長域,紫,青,緑の光によって励起されて蛍光を発する。

　一例として,レッドオレンジの有機蛍光顔料を塗料化して,白色板に塗った試料を標準光源下で,分光分布反射率を測定する(図1)。620nm付近の最大反射率は約200％になり(a),昼光下

---

[*] Kenji Fujiwara　シンロイヒ㈱　技術部　チーフ；主事補

で見る蛍光塗膜の光輝性に対応する。この反射率は，蛍光成分を除いた純粋な反射成分(b)に，紫外から可視短波長域，紫，青，緑の光によって励起されて出る蛍光成分(d)が加わった結果得られる。比較例としてレッドオレンジの非蛍光顔料(一般顔料)を塗料化して作成した試料は，入射光のうちレッドオレンジに相当する波長を反射，それ以外の部分を吸収して熱エネルギーその他として放出するため，650nm付近の最大反射率は約70％で(c)蛍光色のおよそ1/3となり，蛍光色との光輝性の差がわかる。

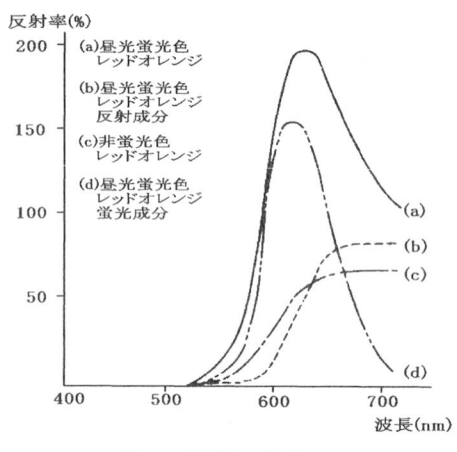

図1　反射率の比較

蛍光色は入射光を選択的に吸収した残分の純粋な反射率が非蛍光色の反射率を上回るとともに，吸収した入射光のエネルギーを熱エネルギーなどの他に蛍光として放射する。蛍光の波長は励起光の波長よりも長くなり，反射成分と蛍光成分の波長域がほぼ近くなるために両成分が合わさって高い反射率が得られるのである。

近年では，有機蛍光顔料が短波長の光を長波長にシフトする性質を利用して，カラーフィルターやELパネル等の白色度向上(色光変換)に実用化されている。

3　有機蛍光顔料の組成

現在，市場に流通しているほとんどの有機蛍光顔料の成分はその名の通り有機化合物であるが，ほぼ単一の物質からなる一般顔料とは異なり，蛍光染料で着色された合成樹脂である。ごく一部には「ルモゲン」のような顔料色素タイプの例外もあるが，非常に高価で用途も特殊であるため，ここでは合成樹脂着色タイプについて述べる。

3.1　蛍光染料

有機蛍光顔料で使われている蛍光染料には一般の染料と同様に塩基性，酸性，分散，ソルベント等のタイプがあり，この中から顔料の用途に応じて必要な性能，色相により選択される。その一例を表1に示す。

蛍光染料は光によって励起されやすい化学構造，電子状態を有しており，担体となる合成樹脂(基体樹脂)への染着により非常に鮮明な色彩を呈するが，概して光に対して不安定な有機化合物である。

第15章 有機蛍光顔料の基礎特性

表1 蛍光染料

染料名	構造	昼光色	蛍光色
Brilliantsulfoflavine FF C.I.56205	(構造式)	黄	緑～黄緑
Thioflavine C.I.49005	(構造式)	黄	緑～黄緑
Basic Yellow HG C.I.46040	(構造式)	黄	黄緑～黄
Fluorescein C.I.45380	(構造式)	黄	緑～黄緑
Eosine C.I.45380	(構造式)	赤	黄～橙
Rhodamine 6G C.I.45160	(構造式)	赤	黄～橙
Rhodamine B C.I.45170	(構造式)	ピンク	橙～赤

※蛍光色＝蛍光成分の色相，C.I. = Color Index

蛍光顔料が一般顔料と比較して色相の鮮明性は非常に優れているが耐光性が劣っているのは，このような蛍光染料の性質が主な原因である。

3.2 基体樹脂

有機蛍光顔料の基本特性は基体樹脂の特性に依存する場合が多い。基体樹脂の選択により，発色や耐光性，耐溶剤性や耐熱性などが決定される。

基体樹脂として使われる合成樹脂は，アミノ樹脂(ホルマリン樹脂)系ではユリア，メラミン，

ベンゾグアナミン類，芳香族スルホンアミド類およびその共重合体，ホルムアルデヒドフリー（非ホルマリン樹脂）系では，ポリ塩化ビニル，ポリエステル，ポリアミド，ポリアクリル樹脂である。

　現在流通しているパウダータイプの大部分を占めるアミノ樹脂系の蛍光顔料は，原材料（樹脂モノマー）として有害物質であるホルムアルデヒドを使っており，これが微量ではあるが残留している。しかしながら現状ではアミノ樹脂系の蛍光顔料は品質のバランスが優れており，ホルムアルデヒドフリータイプでは匹敵させるのは難しく製法も比較的容易で，また価格も安価であるため未だに主流となっている。

　とはいえ，環境問題に対応する必要性から各蛍光顔料メーカーで残留ホルムアルデヒドの低減化が進められており，さらにはアミノ樹脂系と同等の物性をもったホルムアルデヒドフリータイプの蛍光顔料が開発され使用され始めた。

　蛍光染料と基体樹脂との結合状態は，発色性（蛍光性，鮮明性，色相）や種々の堅牢度に大きな影響を及ぼす。また，蛍光染料は一般に希薄な溶液のとき蛍光を発し，濃度とともに蛍光強度が増大するが，ある濃度以上になると蛍光強度は減少してしまう。この現象は濃度消光（concentration quenching），または自己消光（self quenching）と呼ばれている。

　蛍光顔料を設計する際，用途によって必要となる物性をふまえた基体樹脂と蛍光染料の選択，および配合量を蛍光強度と着色力のバランスで考慮することが重要となる。

4　有機蛍光顔料の製法

　前述の通り，有機蛍光顔料には様々な基体樹脂が使われており，またパウダータイプ，水分散タイプ等製品形態も様々となっていてそれぞれに適切な製法が採用されている。表1に代表的な蛍光染料のタイプ，対応する製法を表2に挙げる。

表2　主な蛍光顔料の製法

タイプ	基体樹脂	製法	平均粒子径	粒子形状
パウダー	アミノ樹脂	付加縮合塊状樹脂粉砕法	3〜5 μm	不定形
		懸濁重合法	3〜5 μm	球形
	アクリル樹脂	乳化懸濁重合法	0.5〜1 μm	球形
		懸濁重合法	3〜5 μm	球形
水分散	アクリル樹脂	乳化懸濁重合法	0.5〜1 μm	球形
		乳化重合法	0.1〜0.5 μm	球形

第15章　有機蛍光顔料の基礎特性

写真1　付加重合塊状樹脂粉砕法(×1,000)

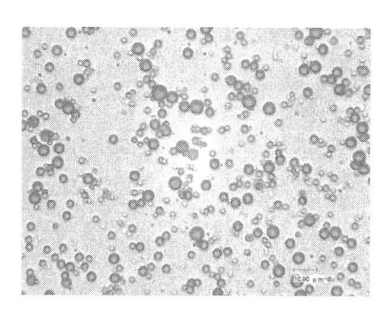

写真2　懸濁重合法(×2,000)

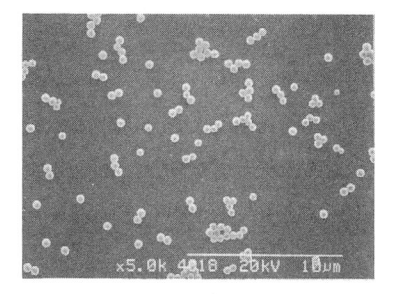

写真3　乳化懸濁重合法(×5,000)

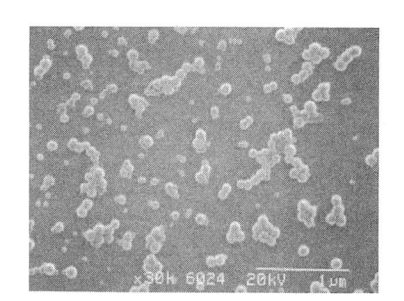

写真4　乳化重合法(×30,000)

4.1　付加重合塊状樹脂粉砕法(写真1)

　樹脂の重合過程で蛍光染料を添加することにより着色して着色塊状樹脂とし，熟成，破砕，粗砕，微粉砕の工程を経て平均粒子径が数μmのパウダーを得る。パウダータイプのアミノ樹脂系蛍光顔料はほとんどがこの製法で生産されている。

　基体樹脂の組成にもよるが，蛍光染料の濃度を比較的高くしても鮮明な蛍光顔料になり，また蛍光染料による重合反応への影響を受けにくく，容易に各色相の蛍光顔料が得られる。耐光性を除き，実用上要求される品質をもつ最も一般的な蛍光顔料の製法である。しかしながら，破砕，粗砕，特に微粉砕工程に大きな機械的エネルギーを必要とすることもあり，適用可能な基体樹脂組成は粉砕しやすいものに限定される。

　また，機械式粉砕のため微粒子化が困難であり2μm以下は商業的には難しい。

4.2　懸濁重合法(写真2)

　水系または非水系の分散媒で強力な撹拌により基体樹脂モノマーを懸濁状態とし，重合過程あるいは重合後に蛍光染料を添加し粒子を着色する。ろ過，脱水，乾燥して平均粒子径数μmの真球状粒子を得る。

　アミノ樹脂系蛍光顔料の一部がこの生産方法がとられている。水系での懸濁重合法で乾燥後に

得られるアミノ樹脂系蛍光顔料の未反応ホルムアルデヒドは水に溶け込むため，残留量が上述した付加重合塊状樹脂粉砕法と比べて少ないのが特徴である。

最近では，アクリル系蛍光顔料の一部もこの生産方法をとり原料にホルムアルデヒドを使用しないタイプが開発された。

4.3 乳化懸濁重合法（写真3）

水系の分散媒中で乳化剤や安定剤を使い，撹拌により樹脂モノマーを分散して蛍光染料の存在下で重合するか，または乳化重合物を蛍光染料で着色する。用途により乳化重合物をそのまま使う，脱水，乾燥を経て微粉体で使う，およびフラッシングで転相させて使う場合などがある。

水分散タイプで，原料にホルムアルデヒドを使用せずに生産されている。

4.4 乳化重合法（写真4）

蛍光染料を添加した上で通常の乳化重合反応過程を経て生成させる，もしくは乳化重合物に蛍光染料を添加して着色する方法がある。水分散タイプの超微粒子アクリル樹脂系蛍光顔料はこの方法で生産されている。水分散タイプで，原料にホルムアルデヒドを使用せずに生産されている。

ここで述べた蛍光顔料の製法のうち，特に懸濁，乳化重合法では使用する蛍光染料の重合反応への影響が大きく，これを回避あるいは制御するために蛍光染料の種類や構造，含有する副産物情報を事前に入手し，選択していくことが必要である。

また蛍光顔料も環境対応を考慮して，原材料の安全性資料（MSDS等）を参考に設計していかなければならない状況下にある。

5 蛍光顔料の用途

蛍光顔料の特性は使用する蛍光染料の種類，基体樹脂の種類と組成，配合と製法，染色方法により異なり，用途に応じて選択される。表3に代表例を示す。

塗料，マーキングフィルム，繊維の捺染・浸染，印刷インキ，プラスチック（オレフィン系，PVCなど）の着色，紙コーティング，文具など広い分野で使われている。またはじめに述べたように，蛍光顔料の光輝性は短波長のエネルギーを長波長の光に変換する特性に起因しており，その機能性を利用する分野にも浸透している。

第15章　有機蛍光顔料の基礎特性

表3　有機蛍光顔料の用途と適用されるタイプ

用途	顔料タイプ	特に必要となる物性
水性塗料	パウダー，水分散	耐光性
油性塗料	パウダー	耐光性，耐溶剤性
マーキングフィルム	パウダー	耐光性，耐溶剤性
繊維	パウダー，水分散	洗濯堅牢度
プラスチック	パウダー	耐熱性
印刷	パウダー	濃度，印刷適性
	インキベース（ワニス分散）	
文具	水分散（超微粒子）	濃度，筆記性
紙コーティング	パウダー，水分散	濃度，コーティング適性
アルミ蒸着フィルムコーティング	パウダー（溶解）	濃度，コーティング適性
探傷剤，追跡マーカー	パウダー	蛍光強度，蛍光波長
偽造防止	水分散	インビジブル
色光変換	パウダー	蛍光波長

5.1　塗料，マーキングフィルム

蛍光塗料は，優れた鮮明性により広い分野で使用されてきているが，隠蔽性に欠けるため，被塗物が白色の場合を除き必ず下地を白色にして塗装すること，また屋外使用の場合，耐光性を考慮した塗装仕様を必要とする等，塗装工程は煩雑となりやすい。このため，被塗物によっては煩雑な塗装工程を避けて，蛍光マーキングフィルムが使用される場合もある。水性塗料にはパウダー，水分散タイプ，油性塗料，マーキングフィルム（構造的には塗料をフィルム化したもの）にはパウダータイプの蛍光顔料が使用されている。

蛍光塗料，蛍光マーキングフィルムは宣伝広告の装飾看板，釣り具，また安全防災分野で標識，配管識別，計器の指針などに使用されている。

5.2　繊維

蛍光顔料は繊維類の染色加工で主として捺染（プリント）と浸染に使われてきた。捺染は蛍光顔料をバインダーと呼ばれる繊維用の接着性樹脂に分散させ，型抜きされたスクリーンを通して布地に刷り込む部分着色法で，木綿をはじめ天然繊維から合成繊維までに適用される。アミノ樹脂系パウダータイプとアクリル樹脂系水分散タイプの蛍光顔料が使われる。

浸染は蛍光顔料水分散液にバインダー他添加剤を入れてパディング液を作成，この液に布地を浸漬，絞り，乾燥，熱処理を施す工程を経て布地全体を蛍光色に無地着色する方法である。

捺染，浸染加工は無機系蛍光（体）顔料にも適用できるが，紫外線ランプを使うことなどの特性から有機蛍光顔料より用途がさらに特殊になり，使用実績は比較的少ない。

5.3 プラスチック

蛍光顔料は成型用プラスチックの着色にも使われてきた。成型物は玩具，雑貨，レジャー用品，標識などである。蛍光アンダーラインマーカーや蛍光ボールペンのキャップなど文具の部品にも普及している。

成形材料としてはポリエチレン，ポリプロピレン等のオレフィン系プラスチックやPVC（ポリ塩化ビニル樹脂）があり，また使用される蛍光顔料も溶融タイプ，分散タイプがある。成形条件による耐熱性や成形物のマイグレーション（色移行性）等に注意して蛍光顔料を選択する必要がある。

5.4 印刷

雑誌の表紙，屋内ポスター，列車内の吊り広告，カレンダー，パッケージなど人目を引いたり美観を必要とする印刷物に広く使われている。

各印刷方式で使用する蛍光顔料の種類が異なり，色相，濃度，粒子径，耐溶剤性などの品質特性で使い分ける。

平版（オフセット）を除き，油性，水性インキがあり全体として水性化の傾向が続いている。インキ業界も環境対応で使用する溶剤を脂肪族（AF：アロマフリー）にし，米国の要請もあって大豆油系ワニス化，低VOC，ゼロVOCなどに取り組んできている。蛍光顔料もインキ用としてホルムアルデヒドフリーが開発されつつある。

5.5 文具（筆記具）

蛍光顔料は以前から文具のクレパス，クレヨン，絵の具や色鉛筆などに使用されてきた。1990年代になりアンダーラインマーカー（フェルトチップペン）やボールペン（ボールポイントペン）に使われ始めて現在に至っている。蛍光マーカー，ボールペンは水性インキへ移行してきている。顔料分散タイプの水性インキで使用される蛍光顔料は高い水準の品質が要求されるため，蛍光顔料メーカーの技術力が問われる分野でもある。

5.6 紙コーティング，内添着色およびアルミ蒸着フィルムコーティング

商店，たとえば量販店の商品に添付されるプライスカード，屋内に貼られる大型のポスター，折り紙やデパートなどのショッピングバッグ等に蛍光色が使われている。これらは製紙会社で蛍光顔料を使って板紙にコーティングしたり，紙の抄造工程で蛍光顔料を添加して製造される。

また装飾に使われるメタリック調のフィルムや金糸，銀糸の一部は，アルミ蒸着フィルムに蛍光顔料コーティング液を塗工して製造されている。たとえばアルミの蒸着面に蛍光顔料オレンジ

第 15 章　有機蛍光顔料の基礎特性

を溶解させたカラークリヤーを塗ると，下地のアルミ面の反射を受けて金色に輝くフィルムに仕上がる。

5.7　探傷剤，追跡マーカー

蛍光顔料が紫外線ランプで発光する性質を利用して，金属加工時に発生する微小な傷に探傷剤（蛍光顔料分散液）をしみこませる，または磁粉に蛍光顔料を付着させて金属面にまき，表面を拭き取ったあとに紫外線ランプで発光させて傷の有無，あるいは場所を確認する。

流砂調査と呼ばれる，河川上流や海岸線の砂利の一部に蛍光顔料を付着させ，その砂利の軌跡を追跡する方法にも蛍光顔料の紫外線発光が使われている。

蛍光顔料の配合された液を透明なプラスチックボールに充填して，郵便局，銀行，コンビニエンスストアなどのカウンターに置いておき，犯罪発生時には犯人へ投げつけて衣服等に蛍光液を付着させ，追跡の目印や犯罪の証拠資料，防犯に利用されている。

5.8　偽造防止

この分野では主にインビジブルタイプの有機蛍光顔料が使用される。インビジブルタイプの有機蛍光顔料は，昼光下では無色または透明で紫外線ランプで発光するという無機蛍光体に似た特性を持つ。無機蛍光体と異なり耐光性が劣るため無機蛍光体の用途には使用できないが，超微粒子タイプであり，コスト的にも有利であることから耐光性があまり必要ない用途で使われている。アミューズメント会場で一時出場する際，手に押されるスタンプ，パスポートの写真の近くに押されている印，化粧品の包装材，株券，証紙，あるいは郵便物の区分などで活用されている。

5.9　色光変換

蛍光顔料の励起波長は紫外域から可視光線の短波長域(440 紫～550 緑 nm)まであり，励起光を当てることにより黄色から赤色の蛍光を発する。この性質を利用して短波長の色光を長波長側にシフト(変換)させることができる。

たとえば，EL(Electro Luminescence)の青緑色発光デバイスに蛍光顔料で作成した淡橙色のフィルターをかけると青緑色光が励起光として働き，その光の大部分が橙色光に変換されて発光する。この橙色光と青緑色光が加色混合することにより白色に見えるようになる。この色光変換は種々の OA 機器，駅，空港などの広告，案内板などに使われている EL ディスプレイや LED，LCD ディスプレイのバックライト等に応用されている。

6 おわりに

　有機蛍光顔料はこれまでに様々な特性を持った製品が開発されてきた。これらが多くの分野で利用されるようになり，以前よりも一般化してきた。また，微粒子化や特異な波長変換の要求が高まり特殊分野への用途開発が行われている。

　このことにより競争が増し，また環境問題への対応も含めた品質への要求も高まってきている。これらに対応するため現在も改良，技術革新が進行しており，より一層の発展を目指している。

第 16 章　染料カプセル化技術

川口春馬[*]

1　緒言——第3の色材の開発をめざして

　色素材料は主に染料と顔料に分類される。顔料は溶剤に溶けない色材，染料は溶剤に溶ける色材である。

　顔料は水や溶剤に分散する粒子として使用される。耐光性などの諸堅牢性に優れていることが特徴である。顔料の粒子としての大きさは，色相をはじめ着色力や隠蔽力，透明性，さらに印刷画像の精細度などに大きな影響を及ぼしている。色の鮮明度，精細度を向上させるには，顔料を十分に小さく微分散させる必要がある。しかし，顔料を微細化し安定な分散状態を保持するのはそれほど容易ではない。微細化は顔料の比表面積を増大させるので顔料の堅牢性を低下させかねない。顔料が塗料や印刷インキ，プラスチックなどに美しくむらの無い色彩を付与するためには，適当なサイズに微粒子化され，安定な分散状態を保持することが望まれる。

　一方，染料には油溶性染料と水溶性染料があり，それぞれ有機溶媒や水に溶解して使用する。染料は色数が豊富で色調の鮮明性，透明性に優れ，調色も比較的容易であり，溶液のため沈降などの分散安定性にも問題がない。反面，主に分子分散状態で使用されるため，顔料に比べて諸堅牢性に劣る。近年，塗料，インクなどの着色剤分野では，VOC（揮発性有機化合物）の低減が社会的な課題となっており，水性化，非溶剤化が望まれている。水溶性染料が時代に要請に合うようにみえるが，それを用いたインクや塗料の耐水性は十分ではない。

　そこで，筆者らは，染料が持つ鮮明性や透明性と顔料が持つ耐光性や堅牢性を兼ね備えた色材，染料，顔料に次ぐ「第3の色素材料」の開発を目的として，油溶性染料をポリマー微粒子内に含有させた着色ポリマー微粒子の開発に取り組んだ。着色ポリマー微粒子は色の鮮明性，耐水性に優れた油溶性染料の水系化を可能にし，染料の鮮やかな色を保持した「有機顔料」のように水媒体中で使用できると期待される。着色ポリマー微粒子では顔料のように微粒子化する手間が不要なことも特長の一つである。また，着色微粒子の堅牢性は含有する染料の堅牢性に依存する所が大きいが，ポリマーマトリックス中に種々の安定剤等を添加することによって着色ポリマー微粒子自体の堅牢性を改善できる可能性がある。

---

　*　Haruma Kawaguchi　慶應義塾大学　理工学部　応用化学科　教授

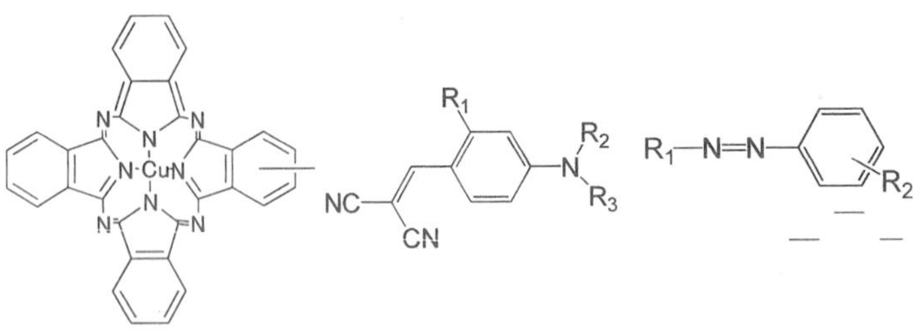

Scheme 1 Organic dyes used in this study

　着色ポリマー微粒子の合成のために使用する油溶性染料は，化学的に安定で，色の鮮明性，堅牢性に優れ，単位質量あたりの吸収が大きいものが良い。さらに，ポリマーとの相溶性も重要である。ポリマー中で染料分子が会合体を形成すると，色相をはじめ着色力や透明性に大きな影響を及ぼすため，原則としてポリマー中で会合体を形成せず長期間安定に単分子として存在する染料が好ましい。本稿で取り上げる染料をScheme1に示す。

2　微粒子合成の戦略

2.1　ポリマー微粒子の設計

　着色ポリマー微粒子の大きさは色の鮮明度を大きく左右する。したがって，染料系と同等の色の鮮明性，透明性をもつ着色ポリマー微粒子を得るためには，粒子径を制御することが必須である。粒子の大きさが光の波長の1/2前後で隠蔽力は最大(透明性は最小)になり，さらに小さくなると隠蔽力は急激に小さくなり透明性が増す。発色への光の散乱の影響は着色微粒子の直径が可視光線の最短波長の1/4よりも小さい場合に無視できる。そのため，着色ポリマー微粒子の粒径は100nm以下が望ましい。粒子を構成するポリマーは，それ自体は無色で，耐光性などの堅牢性に優れ，染料分子との相溶性が良好で，また微粒子に作られやすく，水中で長期間安定なものが望まれる。

　微粒子設計のポイントを以下のように絞り込んだ。着色樹脂微粒子に色材として十分な着色力を持たせるため，粒子中の染料含有率20wt％以上を目標とし，また，染料系と同等の色の鮮明性，透明性をめざし，発色への光の散乱の影響を抑えるため，着色樹脂微粒子の平均粒子径は90nm以下に設定した。色材に要求される諸堅牢性の中で最も重要な特性の一つである耐光性について，染料系よりも優れた耐光性を着色樹脂微粒子に持たせることを目標とした。着色ラテックスの保存安定性については，6ヵ月以上の間，凝集，沈降等が起こらず分散安定で，かつ，染料分子が粒子内に安定に存在する染料保持性(耐移行性)に優れた着色ポリマー微粒子の開発を目

第16章　染料カプセル化技術

的とした。

2.2　微粒子生成重合

ポリマー微粒子は図1に示されるルートで合成される。既に，ポリマーが固形物や溶液として存在するときはそれを微粒子化する方法が採られる。これらの方法の中で，量産性，微細化できる下限値，単分散性のすべてを満足できるものは見当たらない。もう一方の方法は，モノマーから出発して重合と同時に微粒子化するものである。これらは微粒子生成重合と呼ばれ，なかでも乳化重合と懸濁重合は工業的にも広く使われている。図中には，小さな粒子を作れる重合から，大きな粒子を作る重合まで順々に示してある。100nm以下の粒子を得ることを必須条件とすると，懸濁重合と分散重合，ソープフリー乳化重合は，採用する重合法の候補の中から外さざるを得ない。また，相図から重合処方を決めるマイクロエマルション重合は，第4の成分である染料の添加で処方の再検討を求められることから敬遠される。本稿では，乳化重合と，ミニエマルション重合の適否を比較する。

乳化重合は不均一系重合による樹脂微粒子作製法の中でも，工業的に非常に重要である。界面活性剤（乳化剤）を臨界ミセル濃度以上になるように水に溶解したうえで，疎水性のモノマー（油相）を分散させて水溶性の開始剤を加えて重合する方法で，生成物はサブミクロンのオーダーの微粒子の分散液（ラテックス）である。水相中の重合開始剤から生まれた活性種は水相でオリゴマーラジカルになりながら拡散し，モノマーを可溶化したミセルの中に入り込み，そこで円滑な重合を進める。ミクロンオーダーのモノマー油滴はミセルと比べ数が少ないため重合の場になる

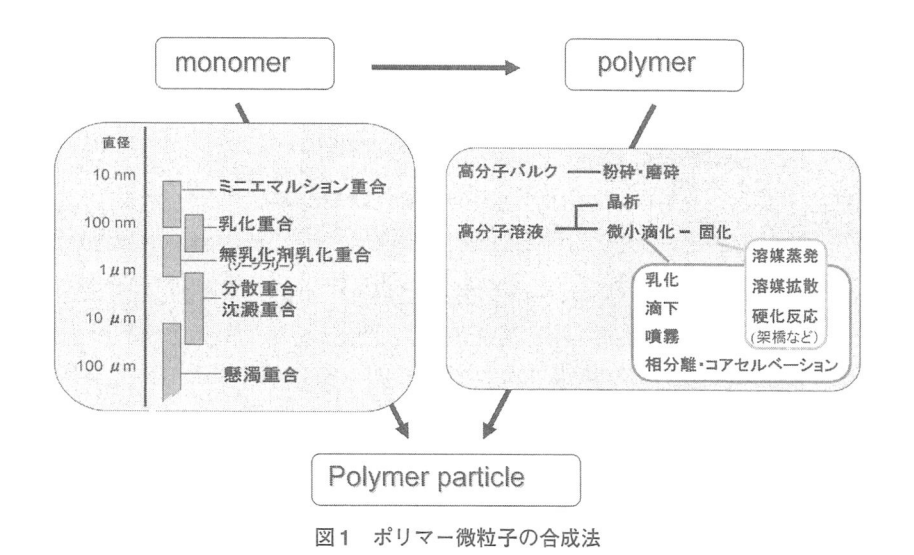

図1　ポリマー微粒子の合成法

確率が極めて小さく，重合を起こし始めたミセルにモノマーを供給する役割を担う。成長を始め微粒子に育ちゆくミセルの表面は増大し不安定化する。表面を安定化するために，開始剤由来のラジカルに飛び込めないミセルは，その乳化剤分子を表面に供給する。このように，乳化重合では，サブミクロンの微粒子ができあがるまでに，成分の水中での拡散が欠かせないプロセスになっている。乳化重合では，その機構から乳化剤濃度[E]および重合開始剤濃度[I]をふやすほど粒子径Dを小さくすることができ，典型的な乳化重合では $D^3 \propto [E]^{-0.6}[I]^{-0.4}$ の関係が成り立つ（図2）。

ミニエマルション重合は乳化重合の著しい発展にともない見出された比較的新しい高分子ラテックスの製造法である。ミニエマルションは安定な小さな油滴(20〜500nm)が水性媒体中に分散した水性エマルションである[1,2]。そのような油滴は超音波分散機や高圧ホモジナイザーのような高せん断力の分散装置を用いて油相を機械的に微分散することで調製される。油滴の大きさは，分散相の体積分率，溶解性，界面活性剤の種類や添加量によって調整できる。乳化剤分子はモノマー油滴の表面を覆いミセルは系中に存在しない。乳化重合でのモノマー油滴は重合体粒子へのモノマー供給源として働いたが，ミニエマルション重合系でのモノマー油滴はサブミクロンサイズに細粒化され安定化されているため，それぞれが独立に重合してポリマー粒子に変わり得る。すなわち，ミニエマルション重合は，成分が水中を拡散するプロセスを含まない。この機構を確実にするためにミニエマルション重合系には n-ヘキサデカンのような水に難溶性の第3

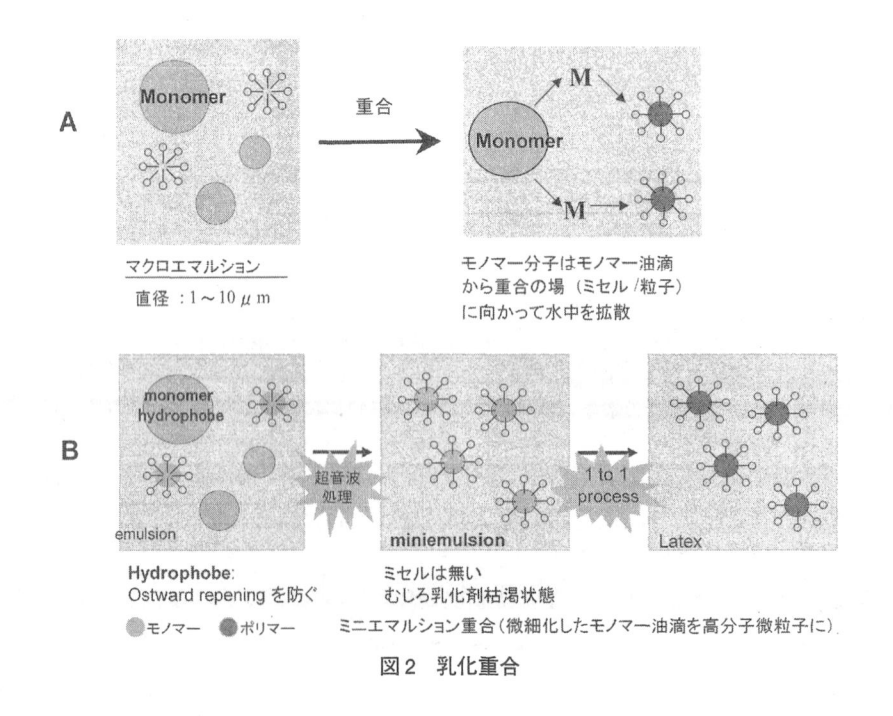

図2 乳化重合

第16章　染料カプセル化技術

成分(ハイドロフォーブ)が予めモノマー相に添加される。ハイドロフォーブは、オストワルド熟成を抑制し、モノマー油滴の分散安定性を保持することに貢献する[3]。

次節では、まずフタロシアニン系染料を用いて、乳化重合とミニエマルション重合による着色粒子合成を試み、両重合法を比較する。

3 有機染料含有ポリマー微粒子の合成[4]

3.1 ミニエマルション化と重合

染料をモノマーに溶解し、これにハイドロフォーブであるヘキサデカンとAIBNを添加し、油相を調製した。乳化剤のドデシル硫酸ナトリウムと、開始剤にKPSを使用する場合にはpHの低下を防ぐための炭酸水素ナトリウムとを脱塩水に溶かした水相を用意し、これに先の油相を添加し、室温にて数分間スターラーで攪拌しエマルションを得た。氷冷しながらこのエマルションを、プローブ型の超音波分散機(ULTRASONIC HOMOGENIZER UH-600(SMT Co.)、80％intensity)で15分間処理し(50％パルス照射)、ミニエマルションを得た。

温度計、攪拌羽根、窒素導入管、冷却管を備えた四つ口フラスコにミニエマルションを移し入れた。窒素ガスを流し、フラスコ内の空気を一掃した後、フラスコを80℃のオイルバスに浸した。ミニエマルションを半月型攪拌羽根にて回転速度300 rpmで攪拌しながら、フラスコ内を80℃まで昇温させた。開始剤KPSの水溶液をフラスコ内に注入し、重合を開始させた。油溶性開始剤AIBNを用いるときには、重合は昇温過程で自動的にスタートした。窒素気流下、80℃で約4時間反応させた。生成した着色ラテックスの固形分濃度とモノマーの転化率は重量法によって決定した。対照として行った乳化重合には、超音波処理を行っていないエマルションを用いた。いずれも理論固形分濃度を約20％とした。

ミニエマルション重合と乳化重合によって生成した着色ラテックスをそれぞれ0.2 μm、0.45 μmのフィルターでろ過し、染料の凝集塊や粗大粒子を除いた。濾液をホットプレート上で乾燥させた。乾燥後の着色微粒子をTHFに溶解させ、0.1mg/mLの溶液を調製した。このTHF溶液の吸収スペクトルを測定し、吸収極大波長(λ_{max} = 669nm)の吸光度の値を、予め作成してあった検量線に照合し、着色微粒子の染料含有率を算出した。スチリル染料含有率は、乾燥後の着色微粒子の窒素含有率から求めた。

3.2 乳化重合とミニエマルション重合

まず油相が15重量％の、フタロシアニン染料を含有するミニエマルションの安定性を調べた。調製2日後のミニエマルションの平均油滴径に明確な変化は認められず、染料は油滴の安定化に

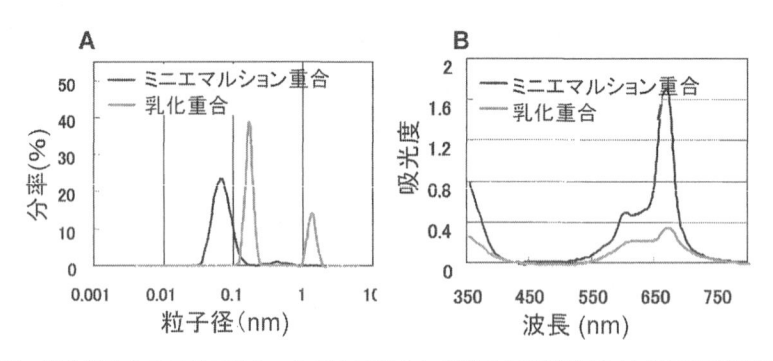

図3 乳化重合とミニエマルション重合で得られる粒子の粒径分布(A)と粒子内染料量(B)

有効に働くことがわかった。重合時間中の油滴の安定性は十分と判断し，この系ではフタロシアニン染料にハイドロフォーブの役割を担わせた。

乳化重合では重合途中で染料の凝集物が生じ，分散液の色も鮮明性に劣っていた。動的光散乱法による粒径測定の結果(図3A)より，乳化重合法の着色ラテックス中には数μm以上の凝集物の存在が確認された。また，静置保存中に濃い青色の沈降物が観察され，染料の凝集塊がラテックス中に混在していることが示された。

一方，ミニエマルション重合では均一な濃青色の着色ラテックスが得られ，染料の凝集塊も確認されなかった。これは，モノマー油滴中のフタロシアニン染料のほとんど全てがポリマー微粒子中に取り込まれたことを示唆している。

図3Bは，合成した着色粒子を乾燥後THFに溶かしたものについて得たスペクトルである。これより，乳化重合では，粒子の染料含有率が4.4重量%に過ぎず，残りの染料は水相中に析出したことが示される。フタロシアニン染料はスチレンモノマーよりも疎水性が高いため，染料分子の全量はミセル内の重合場まで水相中を拡散することができず，結果的には染料の大部分が粒子の外に残ったものと見られる。一方，ミニエマルション重合による着色微粒子の染料含有率は20.1重量%であり，仕込みからの計算値とほぼ一致していた。これは，粒子生成過程で成分の水中拡散を必要としないミニエマルション重合機構の特長を反映する結果である。

3.3 染料含有率の高い着色ラテックスの合成

フタロシアニン染料濃度が油相中に20，25，30重量%となるミニエマルションを作製した。重合中に水相中での染料の凝集塊の生成は認められず，生成した着色ラテックスはいずれも均一な濃青色を示した。スペクトル測定から，大量に仕込んだにもかかわらず染料のほとんど全てがラテックス粒子に取り込まれたことが示された。

油相中の染料の仕込み比が高いほど，着色微粒子の粒径が大きくなる傾向がうかがえた。粒径

第 16 章　染料カプセル化技術

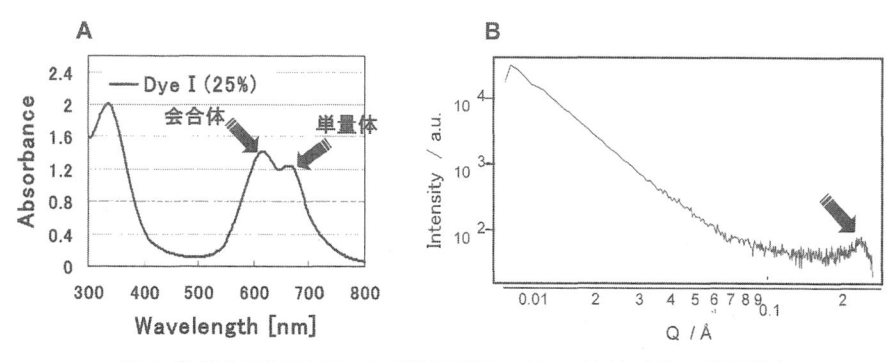

図4　粒子内フタロシアニン染料の吸収スペクトル(A)と小角X線回折(B)

が 100 nm よりも大きい着色微粒子からなるラテックスは光の散乱により色の鮮明性に劣る。乳化剤の使用量を増やせば着色微粒子の粒径は小さくなるので，着色微粒子を 100 nm 以下にし，鮮明性を向上させることは可能である。単一のフタロシアニン染料を溶解度の限界までモノマーに溶かして得られる着色微粒子の色調をさらに高めたい場合には，スペクトルが似通った別のフタロシアニン染料を加えると良いことも実証した。これにより，トータルのフタロシアニン染料含有量 35 ％の濃色微粒子を得ることができた。

染料溶液中で単体分子が可視領域にもつ吸収バンドは 665 〜 666nm であるが，着色ラテックスの吸収スペクトルは 2 つの吸収帯（λ_{max}：616 〜 618 nm，665 〜 666 nm）を示した[5]。短波長側の吸収帯（λ_{max}：616 〜 618 nm）は染料分子のπ-π会合体に帰属される。染料含有率が 5 ％の着色微粒子でも，染料会合体由来のピークは単量体由来の吸収ピークと同等の高さをもっていた（図4）。染料含有率の増大とともに会合体由来のピークの相対強度が少しずつ増大する傾向にあった。

フタロシアニン染料の会合体の大きさを小角X線散乱測定（SAXS）によって評価した。染料含有率 25 ％の着色ラテックスについて Q = 0.24 Å^{-1} にピークが観測され，2.6 nm の大きさのフタロシアニン会合体が存在することが示唆された。ただし，ピークが，界面活性剤分子によって形成されたラメラ構造に帰属される可能性も完全には否定できない。

4　着色ポリマー微粒子の性質の向上[6]

4.1　耐光性の向上

色材の最も重要な特性の一つが耐光性であり，これまで光安定性の改善を目的とした多くの検討がなされてきた。耐光性と染料の構造との相関が研究されてきただけでなく[7]，光劣化から染

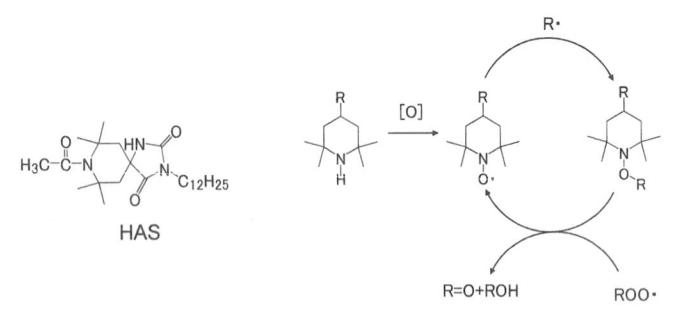

Scheme 2 Hindered amine and function of oxygen radical traping

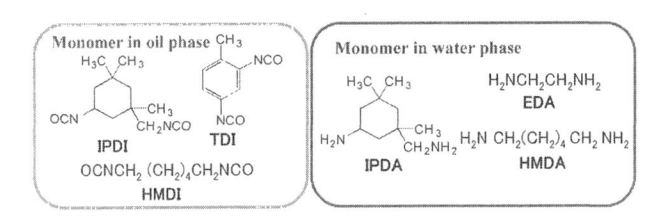

Scheme 3 three amines and three isocyanates for interfacial polymmerization

料とホストポリマーを保護するための安定剤も汎用に使用されてきた[8]。

　光劣化から染料とホストポリマーを保護するための安定剤には，①太陽光のUV成分を優先的に吸収するもの，②励起された染料やポリマーからのエネルギーの移動を受け入れるもの，③一重項酸素の影響を抑えるものなどがある。ヒンダードアミン系安定剤（HAS, Scheme 3）は③の分類に属するが，これはポリオレフィン，特にポリプロピレンの保護に有効な酸化防止剤である（Scheme 2）。

　ここでは，他の有機染料と比べ光劣化が著しいアゾ染料を含有する着色微粒子の耐光性向上を検討した。アゾ染料含有ポリマー微粒子もミニエマルション重合で得られた。ただし，このときモノマーにはメタクリル酸メチル，ハイドロフォーブには反応性ハイドロフォーブであるメタクリル酸ステアリル（SMA）を使用し，ここにHASを添加して染料とHASが種々の組成で共存する着色粒子を得た。

　HASによる安定化はアミンの酸化とニトロキシラジカルへの変換に起因し，Scheme 2で示されるような「Denisov cycle」によって説明される[9]。

　微粒子の（染料＋HAS）含有率が20％，HAS/（染料＋HAS）が0～20％の一連の着色微粒子のフィルムを種々の厚さで作製し，温度60℃，相対湿度50％において40時間，光照射（波長360nm）して，試料からの反射スペクトルを測定し，各試料について変退色率$\Delta E*/*$（式1～3）

第16章 染料カプセル化技術

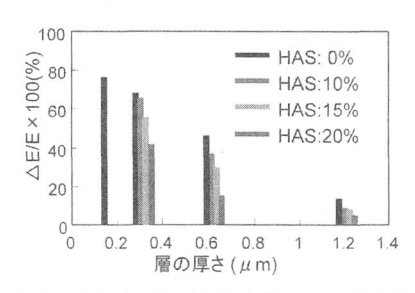

図5 染料含有着色粒子の耐光性に及ぼす安定剤HASの量と粒子膜層の厚さの関係

を比較した(図5)。

$$色\quad E* = [(L*)^2 + (a*)^2 + (b*)^2]^{1/2} \tag{1}$$

$$色差\quad \Delta E* = [(L*'-L*)^2 + (a*'-a*)^2 + (b*'-b*)^2]^{1/2} \tag{2}$$

$$変退色率(\%)\quad (\Delta E*/E*) \times 100 \tag{3}$$

ここで、$L*$, $a*$, $b*$は色座標上での各色の位置を示し、$L*'$, $a*'$, $b*'$は光照射後の着色微粒子層の$L*$, $a*$, $b*$を示す。

光照射後は染料の退色によって480nm付近の吸収が低下し反射率が上がり、($\Delta E*/E*$)が増大した。図5には着色微粒子から得られたフィルムの厚さの、耐光性への寄与も示されている。当然、厚みが増すほど色調が保たれることが確認できる。一定の厚さのフィルム間でHASの添加効果を較べると、HASを添加していない着色粒子から得られたフィルムに比べ、HASを添加した着色粒子フィルムでは光照射前後の反射率の差が小さくなり、着色微粒子中のHAS含有率が上がるにつれて、変退色率$\Delta E*/E*$が減少し光安定性が改善されることが確認できる。

4.2 着色粒子からの染料の漏出とその抑制[6]

スチリル染料もミニエマルション重合により40重量％近くまでポリマー微粒子中に含有させることができた。ただし、フタロシアノン染料の場合と異なり、染料自体がハイドロフォーブの役割を果たすことはなく、本系ではハイドロフォーブとしてヘキサデカンを添加して重合を行った。得られた着色微粒子の元素分析で求めたN/C比から、高濃度に染料を加えた場合でも100％近くの染料が含有されたと判定できた。一方、着色微粒子をTHFに溶解して得た溶液のスペクトルのピーク値は、含有量から推定される値の80％程度であった。この結果は、重合中に染料が変質したことを示唆している。重合中にラジカルがスチリル染料に移動した結果と考えられるが、スペクトル自体の形は変化していない上、それを塗布した紙面での色調も深いので、変質は実用上の障害にはならないと判断した。なお、スチリル染料は、その添加量に応じてマト

リックスを構成するスチレンの重合を遅らせた。

　ところがスチリル染料含有ポリマー微粒子には，新たな欠点が認められた。それは，着色ポリマー粒子の水分散液を保存中に，染料が粒子内から水相中に移行し，染料の凝集塊となって沈降する場合があることである。そこで，着色微粒子の染料保持性に影響する因子を明らかにし，6ヵ月以上に亘って保存安定性の良好な着色微粒子を得るための必要条件を考察する。

　染料移行性（染料保持性）は，，以下の方法で染料含有率を求めて，その経時変化から評価した。25℃の恒温器に静置保存した着色ラテックスをそれぞれ0.2μmのフィルターでろ過し，粒子に取り込まれなかった染料の凝集塊，粒子の凝集塊，粗大粒子のような，フィルターを通過しない成分を除いた。濾液をホットプレート上で乾燥させ，乾燥後の着色微粒子をTHFに溶解させ，0.1mg/mLの溶液を調製した。着色微粒子のTHF溶液の吸収スペクトルを測定し，吸収極大波長（λ_{max}）の吸光度の値から，検量線を用いて着色微粒子の染料含有率を算出した。

　合成直後の着色微粒子のλ_{max}における吸光度を染料残存率100％とした。保存後の着色微粒子の染料残存率の値は，式(4)によって計算した。

　　染料残存率(%) = A_t/A_0 × 100　　　　　　　　　　　　　　　　　　　　　(4)

　　A_t：保存時間tの着色微粒子のTHF溶液のλ_{max}における吸光度

　　A_0：合成直後（保存時間t_0）の着色微粒子のTHF溶液のλ_{max}における吸光度

　まず残存モノマーの影響を検討した。以下の処方で，モノマーの転化率をコントロールすることによって，残存モノマー量の異なる，スチリル染料含有着色微粒子を合成した。着色ラテックスとしては残存モノマーが無いものが理想的である。モノマー転化率を100％に近づけることはもちろん可能であるが，ここではその影響を調べるため開始剤添加量や反応条件を変えて意図的に残存モノマー量の多い着色樹脂微粒子を合成した。

　　スチリル染料/Styrene/HD/AIBN/SDS/H_2O = 4/16/1/＊/1.84/80(g)

　モデル系として，スチレンの転化率を75％，95％，100％にコントロールしたものを得た。モノマー転化率が75％の時，合成時に粒子に取り込まれていた染料の大部分が，合成後1週間以内に粒子から離れて水相中で染料分子の凝集塊を形成し，沈降した（図6）。着色微粒子内の残存モノマーが減少するにつれて粒子内の粘度が増大し，硬化し，着色微粒子の染料分子の耐移行性が向上した。これは式(5)においてηの増大によりDが低下したためである。

　　D = $kT/(r\eta)$　　　　　　　　　　　　　　　　　　　　　　　　　　　　(5)

　ここで，Dは拡散係数，kは定数，Tは絶対温度，rは溶質の半径，ηはマトリックスの粘度

第 16 章　染料カプセル化技術

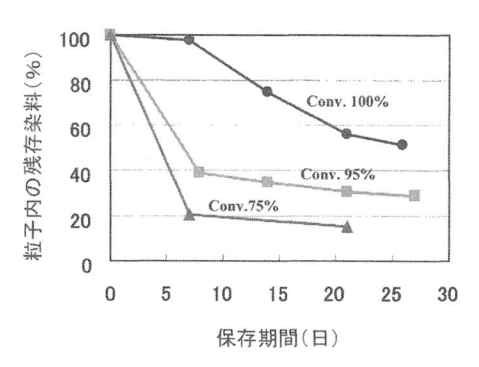

図6　粒子からの染料の漏出に及ぼす転化率の影響

である。

　転化率を上げることに加え，架橋構造を作ることも染料の移行を抑えることに有効と考え，架橋剤としてジプロペニルベンゼンを添加して着色微粒子を得て，その耐移行性を調べた。架橋剤を 14％加えても顕著な効果が認められなかった。オングストロームレベルでの架橋構造制御まで可能であれば架橋による効果の検討も意味を持つかもしれないが，本稿では，マトリックスの粘度の染料移行性への影響はこれ以上検討しなかった。一方，式(5)は染料分子の半径も染料の移行に影響することを示唆している。そこで，次に染料分子の大きさと染料の移行性との間の相関を調べた。図7は，分子サイズの異なる染料を用いて着色ポリマー微粒子を調製し染料移行性を調べた結果である。染料の分子量が 343，400，658 と増えるほど移行性が減少していることがわかる。すなわち，式(5)において r の増大が D の減少をもたらすことが示された。

　染料の漏出の起こりやすさはポリマー微粒子のサイズにも影響されると考えられる。粒子が小さいほど染料が粒子表面に到達しやすくそれだけ漏出も起こりやすくなるからである。興味深いことに，用いた染料の分子サイズが大きくなるほどポリマー微粒子のサイズが低下した。この事

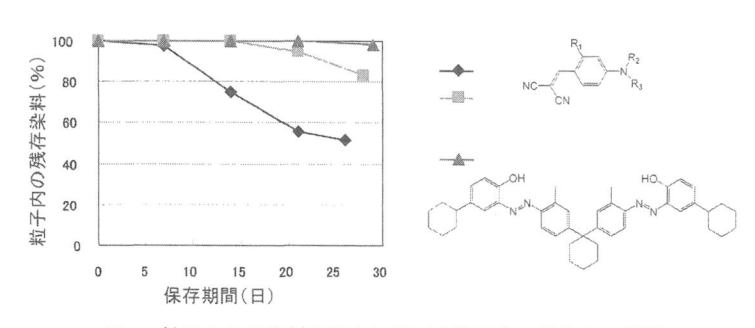

図7　粒子からの染料の漏出に及ぼす粒子内の転化率の影響

実は上記の推論が成り立たないことを示している。すなわち，粒子サイズは染料漏出速度に支配的な影響を及ぼさないといえそうである。総括すれば，染料分子の粒子外への漏出を抑制するには，サイズの大きな染料分子を用いる，あるいは染料分子の実質のまたは見掛けのサイズを大きくすることが有効であると結論できる。

前節のフタロシアニン染料と本節のスチリル染料についてその移行性を比較する。既に述べたようにフタロシアニン染料を含有する粒子中では，染料同士のスタッキングによって促進されるクラスター形成が起こる。粒子内でクラスターが成生することは，スペクトルの形を変化させるデメリットをもたらすが，ユニットサイズが増大することで染料の粒子からの漏出が抑制されるメリットが生まれる。一方，スチリル系染料/ポリスチレン系では，両者の分子構造の類似性から，染料がポリマーから排除されてクラスター化する傾向は小さい。

4.3　被覆膜形成による染料の漏出防止 [10]

着色ポリマー微粒子からの染料の移行を防ぐ積極的な方法として，粒子を緻密なスキン層で覆うことが考えられる。ここでは，界面重合の手法をミニエマルション重合プロセスに応用した試みについて紹介する。界面重合にはイソシアネートとアミンによるポリウレア形成を採用した。着色微粒子作製は次のように行った。

① 界面重合用モノマーの一方とスチリル染料を含むビニルモノマー溶液の調製
② モノマー溶液のミニエマルション化
③ 界面重合用モノマーの他方の水相への添加による界面重合（室温）
④ 70℃または80℃にてミニエマルション重合

界面重合反応用の油溶性モノマーとしてIPDI，HMDI，TDI(Scheme4)を使用し，等モル当量のジアミン(IPDA，HMDA，EDA，Scheme3)を水相に添加し，組成の異なるポリウレアシェルを形成させた。シェル層をコアに先立って構築したのは，油相のジイソシアネートが円滑に界面に拡散することが望ましかったからである。反応混合物中にジアミン水溶液を滴下した後，凝集塊が生成する場合があった（図8，No Goodのもの）。疎水性モノマーの反応性はIPDI＜HMDI＜TDIの順であり，親水性モノマーの反応性はIPDA＜HMDA＜EDAの順である。このことより比較的高い反応性を持つモノマー同士の組み合わせで凝集が起こりやすいものとみることができる。平均油滴径を100nm未満に調整しているため，界面の総面積は大きくなり，反応性が高くなりすぎる傾向がある。凝集物を生成することなく単分散粒子を得るためには，界面重合反応速度を適度にコントロールしなければならない。そのため，穏やかな反応性を持つモノマーであるIPDIとIPDAの両方，またはどちらかを使うとき，凝集の無い安定な分散液を得ることができるものと考え，以後の実験系は図8のOKのものに限定した。

第 16 章　染料カプセル化技術

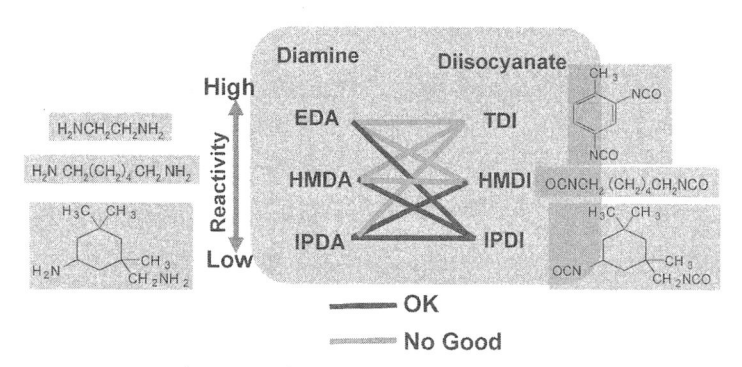

図8　ジアミンとジイソシアネートの組み合わせの選択

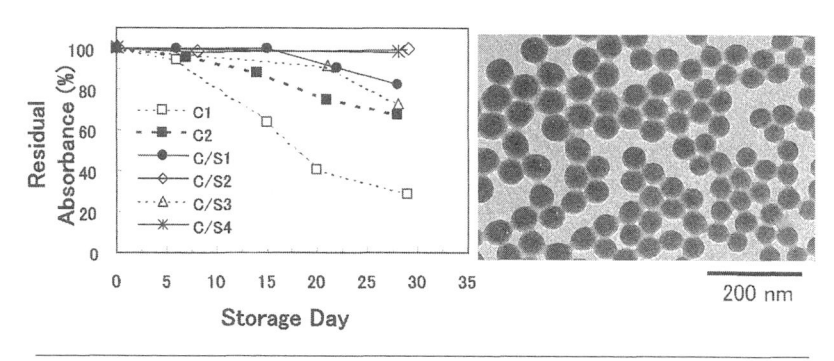

Colored Latex	Monomer Diisocyanate	Diamine	Absorbance	λ max (nm)	Residual absorbance (%)	Residual dye after 4 weeks(%)
C2	-	-	(1.3546)	443	67.3	78.6
C/S1	IPDI	IPDA	1.1703	443	82.4	90.2
C/S2	IPDI	HMDA	1.1813	444	99.2	98.6
C/S3	IPDI	EDA	0.4182	413	72.4	80.7
C/S4	HMDI	IPDA	0.5305	438	98.4	ca.100.0

図9　着色ポリマー粒子の保存安定性に及ぼすポリウレアシェルの影響(写真は C/S4 の粒子)

　図9は，ポリウレア層の染料漏出抑制効果を調べた結果である。着色微粒子の分散液を25℃の恒温器中で4週間後保存後，ろ過し，濾液を乾燥させ，乾燥物を THF に溶解させた。スチリル染料の λ_{max} での THF 溶液の吸光度を測定し，合成直後の着色微粒子の吸光度と比較した。4週間後の吸収残存率を計算した結果，ポリウレアのスキン層をもつ粒子はポリウレア層を持たない粒子より高い残存率を持つことを確認できた。これにより，適当な構造のスキン層を持つ着色ポリマー微粒子は染料の漏出の少ない保存性の良い粒子として評価できると結論した。染料の移行をもっともよく抑制したポリウレアシェル/ポリスチレンコアからなる着色微粒子の電子顕微鏡写真を図9に示す。コアをポリマー化する前に，粒子を THF で処理したところポリウレアの殻が残った。

5 おわりに

　顔料と染料の長所を持ち，水系で安定に使える色材を創製した。すなわち，油溶性染料をモノマーに加えミニエマルション重合することにより，100nm以下で単分散の着色ポリマー粒子の分散液を得た。粒子に閉じ込めた染料によっては，光劣化や粒子からの漏出が生じたが。それらは，安定剤の活用とカプセル技術の適用により効果的に抑制できた。

謝辞

　本稿は高巣真弓子博士の学位論文の一部をまとめたものであり，同君は事実上，本稿の共著者に相当する。感謝の意を表する。

文　献

1) Antonietti M, Landfester K, *Prog. Polym. Sci.*, **27**, 689-757(2002)
2) Schork FJ, Poehlein GW, Wang S, Reimers J, Rodrigues J, Samer C, *Colloids Surf.*, **A 153**(1-3), 39-45(1999)
3) Chern CS, Lin CH, *Polymer*, **40**, 139-147(1998)
4) Takasu M, Shiroya T, Sakamoto M, Kawaguchi H, *Colloid Polym. Sci.*(2002)
5) Shimode M, Mimura M, Urakawa H, Yamanaka S, Kajiwara K, *Sen'i Gakkaishi*, **52**(6), 301-309(1996)
6) Takasu M, Kawaguchi H, *Colloid Polym. Sci.*(2003)
7) Karl B, Christian S, *Dyes and Pigments*, **23**, 135-147(1993)
8) Ping YW, Yu PC, Pei ZY, *Dyes and Pigments*, **30**(2), 141-149(1996)
9) Ishihara N, *Plastics Age, April*, 106-116(2000)
10) Takasu M, Kawaguchi H, *Colloid Polym. Sci.*(2004)

応用・分散技術編

第17章　分散技術の原理

嶋田勝徳[*]

1　はじめに

　染料が媒体中に溶解して分子状態で使用されるのに対し，同じ色材である顔料は媒体中に分散した結晶性粒子として使用されている。そのため，染料の性能がほぼ分子構造で決定されるのに対し，顔料は結晶型，粒子径，粒度分布，粒子形状および表面状態といった要因により性能が大きく変化する。ここでは顔料分散技術の基本的考え方について述べるとともに，顔料特性の分散へ与える影響と分散性改良手段について解説する。

2　顔料の分散

　顔料粒子(一次粒子)の大きさはおよそ10～1000nmとなり，これらの顔料粒子は通常凝集体(二次粒子)として存在している。したがって顔料を分散する場合，始めに凝集体を一次粒子まで分散(微細化)する必要がある。図1は顔料の分散を模式的に表したものである。一次粒子が線と線，面と面で接触しているAggregateと呼ばれる凝集体は，一次粒子間の凝集力が強く分散工程で一次粒子まで分散することが困難である。これに対し一次粒子が点と点で接触しているAgglomerateと呼ばれる凝集体は，一次粒子間の凝集力が弱く分散しやすい。また特に微細な粒子が必要とされる用途では，凝集体を一次粒子まで分散するだけでなく，顔料一次粒子をさらに微細化・整粒化して粒子径を小さくする必要がある。

　分散工程で分散・微細化された顔料分散系は，粒子径が小さいほど粒子の総表面積が大きくなるため，表面自由エネルギーが高く不安定な分散系となる。いったん分散された顔料一次粒子が再凝集した場合には分散系の光学特性(透明性や着色力)が変化し，さらに凝集が進むと引力の影響により沈降現象が生じる。また顔料一次粒子が比較的弱い力で三次元網目状に凝集した場合(Flocculation)，分散系での粘度増大さらにはゲル化といった現象が発生する。したがって顔料粒子の凝集を防ぐために，粒子間の反発力や立体的な障害の付与等の対策による分散安定化が必

---

[*]　Katsunori Shimada　大日本インキ化学工業㈱　顔料技術本部　色材開発技術グループ　主任研究員

図1 顔料の分散

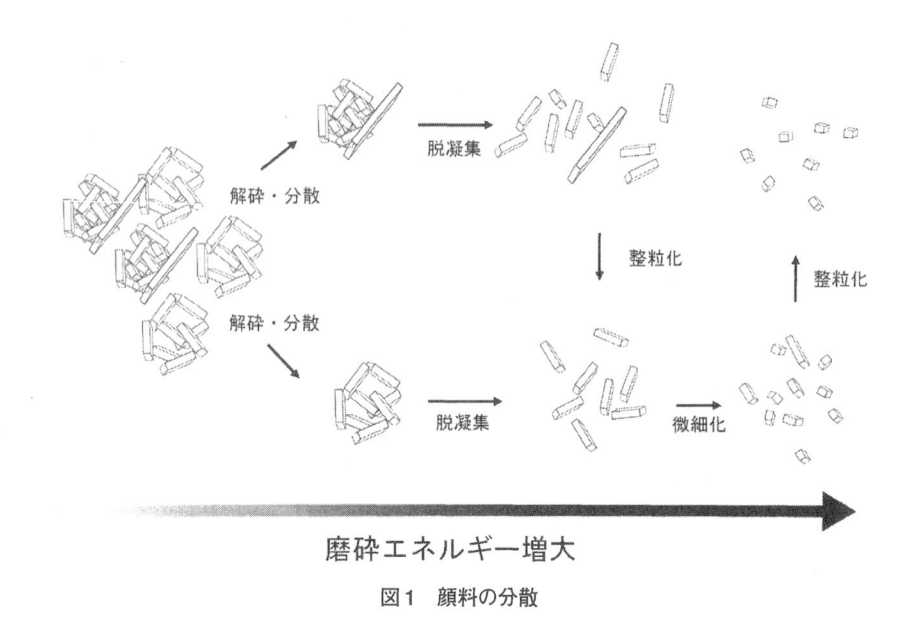

要となる。

3 顔料の分散機構

顔料の分散を考える場合,一般的な分散系では少なくとも顔料,樹脂,溶剤の三成分系となる。分散系のなかでは,異成分間の相互作用はもちろんのこと顔料–顔料間,および樹脂–樹脂間の同一成分の相互作用も考慮する必要がある。実際には複数の顔料,樹脂,溶剤が使用されているためさらに複雑な相互作用(凝集,吸着,会合,溶媒和)が存在し,その中でどの要因がもっとも理想とする分散状態に寄与しているかを見いだす必要がある。

ここでは顔料の分散で基本となる①濡れ,②分散・微細化,③安定化の3要因について考えていく。

3.1 濡れ

濡れの過程では顔料表面では気–固界面(液–固界面)から液–固界面への変化が生じる。この濡れの過程では,図2に模式的に表されたように,付着(A)によるもの,浸漬(I)によるもの,および拡張(S)によるものがある。濡れの過程で新たに生成する顔料/液体界面での単位面積あたりの自由エネルギー(ギブスエネルギー)変化は,γSを顔料表面の表面自由エネルギー,γLを液体の表面自由エネルギー,γSLを顔料表面/液体界面での界面自由エネルギーとすると,以下のよ

第 17 章　分散技術の原理

付着　　　　　　　　浸漬　　　　　　　拡張
$\Delta G_A = \gamma_{SL} - \gamma_S - \gamma_L$　　　$\Delta G_I = \gamma_{SL} - \gamma_S$　　　$\Delta G_S = \gamma_{SL} - \gamma_S + \gamma_L$

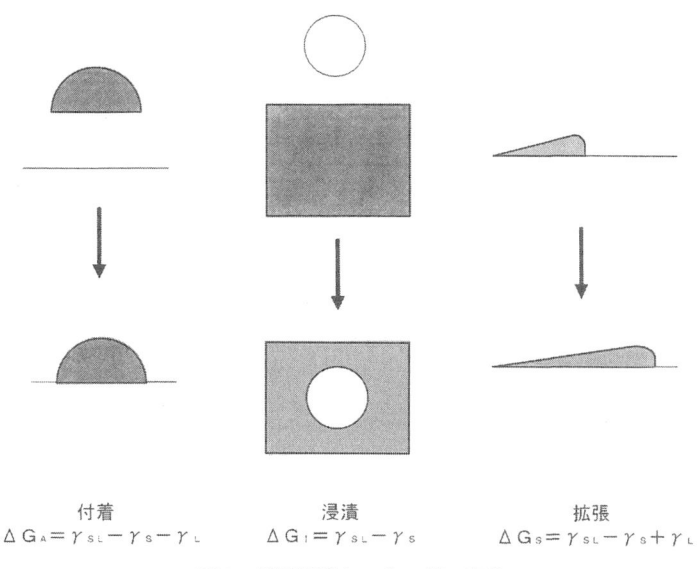

図2　湿潤過程とエネルギー変化

うに書き表すことができる。

$\Delta GA = \gamma SL - \gamma S - \gamma L$　　　付着

$\Delta GI = \gamma SL - \gamma S$　　　浸漬

$\Delta GS = \gamma SL - \gamma S + \gamma L$　　　拡張

　このとき濡れが起こるためには，自由エネルギー ΔG が負の値（$\Delta G < 0$）をとる必要がある。浸漬濡れの場合には，式より $\gamma SL < \gamma S$ の条件で濡れが起こるため，濡れを向上させるためには，顔料表面/液体間の界面自由エネルギーを低下させるか顔料表面の表面自由エネルギーを高める必要がある。

3.2　分散・微細化
3.2.1　分散

　顔料の凝集体を一次粒子まで分散するためには，弱い力で分散する凝集体（Agglomerate）がより有利である。このような顔料凝集体を得るためには，顔料粒子の表面自由エネルギーを低下させる表面処理や，顔料粒子の粒度分布や形状を制御し顔料一次粒子間の物理的接触点を少なくすることが重要である。また顔料の製造時，特に乾燥工程で起こる凝集を抑えて Agglomerate 状態の凝集体を得るための工夫も必要となる。一般的な顔料の製造工程では，水中（もしくは他の溶剤中）に分散している顔料を乾燥するため，乾燥時に顔料粒子間に働く毛管力により顔料一次粒子が引き寄せられて接着し，強い凝集体が発生する。したがって顔料粒子の接着を物理的に防

表1 顔料の微細化手法

区分	方式		媒体例	具体的手法
ブレイクダウン法	湿式	メディア		ビーズミル，ボールミル
		ノンメディア		液流，レーザー，超音波
	乾式	メディア		ボールミル，アトライター
		ノンメディア		ロールミル，気流
ビルドアップ法	直接合成		直接合成法	アゾ顔料等
	再結晶法		溶解度・析出（再結晶）	有機溶剤，強酸
				超臨界
	その他			ラテント顔料，酸化還元（ロイコ体法）

ぐ顔料の表面処理や，毛管力の影響を少なくする乾燥方法（スプレードライ，フリーズドライ）が凝集防止に有効となる。

3.2.2 微細化

顔料一次粒子そのものを微細化してより細かい一次粒子を得る方法は，粗大な顔料粒子を機械的磨砕力等で細かくするブレイクダウン法と液中に微細な顔料粒子を直接生成させるビルドアップ法に大きく分けることができる（表1）。顔料の種類，用途に応じて最適な手法を選択する必要があるが，液中で顔料の微細粒子を得る方法は顔料の乾燥凝集および濡れの影響を排除できるため，分散に有利な微細化手法である。

3.3 安定化

一次粒子として媒体中に分散させられた顔料粒子は，分散前に比べ高い自由エネルギーを持っている。媒体中での媒体分子の熱運動により顔料粒子はブラウン運動を起こし，顔料粒子間の衝突により再凝集が起こる。分散系で顔料が再凝集した状態では着色力の低下や粘度の増加といった問題が発生し，色材としての性能が低下する。また顔料粒子の表面は通常，正または負に帯電している。このときの電荷は顔料の種類，分散系中のイオン濃度/pH等により変化しており，分散の安定性を考える時これらの影響を無視できない場合もある。このような不安定な顔料分散系で顔料粒子の分散を安定化させるためには，熱運動エネルギー（＋粒子間引力その他相互作用）より大きいエネルギー障壁を顔料表面に与える必要がある。

第 17 章　分散技術の原理

4　分散安定化機構

4.1　酸・塩基概念

　Sorensen により提唱された顔料/樹脂/溶剤に対する酸・塩基概念の適用は，酸・塩基の組み合わせが互いに逆になる場合に溶解性・分散性が良好となる考え方に基づき，Lewis 酸・塩基として溶剤の酸・塩基性を定義し，溶剤との関係から樹脂/顔料の酸・塩基性を分類した[21]。溶剤および樹脂に対して適切な酸・塩基性の顔料を選択することにより，例えばインクのレオロジー適性の改良が行えるが，これは顔料–溶剤間および顔料–樹脂間の界面自由エネルギーを減少させるために分散系の安定化が図られると考えることができる。

4.2　立体障害効果

　顔料表面に樹脂を吸着させることにより，顔料粒子が接触/衝突することを立体障害的に妨げる効果をいう。また粒子表面の樹脂濃度が高くなることにより，エンタルピー的に顔料粒子の凝集を妨げる効果や樹脂吸着による顔料移動速度の減少効果も期待できる（図3）。

4.3　静電荷相互作用

　分散系での粒子の電荷効果を考える場合，水系と非水系の分散では考え方が異なってくる。水系での分散は DLVO 理論で説明されることが多い。DLVO 理論は粒子間力と電気二重層の相互作用から疎水コロイドの安定性を定量的に論じたもので，粒子間の全相互作用エネルギーはファンデルワールス力と電気二重層の相互作用の和で与えられるという考えに基づいている。2つの粒子が接近するとき，粒子間距離が短くなるに伴いファンデルワールス力による引力が強くなり

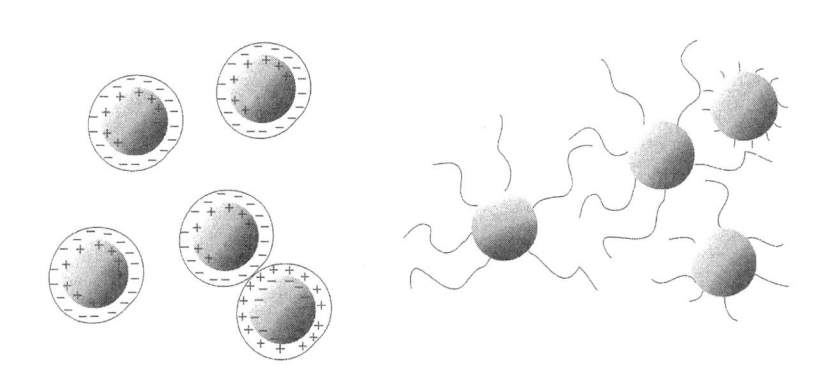

電気二重層による分散の安定化　　　　樹脂吸着による立体障害効果

図3　静電反発力と立体障害による分散安定化

顔料粒子が凝集する。これに対し液体中の粒子は対イオンの雲で覆われている，すなわち拡散電気二重層で覆われているため，これらの粒子が接近した時に電気二重層の重なり合いによる反発力を利用することにより，ファンデルワールス引力による顔料凝集を防ぐことが出来る。

5　表面処理

前節で述べたように，顔料の分散性を改良するために，表面/界面自由エネルギーの低下，酸・塩基性の制御，電荷の最適化および立体障害性の付与といった方法が有効である。また顔料の分散性を改良するといった目的以外にも，耐水性・耐溶剤性の向上，顔料の結晶成長・結晶型変化の防止のため，顔料表面の処理が行われる。以下に，特に有機顔料に対しての代表的な顔料表面処理法について述べていく。

5.1　顔料誘導体

有機顔料は，無機顔料に比べ極性が低く，樹脂への吸着が起こりにくい。このような有機顔料の表面特性を改良するため顔料誘導体処理が行われている。顔料誘導体の構造は通常，分子構造が母体の顔料と類似の顔料残基＋結合基＋末端基の構成をとり，主に末端基が極性を持つことにより酸・塩基性を発現している。顔料誘導体処理による分散性向上の効果として，分散系での非凝集性，流動性改良，彩度向上等があげられ，また短所として耐候性の低下，ブリード性(耐移行性)悪化，樹脂硬化性の低下等があげられる。顔料誘導体の末端基として酸性の官能基ではカルボキシル基，スルホン酸基およびニトロ基，塩基性基としてアミノ基および酸アミド基があげられる(図4)。

ジスアゾ(アセト酢酸アリリド)系イエロー顔料での，特徴的な顔料誘導体としてSchiff塩基型がある(図5)。他の誘導体がおもに酸・塩基性や電荷の制御剤として使用されるのに対し，Schiff塩基として顔料と反応した脂肪族アミンのアルキル鎖による立体障害効果も期待できる。

5.2　界面活性剤

顔料表面への界面活性剤処理は，液－固間の界面張力を下げることにより，顔料の溶剤への浸漬濡れをし易くする効果がある。また適切な界面活性剤の選択により，表面電荷の調節および表面への立体障害性の付与効果も与えることができる。また，例えば長鎖アルキル基を持つ4級アミンなどのカチオン系活性剤は顔料への吸着が良いため，顔料製造時の乾燥凝集改良に効果が大きく，ノニオン系活性剤は凝集防止による分散安定化の他，顔料製造時の結晶成長促進の目的で種々の顔料に用いられている。

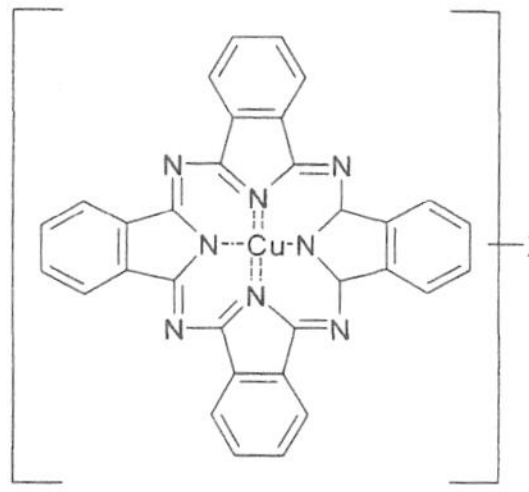

第17章 分散技術の原理

置換基 X として以下の様な構造のものがある。

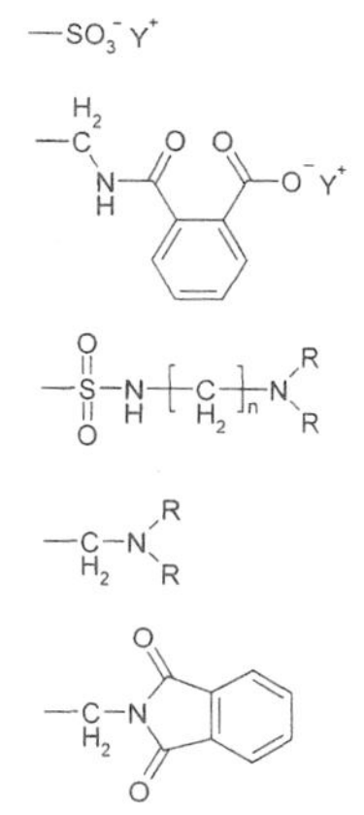

銅フタロシアニン顔料誘導体

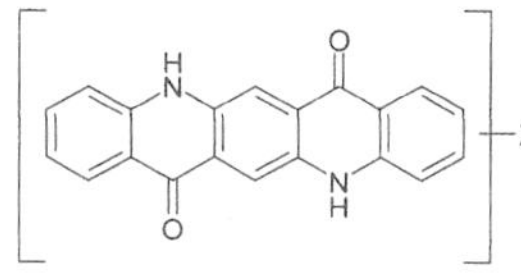

キナクリドン顔料誘導体

図4 縮合多感顔料の顔料誘導体

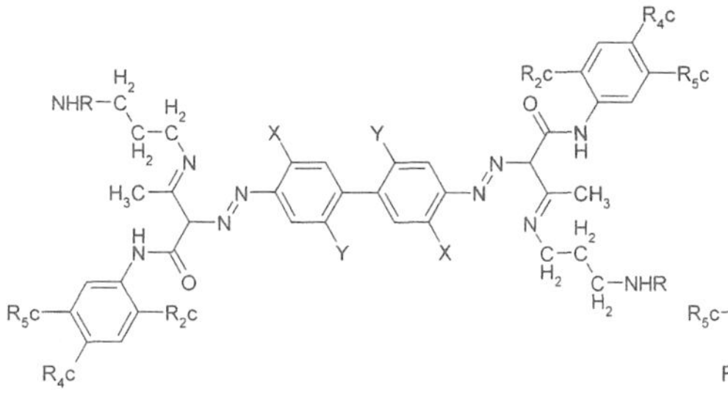

ジスアゾイエロー顔料誘導体（Schiff塩基型） 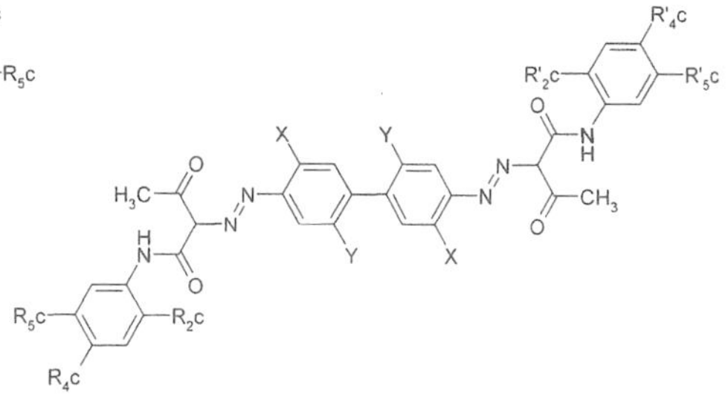　　ジスアゾイエロー顔料誘導体（非対称型）

図5 ジスアゾイエロー顔料の誘導体

5.3 樹脂処理

5.3.1 ロジン処理

ロジンとはアビエチン酸を主成分とする天然樹脂酸で，最も古くから行われてきた樹脂処理の一つである。特に顔料合成時や乾燥時における凝集防止効果が大きい。ただし分散系の安定化にはマイナスに働くことがあり，増粘などの現象を引き起こす。

5.3.2 ポリマー処理

顔料の表面に樹脂(高分子)を処理することにより，立体障害性付与または表面エネルギーの低下等の効果を期待する。処理法として，顔料スラリー中にモノマーを添加した後，重合開始剤で顔料表面にポリマーを生成させる方法(*in situ* 法)[7]，または顔料スラリー中にポリマーを分散さ

せた後，溶剤の添加やpH/温度変化等により顔料表面に析出させる方法(相分離法)[8]，エマルション化した樹脂を処理する方法[9]等がある。また樹脂自体に顔料を固定化する方法も考案されており，この場合には顔料自身の熱運動による移動が妨げられるため，分散安定化に効果が大きいと考えられる。

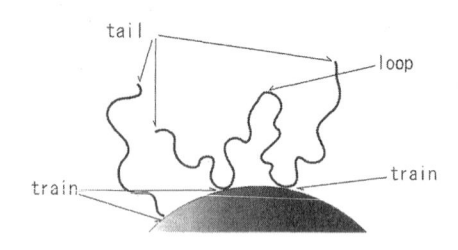

図6　顔料表面への樹脂吸着

5.3.3　樹脂型分散剤

分散剤が酸・塩基性含有樹脂と考えればよい。図6の模式図では，酸・塩基性基部分が顔料へのtrain部として吸着し，残りの樹脂部がtail部またはloop部となり樹脂および溶剤への相溶性向上に寄与している。tail部の分子量が大きい場合には，立体障害効果が生じる。顔料表面に酸・塩基性基がない場合には，顔料誘導体との併用が効果のある場合がある。

5.3.4　マイクロカプセル化

ポリマー処理での樹脂吸着を発展させ，樹脂により顔料表面をコートすることにより分散安定化を行う方法である。顔料表面の分散系への影響が最低限に抑えられるため，分散安定化に非常に有効な手段である。より微細な顔料粒子にいかにして均一に樹脂層をコートできるかが，マイクロカプセル化処理での困難な点となっている。

6　おわりに

顔料の諸物性(結晶型，粒子径/形，粒度分布，表面電荷等)は，色材に求められる様々な性能(透明性，着色力，色相，耐熱性等)を考慮して決定されているため，必ずしも分散に最適な物性とはなっていない。このような状況では，分散性を改良するための顔料への適切な表面処理が重要となるが，分散系でどのような要因が支配的であるかを把握することが分散改良に重要である。

文　献

1) 日本化学会編，コロイド科学，東京化学同人(1995)
2) P. Sorensen, *J.paint Technol.*, **47** (602), 31 (1975)
3) 北原文雄，古澤邦夫，最新コロイド化学，講談社サイエンティフィク(1990)
4) O. J. Schmitz *et al.*, *Farbe und Lack*, **79** (11), 1049 (1973)
5) W. Herbst, K. Hunger, "Industrial Organic Pigments", 2nd Ed., VCH A Wiley company

(1997)
6) 色材協会編, 色材工学ハンドブック, 朝倉書店(1989)
7) 日本ペイント, 特開昭 49-92113
8) 東洋インキ, 特開昭 52-103421
9) 東洋曹達, 特開昭 53-139638

第18章　水性自己分散型カーボンブラック

新井啓哲[*]

1　はじめに

インクジェットプリンター(以下 IJP と記す)は，廉価でしかも小型であるため，個人用からオフィス用まで，種々の規模で幅広い用途をもつプリンターとして用いられている。特に最近では，デジタルカメラの普及により写真並みの鮮明な画像を印刷できる機種も市販されている[1]。このように IJP による印刷物の高品質化が進んでいるなかで，インク自体に要求される性能も厳しくなりつつある。特に，オフィス用途などでは，耐候性が必要不可欠である。その結果，最近では，黒インクはカーボンブラック(以下 CB と記す)を黒色顔料に用いたものが主流となりつつある[2]。

ところで，この黒色顔料の原料は主に CB であるが，今まで顔料に用いられている CB には大別するとファーネスブラック，チャンネルブラック，アセチレンブラック，サーマルブラックなどがある。なかでもファーネスブラックには，様々な種類があるため，顔料として使用する場合の選択幅が非常に広い。また，チャンネルブラック以外は，入手したままの状態では水への分散性が非常に悪いため，通常は界面活性剤などを使用して分散させる方法が採られている。しかし，IJP などに使用する場合，長期間の保存安定性，温度変化に対する安定性等の要求が非常に厳しいため，分散剤として界面活性剤を使用することが難しい場合もある。これらのことから，水への分散性を付与させる表面官能基を CB の表面に化学的に修飾する必要があることになる。その方法としては，CB 表面に酸化反応[3〜5]あるいは有機物との反応[6]を施す方法がある。いずれの方法でも付与される表面官能基はカルボキシル基やスルホン基であるが，それらの官能基をアルカリで中和して，カルボン酸アルカリ塩($-COO^-X^+$)[7,8]やスルホン酸アルカリ塩($-SO_3^-X^+$)の形にすると，カルボキシル基やスルホン基と一価のカチオンで形成される電気二重層の働きに基づく静電的反発により CB 粒子が水中に分散することになる[9]。このような CB を一般に自己分散型 CB と総称している[10]が，その顔料としての特性は，原料 CB に依存するところも大きいと考えられる。そこで，本稿では CB の基本物性及びその物性と自己分散型 CB との関係について紹介する。

---

*　Hironori Arai　東海カーボン㈱　富士研究所　課長

第18章　水性自己分散型カーボンブラック

2　カーボンブラック

2.1　CB品種

CBは，一種の無定形炭素質である。それは，はじめはスートと呼ばれ，各種炭化水素を不完全燃焼して得られたものであったが，現在，工業的に使用されるものは厳密に管理された条件下でガス状または液状炭化水素の熱分解により製造されている。図1に代表的なCB(N330)の電子顕微鏡写真を示す。工業的なCBの製法は，原料，熱分解の原理，製造プロセスなどで分類され，製品の品種は，特性，用途によってさらに細分化されている。CBを製法で分類したものを表1[11]に示した。

CBの製法は，反応熱源として原料炭化水素の一部を同一系内で燃焼させる不完全燃焼法と反応炉をあらかじめ加熱蓄熱しておいて，外熱によって反応させる熱分解法に大別される。

オイルファーネス法を代表とする不完全燃焼法は，粒子径(比表面積)や粒子の凝集構造などの

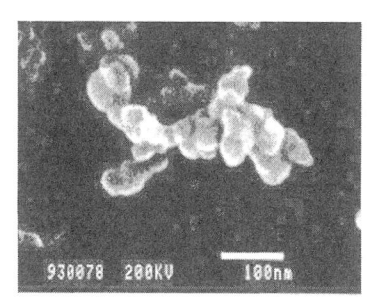

図1　オイルファーネスブラックのSEM写真
(N330：N_2SA 78m^2/g，DBP吸収量102cm^3/100g)

表1　カーボンブラックの製造方法

燃焼法	原料	製造方法	カーボンブラックの種類
不完全燃焼法	石油，液状コールタールからの炭化水素	オイルファーネス法	オイルファーネス
		ランプブラック法	ランプブラック
	天然ガス	チャンネル法	チャンネルブラック
			ガスブラック
		ガスファーネス法	ガスファーネスブラック
熱分解法	アセチレン	アセチレンブラック法	アセチレンブラック
	天然ガス	サーマルブラック法	サーマルブラック
	ガスからの炭化水素	プラズマ法	プラズマブラック

制御が容易で,幅広い製品を生み出すことができる。特に,ゴムの補強用途が大部分ではあるが,インキ,トナーなどの黒色色材としても幅広く利用されている。また,古くからあるチャンネル法も不完全燃焼法の代表である。チャンネル法は,環境問題などで衰退の一途を辿っているが,その特性はファーネス法で得られないものを持ち合わせている。特に,その発生段階が酸素リッチな状態であるため,表面に酸性官能基が多く形成すること及び一次粒子の細かさなどである。高級インキ用顔料などに用いられている。

熱分解法の代表的な方法は,アセチレンブラック法及びサーマルブラック法である。アセチレンブラック法は,アセチレン自体の発熱反応を利用して製造する方法であり,反応抑制が非常に難しい。主に電池用に使用されている。サーマルブラック法は,天然ガス(メタン)の熱分解によって製造されている。熱源は,メタンの熱分解で得られた水素ガスと天然ガスである。このCBは,一次粒子が極めて大きいため,ゴムや樹脂などの補強剤としてよりも充填剤としての役割が高い。特にフッ素ゴムへの充填剤としては,独占的である。

なお,本文あるいは表中に記載されているASTM No.は米国材料試験協会で定めたCBの種類であり,最初のNはゴム加硫時間が普通であること,次の数値は一次粒子の大きさを示し,数が大きいほど大きいことを示す。それ以降の数値はストラクチャーのレベル等から任意に指定された数値である。

2.2 CBの基本的性質

CBとは微細な粒子(これを一次粒子という)がたくさん凝集したもの(二次粒子,アグリゲート)を指す。そこで,一次,二次粒子の形態,大きさ,集合状態及び一次粒子の表面状態を評価することがCBの性質を明らかにするため重要である。

2.2.1 一次粒子の微細構造

CBの性質は粉体としての吸液(油)性,表面積(ヨウ素吸着量による簡易測定),及化学的性質(揮発分,pHなど)により表されてきた。1938年以降,CBは複雑な粒の凝集構造をもちサブミクロン級の微粒子から成ることが,電子顕微鏡によって明らかにされた。さらに,高分解能電子顕微鏡の発達と,微小構造解析手法の進歩によってCB一次粒子内部の解明が進み,原子分解能レベルでCB粒子の表面を観察すると,鱗片状に密着した配列となっていることが判明した。今では図2[12〜14]に示す新しいモデル構造が一般に受け入られている。

図3に代表的オイルファーネスブラックの高分解能位相コントラスト電子顕微鏡写真を示す。これらの粒子の構造は,炭素六方網平面の数層から成る微結晶子が,粒子表面付近で同心円状あるいは面状に平行に並び,内部に近づくほど乱れた形態をとる。網平面の平均的間隔は0.35〜0.39nm程度で,アセチレンブラックを除き各種のCBでほとんど差が見られない[15]。

第18章　水性自己分散型カーボンブラック

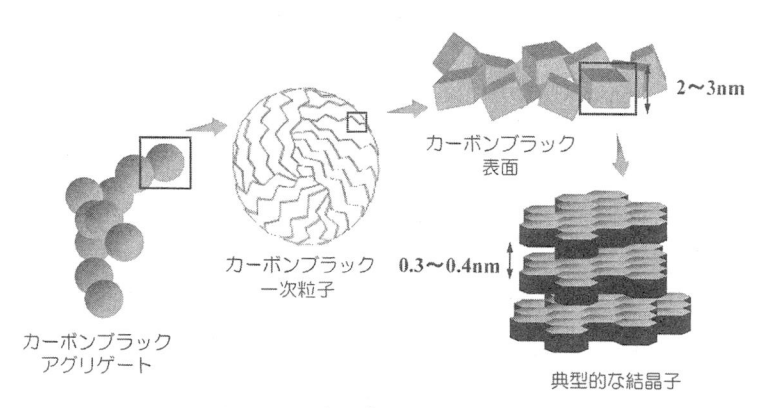

図2　カーボンブラック表面の概念図

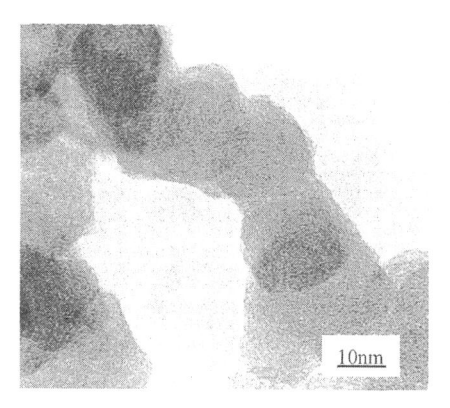

**図3　オイルファーネスブラックの高分解能位相
　　　コントラスト電子顕微鏡写真**
($N330：N_2SA\ 78m^2/g$，DBP吸収量 $102cm^3/100g$)

2.2.2　一次粒子径と粒度分布

　次粒子径の定義は必ずしも明らかでないが，これまでの習慣にのっとり，アグリゲートを構成している微小球状部分を単一粒と見なし，この直径を真円近似で計測したものを一次粒子径と呼んでいる。また一次粒子径は，ゴム補強特性，顔料その他応用上の特性と関わりも深い重要な数値である。

　ゴム用オイルファーネスブラック用には算術平均粒子径が，およそ18〜80nmの範囲のものが製品化されているが，インキ・顔料用途のカラーブラックには9〜14nm前後の微細な品種がある。一方，サーマルブラック（MT：ミディアムサーマル）は500nm程度にも及ぶ平均粒子径を持つ。図4に一次粒子径の異なる代表的な四種類のCBの電子顕微鏡写真を示す。

2.2.3　比表面積

　CBの比表面積は，粒子径及び粒度分布と密接な関係がある。粒子表面には微細孔が存在し，ア

機能性顔料とナノテクノロジー

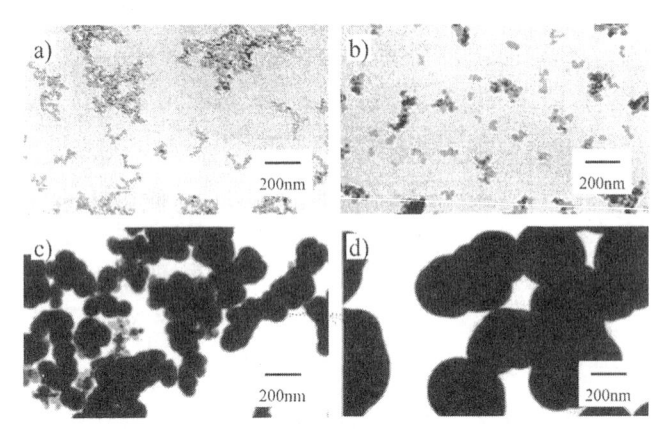

図4 一次粒子の異なる各種カーボンブラックのTEM写真
a) ハイカラーチャンネルブラック（デグッサ製FW1：N_2SA 320m^2/g，DBP吸収量 170cm^3/g）
b) オイルファーネスブラック（N220：N_2SA 119m^2/g，DBP吸収量 114cm^3/100g）
c) オイルファーネスブラック（N774：N_2SA 30m^2/g，DBP吸収量 72cm^3/100g）
d) サーマルブラック（N990：N_2SA 8m^2/g，DBP吸収量 43cm^3/100g）

グリゲートの一次粒子間にはくびれが見られる[16]。そこで比表面積としては，これらの微細孔全部を包括した全比表面積と微細孔を除いた外部比表面積，あるいは非多孔比表面積が用いられる。

(1) 全比表面積

比表面積の測定は，良く知られた窒素吸着法（BET法）[17]が用いられる。吸着法の基本的原理は，大きさ（分子断面積）のわかった気体分子やイオンを試料固体表面に物理吸着させ，その吸着量から比表面積を求めるものである。なお，CBの比表面積の日常的評価には，通常BET法の圧力一点法による自動比表面積計[18]あるいはガスクロマトグラフを応用した流通法[19]が用いられる。

ゴム用オイルファーネスブラックの比表面積の値は，およそ200m^2/g以下20m^2/gの範囲にある。特殊なものでは，プリンテックスXE2（Degussa㈱製），ケッチェンEC（ケッチェンブラック・インターナショナル㈱製）などがあり，それらの値は1000m^2/gを超える。顔料用のチャンネル系CBでも高級品種では460m^2/g以上の高い比表面積を持つが，サーマルブラック（MT）は10m^2/g前後と極めて小さい。

なお，比表面積の簡便な評価法としてヨウ素吸着量[20]も用いられる。それは液相での吸着法であり，窒素吸着により得られる値と良い相関を示すと言われるが，CB表面が酸化されている場合あるいは粒子表面に油性物質などが残存している場合は吸着が妨げられるため，前述の比表面積との相関関係がうすれてしまう。しかし，ヨウ素吸着法はその簡便性，迅速性からCBの発生時の特性調整用に使用されている。また，油状物性の残存や表面の酸化状態を知りたい場合には窒素吸着比表面積を併せて測定することもある。

第18章　水性自己分散型カーボンブラック

(2) 外部比表面積

標準的なオイルファーネスブラック(N330)の平均細孔径は2nm前後で、それの密度から求めた全細孔容積比は37％程度という報告がある[21]。細孔容積は、サーマル系で低いが他の品種ではそれほど極端な差は見られない。

非多孔比表面積の測定は、電子顕微鏡法(CBの凝集形態を電子顕微鏡写真から直接画像解析する方法)、"t"法[22]（粒子表面の細孔を液体窒素の多分子層吸着として平均化し、統計的平均厚さと吸着量の比例関係から求める）、CTAB(セチルトリメチルアンモニウムブロマイド)法[23]などが用いられる。これらのうちCTABの吸着は、測定も比較的簡便であり、精度も高い。分子断面積$0.616nm^2$以下の細孔を除いた外部比表面積を与えることが知られている。

2.2.4　凝集体構造

(1) ストラクチャー

電子顕微鏡写真から明らかなようにCBの最小凝集単位であるアグリゲートは、微細な球状の一次粒子が不規則な鎖状に枝分かれした複雑な凝集構造をとっている。その数個から数十個の一次粒子同士が連鎖状に凝集した程度(大きさ)を慣用的に"ストラクチャー"と呼んでいる。

ストラクチャーは、一定量のCBにアマニ油を滴下しつつ練り上げ、油の最密充填時における吸油量[24]を求めるか、DBP(ジブチルフタレート)アブソーブメーター(機械練り)によるDBP吸収量[25]から決められる。

アグリゲート同士はvan der waals力や単なる集合、付着、絡み合いなどによって二次凝集体(アグロメレート)を形成しているが、これらは圧縮、せん断で変化する。そのため、実用上CBを所定の金属シリンダー中にとり165.5MPa(24000psi)の圧力で圧縮、せん断を4回繰り返したのちDBP吸収量を求めた24M4DBP値[26]が重視される。吸収量の多寡に応じて、ストラク

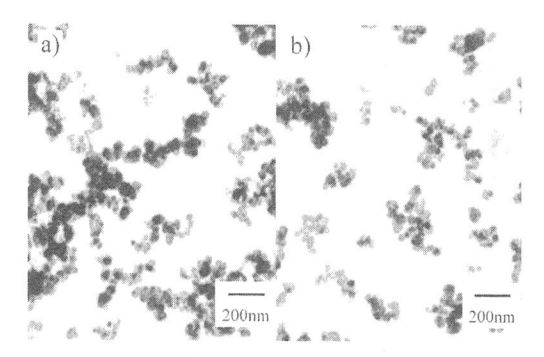

図5　ハイストラクチャー、ローストラクチャーのカーボンブラックのTEM写真
　a)　ハイストラクチャー（N347：$N_2SA\ 85m^2/g$, DBP吸収量$124cm^3/100g$）
　b)　ローストラクチャー（N330：$N_2SA\ 78m^2/g$, DBP吸収量$102cm^3/100g$）

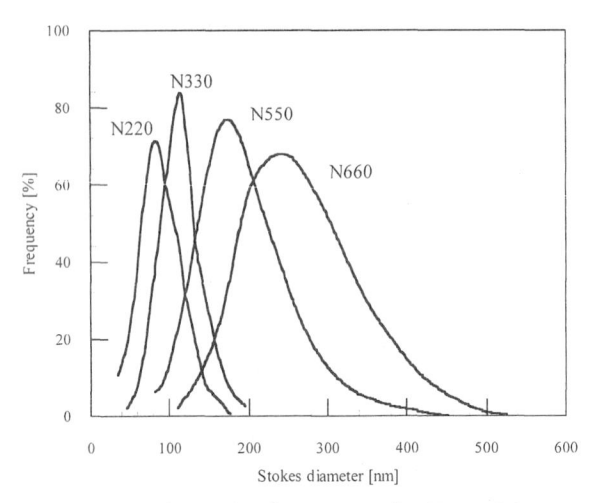

図6 各種カーボンブラックのアグリゲート分布

チャーは,ハイ,レギュラー,ローに分類され,また用途に応じて使い分ける。図5には比較のためハイ及びローストラクチャーのCBの電子顕微鏡写真を示す。

(2) アグリゲート(凝集体)

ストラクチャーは,結局アグリゲート(凝集体)の状態を表すものであり,いわばCBの最小構成単位となる。このアグリゲートの計測は,電子顕微鏡投影像(間接的には写真)をもとに画像解析処理[27]によって行われ,アグリゲートの容積,最大長さ,巾,アスペクト(縦横)比,形状係数などとして定量評価される。しかし,実用上はディスク型遠心沈降法によるメジアンストークス径や分布を用いた評価が一般的で,簡便で精度が高い品質評価法として利用されている。この方法は,ストークスモード径の半値幅をストークスモード径で除した値の大小でアグリゲート分布の広い狭いが定量化される[28,29]。図6[11]に遠心沈降法によるアグリゲートの測定結果の例を示す。

2.2.5 化学組成と表面官能基

CBの化学組成は,製造方法,プロセスの条件,原料,水質,品種などで変化するが,およそ炭素95〜99%,酸素〜1.0%,水素0.3〜0.7%,硫黄〜0.7%,灰分(鉄,アルミニウム,ケイ素など)〜1.0%から成ることが知られている[30]。

このうちの酸素含有量は,チャンネルブラックでは例外的に3%前後あり,アセチレンブラック,サーマルブラックは極めて低い。CBの酸素含有量の簡易評価法としてpH,揮発分が用いられる。

CBの粒子内部には炭化水素が残留しており,粒子表面には酸素を含んだ各種の官能基が存在する。

表面の各種官能基(図7)[31]は,粒子表面に露出した多環芳香族層平面のエッジ部に形成され,

第18章 水性自己分散型カーボンブラック

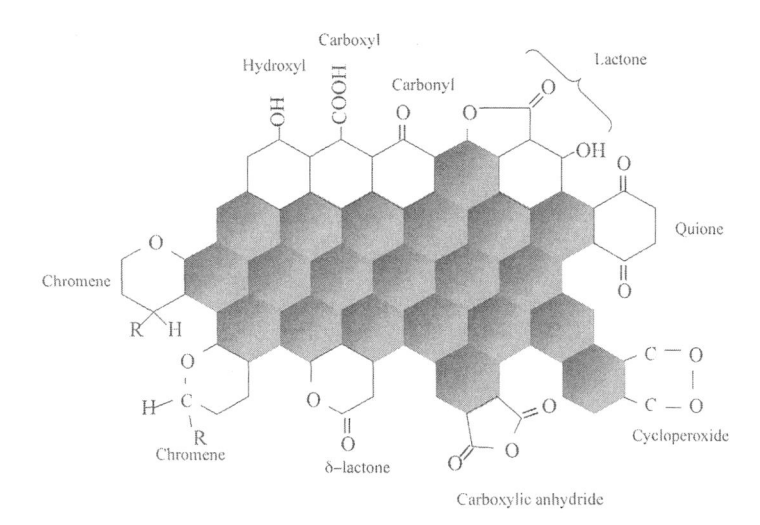

図7 カーボンブラック表面上に形成された典型的な表面官能基

表2 カーボンブラック表面官能基の物性

Carbon black	Type	比表面積 m^2/g	揮発分 %	H_2, mmol/g	CO_2, mmol/g	CO, mmol/g	>-COOH, meq/g	>-OH, meq/g	>=O, meq/g	>-CO_2, meq/g	>-H, meq/g
Black Pearls 2	C[a]	744	15.8	0.47	4.74	1.46	0.45	2.00	2.81	0.02	0.47
Black Pearls A	C	299	12.6	0.52	3.53	1.80	0.28	1.30	2.29	0.24	2.02
Black Pearls 74	C	322	4.85	0.18	1.31	1.32	0.06	0.89	0.49	0.12	1.69
Vulcan 6	F[b]	114	2.47	0.18	0.51	0.70	0.02	0.56	0.00	0.16	0.82
Regal 600	F	108	2.19	0.13	0.51	0.50	0.02	0.54	0.02	0.00	0.46
Sterling S	F	23	1.09	0.05	0.17	0.68	0.00	0.18	0.02	0.05	3.18
Regal SRF	F	30	1.46	0.07	0.28	1.47	0.00	0.21	0.11	0.07	2.73
Sterling MT	T[c]	6	0.54	0.02	0.07	1.12	0.00	0.10	0.00	0.02	2.14

a) チャンネルブラック
b) ファーネスブラック
c) サーマルブラック

フェノール,キノン,カルボキシル,ラクトンなどが主なものである。代表的なCBの表面官能基量,含有物量を表2[32]に示す。

表面官能基の測定は,無機,有機塩基類を用いた中和滴定,各種の有機試薬を用いた有機化学的分析手法[33],X線光電子分光法[34],赤外分析などの機器分析[35],CBの加熱分解ガスの分析による同定のほか広く試みられている。

3 カーボンブラック親水化

3.1 分散剤

　IJP用顔料分散剤としては，界面活性剤のような比較的低分子のものから，スチレン-アクリル系樹脂のような高分子量のものが広く使用されている[2]。

　本来疎水性であるCBを水に分散させるには，上記の分散剤の親油基をCB表面に吸着させ，親水基を液相側に向けさせる必要がある。また，安定な分散状態を保つには分散剤は十分な立体効果を発揮できるだけの炭素鎖を持つ必要がある。

　特許などに見られる分散剤には，アニオン系，ノニオン系，カチオン系の全てがあるが，一般にはスルホン酸塩を代表にしたアニオン系，もしくはポリオキシエチレン構造を持つノニオン系が用いられる[36]。

　高分子物質を分散剤として使用する際は，その構造も重要である。JakubauskasはA-Bブロックポリマーを使用して，顔料吸着サイトの配置構造によっては，分散剤にも凝集剤にもなると報告している[37]。

3.2 自己分散型顔料

　分散剤を使用して顔料を水中に分散させる方法は，簡便性，経済性等の理由から一般的に行われている。しかし，この場合は分散剤を顔料に物理吸着させて分散させているため，温度上昇による分散剤の脱離が起こる。脱離が起こると，顔料の凝集，沈降が起こり，インク特性は大幅に低下する。また，分散剤に使用する界面活性剤は，液の表面張力を低下させる傾向があるため，インク吐出時に液滴の形成が不充分になることもある。さらに，インク形成時に添加する保湿剤，定着剤，あるいは防黴剤などとの相互作用にも問題が生じる場合があり，全体としてインクの設計が困難になる。そこで，最近になって，顔料自体の表面を改質して親水性とし，水への分散性を保たせた自己分散型顔料が開発されつつある。

3.2.1 酸化反応

　顔料，特に黒色顔料であるCBを酸化反応により表面に親水性の官能基を形成させ，水中に分散させる方法は古くから検討されている。これは，CBが酸化されやすい特性を利用したものである。方法としては，気相酸化と液相酸化がある。気相反応は酸化性ガスとしてオゾン，NO_xなどが主に使用されているが，チャネリング現象などが起こって粒子表面への均一な酸化が困難になり，その結果，得られたCBは水への分散性が不充分になることがある。また，チャンネルブラックをそのまま使用する方法もある。チャンネルブラックは，その製法から考えて生成時に酸化されており，表面官能基は均一に形成されている。しかし，一方，このチャンネルブラックは

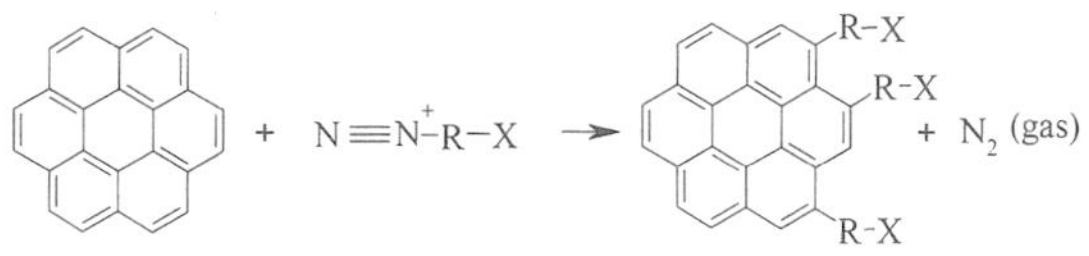

第18章 水性自己分散型カーボンブラック

図8 ジアゾカップリング反応を用いたカーボンブラックの表面改良反応

高価であり,しかも製造条件が環境へ及ぼす影響から近年生産量が減少している。さらに,品種が限定されるため,顔料選定の幅が狭くなり,幅広いインク設計も難しくなる。そこで品種の多いファーネスブラックを使用して,液相酸化により親水性の表面官能基を均一に形成させる方法が,適当と考えられている。液相酸化における酸化剤には,硝酸[38],過酸化水素[39],オゾン水[40],ヨウ素水,次亜塩素酸塩[41],亜塩素酸塩,過マンガン酸塩[42],重クロム酸塩[9],ペルオキソニ硫酸塩[43,44]等がある。このように様々な酸化剤があるが,酸化処理後のCBの特性やインク設計の問題を考慮して酸化剤を選び,反応条件を決める必要がある。

3.2.2 有機化反応

CBの表面は,黒鉛などと比較すると非常に活性が高いため,上述したように酸化を受けやすい。この様な活性化の高さを利用して最近,目的の表面官能基のみを結合させる方法が開発された[45]。

この方法の一般的な反応機構は,アミノ基と酸基(スルホン基,カルボキシル基等)とを有する有機物質に亜硝酸を用いて,アミノ基をジアゾ化させる。そのジアゾ化した基がCB表面に結合(ジアゾカップリング)[6]する。最後にスルホン基やカルボキシル基をアルカリで中和すれば,静電的反発の影響により水中でCB粒子が分散することになる。これらの反応の模式図を図8に示した。

表3 各種カーボンブラックの典型的な物性

Sample	ASTM no.	一次粒子径 (nm)	窒素吸着比表面積 (m^2/g)	CTAB比表面積 (m^2/g)	DBP吸収量 ($cm^3/100g$)	比着色力 (—)
Seast®-9	N110	19	142	132	115	129
Seast®-6	N220	22	119	114	115	115
Seast®-600	N219	23	106	104	75	117
Seast®-KH	N339	24	93	91	119	109
Seast®-3H	N347	27	82	82	126	98
Seast®-3	N330	28	79	78	101	100
Seast®-300	N326	28	84	84	75	110
Seast®-SO	N550	43	42	45	115	60
Seast®-V	N660	62	27	26	87	45
Seast®-S	N774	—	27	28	68	50
Tokablack® #7240	—	42	52	58	75	85
Tokablack® #8300	—	16	244	205	76	145

4 カーボンブラックの特性と自己分散型 CB の物性[43]

CB の特性には前節でも示した窒素吸着比表面積（N_2SA）と CTAB 吸着比表面積など，ストラクチャーの発達度合いを示す DBP 吸収量などがある。これらの特性が自己分散型 CB の粘度，粒子径などの物性にどのような影響を与えるかを確認するため，表 3 に示した一般的な CB を原料にして自己分散型 CB を生成し，評価した。

4.1 自己分散型 CB の粘度

自己分散型 CB の粘度は IJP 用インクにとっても重要な物性である。特に自己分散型 CB の初期粘度は，インク化した場合の粘度と非常に関係が深いと言われている。一般に CB とインクや塗料の粘度の関係は，通常，CB の粒子径が小さく（小一次粒子径，高 N_2SA 値，高 CTAB 比表面積値），ストラクチャーが発達（高 DBP 吸収量）しているものほど高粘度を示すと言われている[46]。そこで，この自己分散型 CB も上記と同様な傾向を示すか，また初期粘度と N_2SA，DBP 吸収量の関係はどうかを検討した。結果を図 9 に示した。横軸に N_2SA と DBP 吸収量の積をとった。縦軸は自己分散型 CB の初期粘度である。これより自己分散型 CB の初期粘度は，N_2SA × DBP 吸収量の増加につれて増加した。より CB の粒子径が小さくなると同じ水溶媒の体積中では，顔料の数が増加する。それにより顔料間同士の距離が狭くなる。また，ストラクチャーが発達した

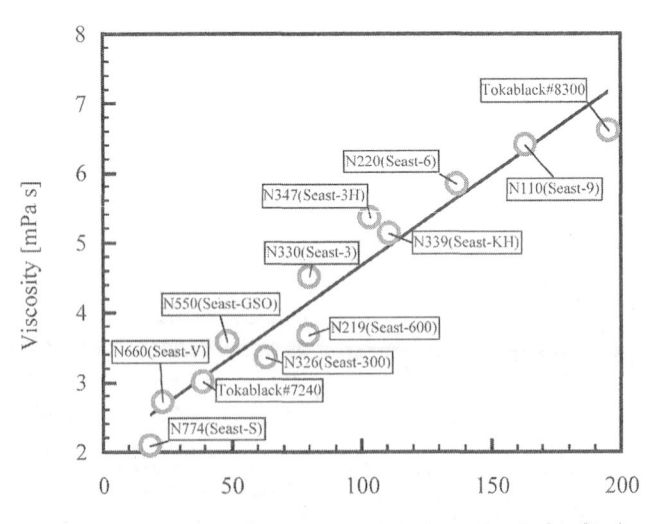

図 9 カーボンブラックの窒素吸着比表面積と DBP 吸収量を掛けた値と自己分散型カーボンブラックの初期粘度との関係

第18章 水性自己分散型カーボンブラック

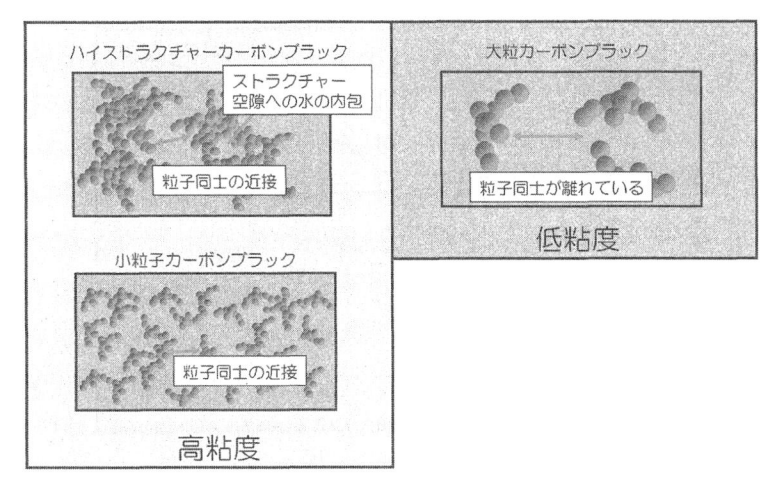

図10 粘度の高低に関係するカーボンブラック形状

場合でも,同じ体積中では,CB粒子間同士の距離は短くなる。さらに,ハイストラクチャーのCBでは,空隙に水を内包する場合も考えられる。これらの概念を図10に示した。このようなことから,小粒径あるいはストラクチャーが発達しているCBを原料にした場合は,粘度が増加する傾向にあるものと考えられる。IJPなどのインクでは,材料の粘度が増加すると吐出速度が低下するという問題がある[47]ので,粘度のみに限っていえば$N_2SA \times DBP$吸収量の値が小さいCBを選定することが得策と考えられる。

4.2 自己分散型CBの粒度分布

CBの特性の中で自己分散型CBの二次凝集分散体径に関係する因子は,原料CB粒子の大きさとストラクチャーであると考え,この両者を代表する値であるd_n(一次粒子径),N_2SA,CTAB比表面積及びDBP吸収量と自己分散型CBの分散二次凝集体径の関係を検討した。その結果,CBのd_n,N_2SA及びCTAB比表面積と自己分散型CBの平均分散二次凝集体径及び最大分散二次凝集体径の間には,良好な相関関係は得られなかった。さらに,CBのストラクチャーの発達度合いを示すDBP吸収量と自己分散型CBの粒子径の関係を検討したが,やはり明確な相関は得られなかった。しかし,図11に示す様にDBP吸収量/N_2SA値が増加すると自己分散型CBの平均分散二次凝集体径も増加する傾向がみられた。したがってDBP吸収量/N_2SA値と分散二次凝集体径は相関関係にあるものと考えられる。

4.3 自己分散型CBの黒色度

色材やCBをインクの原料として用いる場合,紙への印字濃度は,非常に重要な要素である。

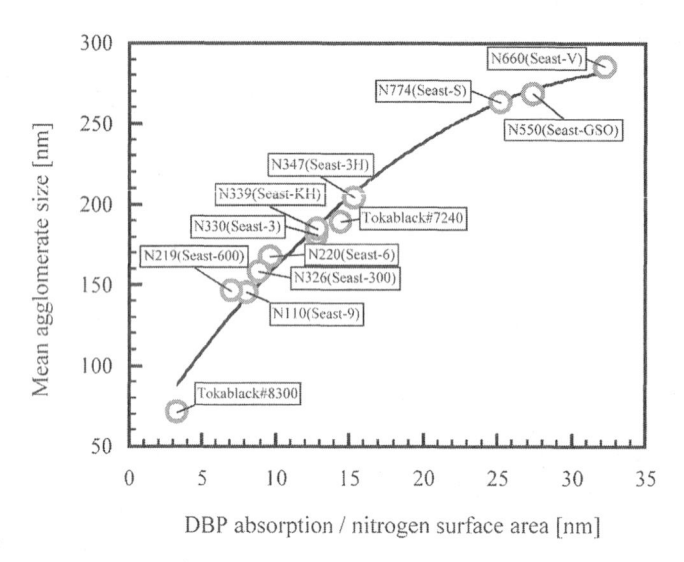

図11 DBP吸収量を窒素吸着比表面積で除した値と自己分散型カーボンブラックの平均粒径との関係

特に黒インクについては，黒ければ黒いほど良いと言われている。CB顔料を用いたインクや塗料の黒色度は，CBの粒子径やストラクチャーの発達度合いと関係すると言われる[48]。この自己分散型CBを紙へ印字した時の黒色度を決める因子としては，分散二次凝集体径あるいは紙への浸透性などが考えられている。そこで，図12にDBP吸収量/N_2SA値と黒色度の関係を示した。図よりDBP吸収量/N_2SA値が増大すると黒色度も増加することが分かった。一次粒子径が大きい（N_2SAが小さい）あるいはストラクチャーが発達（高DBP吸収量）しているCBを用いた自己分

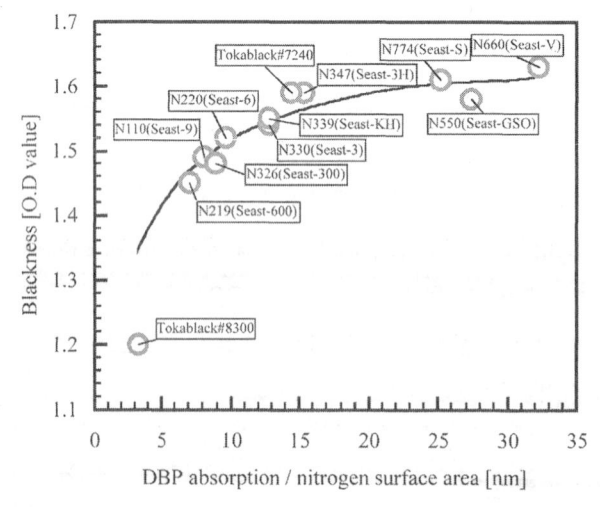

図12 DBP吸収量を窒素吸着比表面積で除した値と自己分散型カーボンブラックの黒色度との関係

第18章 水性自己分散型カーボンブラック

散型 CB は図 13 の概念図にあるように，紙繊維に顔料が浸透することはなく，紙繊維上に顔料が乗っかるようになる。一方，一次粒子径が小さいあるいはストラクチャーが発達していない CB を原料にして作製した自己分散型 CB は紙繊維に顔料ごと浸透してしまうため，黒色度は低くなるものと考えられる。したがって，黒色度は，自己分散型 CB の分散二次凝集体径に関係するものと考えられる。

4.4　自己分散型 CB の沈殿残渣率

顔料は染料と異なり密度が大きいため，長期保存により沈降する可能性がある。特に IJP 用インクの場合は，この顔料の沈降によりヘッドノズルが閉塞

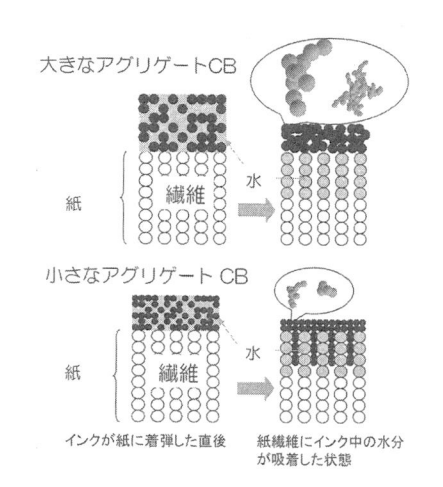

図13　インク着弾直後とインク中の水分が紙繊維に吸着した状態の概念図

する可能性が極めて高い。分散安定性が必要とされるのはそのためである。そこで，自然沈降を促進させる遠心分離により沈殿残渣率を測定し，顔料の分散安定性を調べた。固体粒子の沈降速度は，ストークスの式にも示されるように，粒子の密度，アグリゲート径，溶媒の密度，溶媒の粘度などと関係がある。それらの条件のうち粒子径，溶媒の密度及び粘度は各試料とも同じと考えると，沈殿残渣率は CB のアグリゲート径に依存すると考えられる。そこで二次凝集体径をとって，それと沈殿残渣率の関係を図 14 に示した。その結果，両者の間には，かなり強い相関関係が得られた。これより，沈殿残渣率は CB の大きさだけではなく，ストラクチャーの発達度

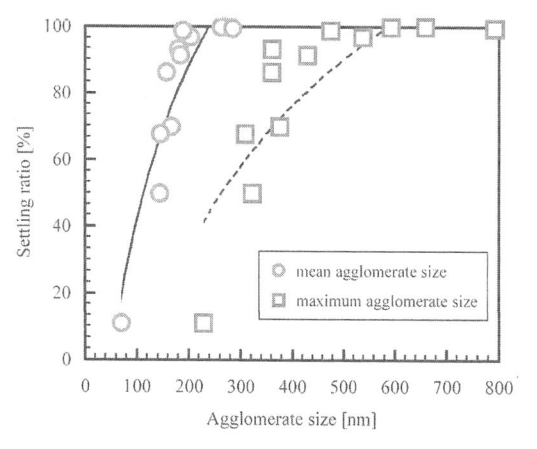

図14　自己分散型 CB の二次凝集体径と沈降率の関係

合いにも関係することが分かった。

5 おわりに

　現在，IJPは日進月歩に進化を遂げ，その印字技術は目を見張るものとなっている。そこには，IJP本体の改良はもとより，インク自体へのたゆまない研究開発があったものと考えられる。特に，インクの中でも顔料の開発はIJP印刷技術の向上に少なからず貢献したものと考える。ここでは，自己分散型黒色顔料の原料であるCBの特性について紹介した。CBには，多岐に亘る品種があり，それぞれが異なる特性を兼ね備えていることが分かって頂けたと思う。さらに，CB自体の特性が自己分散型CBの物性に大きく関係することも理解されたと思う。今後，IJPはさらなる進化を遂げるものと考えられ，ますますインクに対する要求は厳しいものとなってくることが予想される。今回の基礎解説が，今後のIJPなど印刷技術の発展に少しでも寄与することができれば幸いである。

文　　献

1) 倉林豊, 工業材料, **48**, 43(2000)
2) 安井健悟, 日本画像学会誌, **38**, 195(1999)
3) 特開平9-286938；特開平10-212425；特開平10-36727；特開平10-67957 など
4) 特開平10-195331；特開平10-2142426；特開平10-237349 など
5) 特開平11-148026；特開平11-148027；特開平11-256066；特開平11-349848 など
6) WO96/18694；WO96/18695；WO96/18696；WO97/47692；WO97/47-699 など
7) H. P. Boehm, *Adv. Catal.*, **16**, 179(1966)
8) J. B. Donnet, *Carbon*, **6**, 161(1968)
9) 桑原利秀, 伊藤征司郎, 色材, **45**, 638(1972)
10) 特開2000-319572；特開2000-319573 など
11) 仲田俊夫, 新井啓哲, "多孔質体の性質とその応用技術(竹内雍監修)2章1-②", フジ・テクノシステム, p.23(1999)
12) J. B. Donnet, R. C. Bansal and M. Wang., Carbon Black 2nd Edition, p226, Marcel Dekker, INC.(1995)
13) W. Neidermeier and B. Freund, Meeting of the Rubber Division, American Chemical Society, Nashville, Tennessee, Sept. 29-Oct.2(1998)
14) C. W.Sweitzer and G. L. Heller, *Rubber World*, **134**, 855(1956)

第 18 章　水性自己分散型カーボンブラック

15) A. E. Austin, Proc. Third conference, Pergamon Press, New York, p.389(1959)
16) J. Janzen and G. Kraus, *Rubber Chem.Technol.*, **44**, 1287(1971)
17) S. Brunauer, P. H. Emmett and E. Teller, *J. Amer. Chem. Soc.*, **60**, 309(1938)
18) ASTM D3037-93
19) J. B. Pausch, C. A. McKalen, *Rubber Chem. Technol.*, **56**, 440(1983)
20) JIS K6221-82
21) J. B. Donnet, A. Voet, 高橋,山下,堤訳, カーボンブラック, 講談社サイエンティフィック, p.75(1978)
22) R. S. Mikhail and S. Brunauer, *J. Colloid Interf. Sci.*, **26**, 45(1968)
23) J. L. Abram, Mc. Dennett, *J. Colloid Interf. Sci.*, **27**, 4(1968)
24) JIS K6221-82
25) JIS K6221-82
26) ASTM D3493-95
27) カーボンブラック協会, カーボンブラック便覧〈第三版〉, p.195, p.207(1995)
28) H. Arai and S. Misono, Int. Rubber Conf. '95, Kobe, Oct. 27A-4
29) 新井啓哲, 味曽野伸司, 日本ゴム協会誌, **75**, 3, p.123(2002)
30) カーボンブラック協会, カーボンブラック便覧〈第三版〉, p.1(1995)
31) カーボンブラック協会, カーボンブラック便覧〈第三版〉, p.144(1995)
32) D. Rivin, *Rubber Chem. Technol.*, **36**, 729(1963)
33) 山田, 鈴木, 近藤, 炭素, **44**, 20(1966)
34) E. Papirer, E. Guyon and N. Perol, *Carbon*, **16**, 133(1978)
35) M. L. Studebaker and R. W. Rinehard, *Rubber Chem. Technol.*, **43**, 449(1970)
36) 安井健悟, 日本画像学会誌, **38**, 195(1999)
37) H. L. Jakkubauaskas, *J. Coatings Technol.*, **58**, 71(1986)
38) 大北熊一, 笠原博信, 伊藤健一, 佐倉晃朗, 日本ゴム協会誌, **33**, 427(1960)
39) 大北熊一, 大谷寛, 日本ゴム協会誌, **30**, 14(1957)
40) J. B. Donnet, M. Rigaut, R. Furstenberger and P.Ehrburg, *Carbon*, **11**, 68(1973)
41) 中原, 新化学工学講座4, 熱分解, p.36, 日刊工業新聞(1961)
42) 特公昭38-2192
43) 新井啓哲, 中田英尚, 色材, **75**, 3, 100(2002)
44) 新井啓哲, 中田英尚, 色材, **75**, 8, 378(2002)
45) 大島明博, 佐藤俊之, ジョセフE. ジョンソン, Japan Hard Copy "97"論文集, p.161-164(1997)
46) カーボンブラック協会, カーボンブラック便覧〈第三版〉, p.570(1995)
47) 甘利武司, 鈴木健司, 色材, **72**, 690(1999)
48) カーボンブラック協会, カーボンブラック便覧〈第三版〉, p.568(1995)

第19章　ブラックマトリックス用黒色顔料と分散

久　英之[*]

1　はじめに

　カラーレジスト用黒色顔料としては，樹脂ブラックマトリックス(BM)に用いられるカーボンブラック(CB)とチタンブラックがある。筆者がBM用CBの開発に取り組んだのは，前職(三菱化学㈱)でCBの研究開発に携わっていた1994年からであった。当時BMと言えば，金属クロムあるいは金属クロムと酸化クロムなどとの積層体を指し，CB系には誰も目を向けていない時代であった。顧客から持ち込まれたテーマはIPS(In Plane Switching)方式に適用する「抵抗の高いCB」の開発で，達成できれば一世を風びするのも夢でないと言われたことを記憶している。CB業界に携わっている識者からは非常識な開発であり，不可能なテーマであると言われたが，数年の歳月を経て完成した。ちょうどこの頃から，クロム規制をはじめとした環境問題や低コスト化，さらには基盤の大型化などにともなう樹脂BMへの転換が急速に進行し，今日に至っている。

　本稿では，BMに用いられるCBとチタンブラックの概要を述べる。

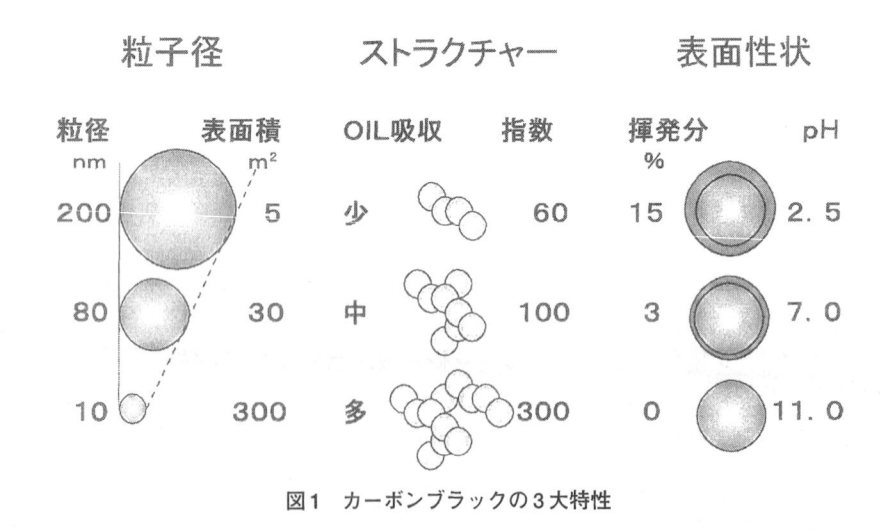

図1　カーボンブラックの3大特性

＊　Hideki Hisashi　御国色素㈱　専務取締役

第19章　ブラックマトリックス用黒色顔料と分散

2　カーボンブラックの基礎的性質

CBをゴムや樹脂，各種ビヒクルに配合し分散させ，補強性や黒度，導電性などの機能を付与する際，重要な因子は図1に示した粒子径とストラクチャー，それに粒子表面の物理化学的性質であり，これを通常CBの三大特性と呼んでいる。以下それぞれについて概要を述べる。

2.1　CB粒子の微細構造

前述の三大特性は粒子を最小単位とした特性であり，通常CBを取り扱う際はこれで十分と考えるが，さらにCBを知る場合は内部の微細構造も重要になってくる。図2に微細構造の概念を示した。

CBの最小単位の集合体は炭素六員環が30〜40個結合したものであり，これを網平面と呼んでいる。この網平面が3〜5層ファンデルワールス力でほぼ等間隔に積み重なったものが結晶子である。この結晶子は，粒子表面付近では粒子の外周に沿って平行に配列しているが，内部に行くほどその配列は不規則になっている。この結晶子が1,000〜2,000個集合して1個の粒子を形成し，またこの粒子が約2〜200個相互に化学的および物理的に結合したものをストラクチャーと呼んでいる。

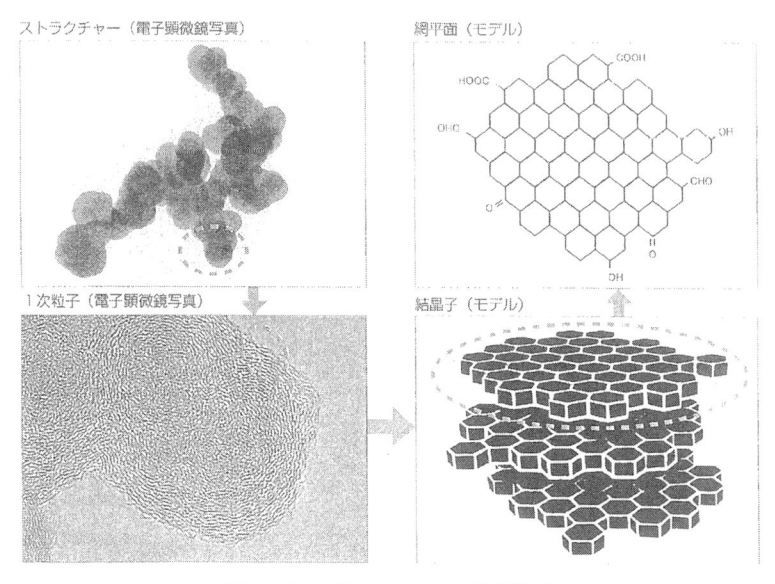

図2　カーボンブラックの結晶構造

2.2 粒子径とその分布

CBの粒子径は，少なくとも15～20Åの分解能を有する電子顕微鏡で数万倍の写真を撮影し，その写真の粒子をEndterの装置「Particle Size Analyzer」などで，2,000～5,000個程度直接測定することにより求める。

CB製造炉は炉内全域が均一な雰囲気になるように設計されているが，原料油の噴霧径や温度分布，反応時間分布などのわずかな違いは避けられず，このため粒子径は分布を持った状態で生成してくる。図3[1]は代表的なカラー用CB(いずれも三菱化学㈱製)の粒子径分布を示したものであるが，小粒子径のCBほどシャープな分布を形成している。通常，この粒度分布は面積平均粒子径(dA)と算術平均粒子径(dn)との比で表し，このdA/dn比が大きいほど粒子径分布が広いと考えてよい。

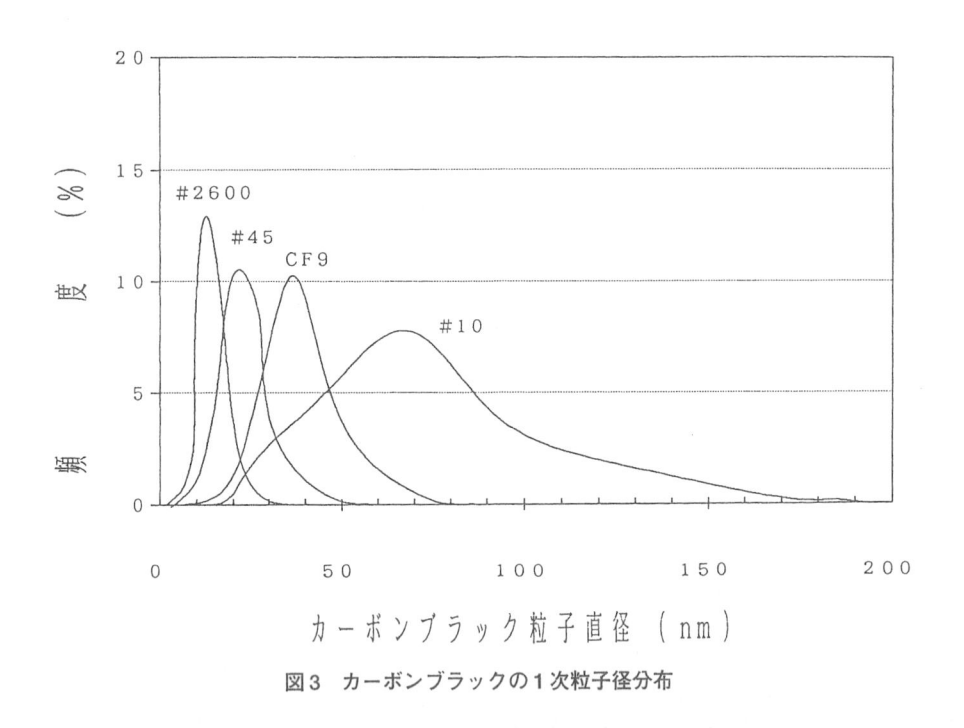

図3　カーボンブラックの1次粒子径分布

2.3 粒子の凝集体(ストラクチャー)

前述した通りCB粒子は粒子同士が融着し，ぶどう状に連なった凝集体を形成しており，これをストラクチャーと呼んでいる。その一例として図4に走査型電子顕微鏡(SEM)写真を，また図5に透過型電子顕微鏡写真を示した。

各粒子はほとんどくびれがないくらいまで強固に融着しており，さらにストラクチャーの周囲

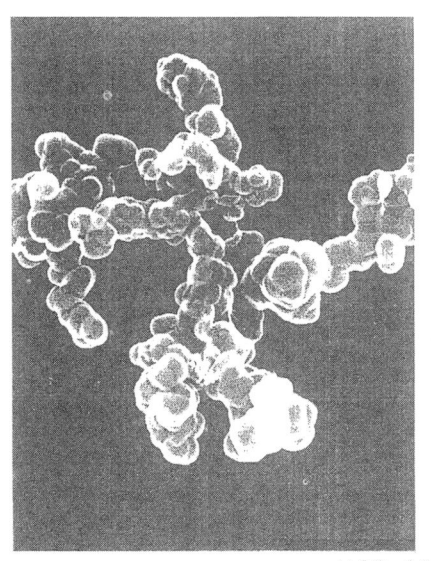

第19章　ブラックマトリックス用黒色顔料と分散

図4　カーボンブラックの電顕(SEM)写真

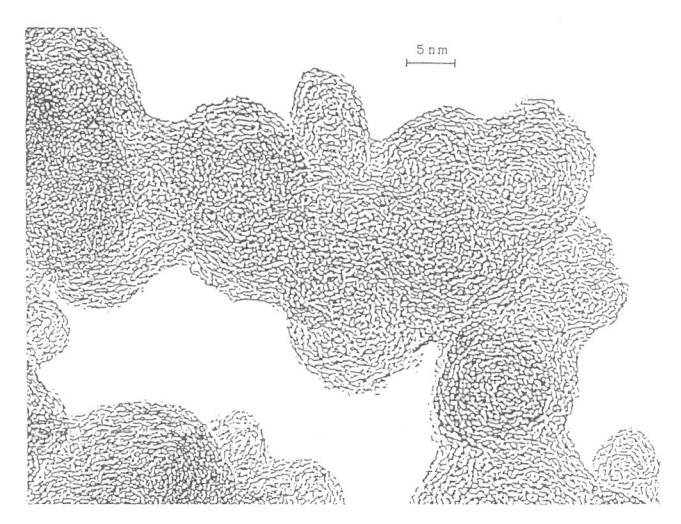

図5　ファーネスブラックの電子顕微鏡写真(TEM)

に沿って網平面(または結晶子単位)が平行的に配列していることが分かる。

　この事実をベースに，ゴムや樹脂，塗料などの各混合系におけるCBの最小分散単位を考えると，Hess[2]らが提唱したように，個々の粒子ではなくストラクチャーそのものであるとする説が的を射ている可能性が高い。彼らはストラクチャーを融着状の永続的なアグリゲート(aggregate)と解釈し，このアグリゲートユニットを形態学的(長短，軸径，異方向，ラフネス)に直接定量化することにより，最小分散単位の状態を表現しようと試みている。

2.4 化学的性質

通常のCBは炭素のからだに酸素や水素,硫黄などの衣服をまとった形で存在しており(表1)[3],この衣服の種類や枚数,厚みはCBの性質に重要な意味を持っている。この衣服の生成過程をみると,水素は原料炭化水素の炭化過程における脱水素反応残留物,また,硫黄は原料油や燃料油,灰分は原料油や冷却用の水などからきたものである。一方,酸素はCB粒子形成後,空気との接触により結合する塩基性酸化物と,後処理での反応によって生成する酸性酸化物とがある。この酸性酸化物の官能基は,一般的にカルボキシル基とカルボニル基,水酸基,キノン基,ラクトン基であると言われており,Boehmは図6のような表面構造モデルを提案している。これらの官能基を同定あるいは定量するために表2のような手法が用いられているが,いずれも簡便でないため,通常の品質管理は揮発分組成や揮発分量,pHなどで代表することが多い。

2.5 市販されているCBの代表例

着色用(通常カラー用あるいはインダストリアル用などと呼ばれている)CBと導電性CBの代表例として,三菱化学㈱社製を中心に示した。

2.5.1 中性CB(表3)

すべてファーネス法で製造したCBである。粒子径とストラクチャーに特徴を持たせている。一般に,粒子径は製造炉の温度と装入する原料油の変更で調整している(→高温ほど小粒子径→油装入が少ないほど小粒子径となる)。

また,ストラクチャーは製造炉の形状によっても変化するが,原料油へのアルカリ物質の添加

表1　カーボンブラックの組織組成

TYPE	CODE	AVERAGE DIAMETER (mm)	BET-AREA (m^2/g)	C (%)	H (%)	O (%)	S (%)	ASH (%)
MT	N990	300	8	99.3	0.3	0.1	0.01	0.3
FT	N880	150	16	99.4	0.5	0.1	0.01	0.1
SRF	N770	65	25	99.2	0.4	0.2	0.01	0.2
GPF	N660	55	30	99.7	0.4	0.2	0.5	0.2
HMF	N601	52	32	99.8	0.4	0.2	0.5	0.4
ACET	—	40	65	99.7	0.1	0.2	0.02	0.0
FEF	N550	38	46	98.4	0.4	0.6	0.6	0.2
FF	N440	50	48	98.2	0.4	0.4	0.1	1.0
HAF	N330	30	85	97.9	0.4	0.7	0.6	0.4
ISAF	N220	28	115	97.4	0.4	1.1	0.6	0.5
SAF	N110	18	138	97.4	0.4	1.1	0.7	0.5

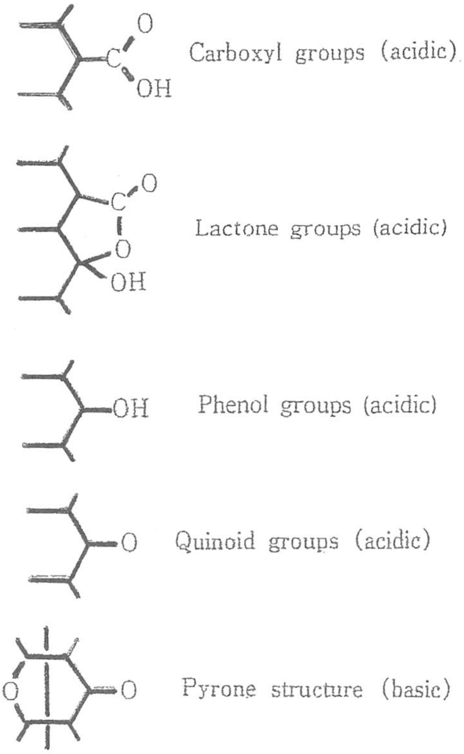

第 19 章　ブラックマトリックス用黒色顔料と分散

- Carboxyl groups (acidic)
- Lactone groups (acidic)
- Phenol groups (acidic)
- Quinoid groups (acidic)
- Pyrone structure (basic)

図 6　表面の酸素含有基

表 2　表面官能基の同定・定量方法

測定方法		官能基の種類	適応測定法
有機化学分析	①グリニヤール試薬 ②水酸化リチウムアンモニウム ③アルカリ滴定 ④ジアゾメタン ⑤水酸化ホウ素ナトリウム	カルボキシル基 水酸基 キノン基 ラクトン基 カルボニル基	①②③⑦⑧ ①②④⑥⑦⑧ ④⑤⑥⑧ ⑤⑧ ⑤⑦⑧
機器分析	⑥ポーラログラフィー ⑦赤外線スペクトル ⑧ESCA ⑨揮発分組成	水素基 全酸素量	⑧⑨ ⑨

量で調整するのが一般的である。

2.5.2　酸性 CB

　CB 表面に酸性官能基を付与した酸性 CB の製造は，製造炉から捕集までのプロセスで実施する方式もあるが，現在市販されている酸性 CB (表 4) のほとんどは，捕集した CB を別の系で後処

表3 中性CB

銘柄	物理化学特性					備考
	粒子径 (nm)	比表面積 (m²/g)	DBP吸油量 (ml/100g)	揮発分 (%)	pH	
#2600	13	360	70	1.8	6.5	高級グレード
#2300	15	260	65	2.0	8.0	
#980	16	250	66	1.5	8.0	中級グレード
#966	16	220	75	1.5	8.0	
#960	16	250	71	1.5	8.0	
#950	16	250	80	1.5	8.0	
#900	16	250	56	2.0	8.0	
#850	18	200	78	1.5	8.0	
MCF88	18	200	54	1.5	8.0	
#650	18	163	115	1.5	8.0	
#750	18	163	115	1.5	8.0	
MA600	18	153	130	1.0	7.5	
#52	27	113	63	0.8	8.0	汎用グレード
#47	23	130	64	1.1	8.0	
#45	24	125	53	1.1	8.0	
#45L	24	127	45	1.1	8.0	
#44	24	125	76	0.8	8.0	
#40	24	125	110	0.8	8.0	
#33	28	93	76	0.6	8.0	
#32	30	85	100	0.6	8.0	
#30	30	85	113	0.6	8.0	
#260	42	70	73	0.8	8.0	
#25	40	55	70	0.6	8.0	
#20	40	56	122	0.4	8.0	
#10	84	28	86	0.6	7.0	
#5	85	25	71	0.4	8.0	
CF9	40	60	64	0.7	8.0	
#95	40	60	64	0.7	8.0	
#85	40	60	47	0.7	8.0	

第19章 ブラックマトリックス用黒色顔料と分散

表4 酸性CB

銘柄	物理化学特性					備考
	粒子径 (nm)	比表面積 (m^2/g)	DBP吸油量 (ml/100g)	揮発分 (%)	pH	
#2700	13	300	56	11.0	2.0	高級グレード
#2650	13	320	80	8.0	3.0	
#2400	15	260	45	10.0	2.0	
#2350	15	260	68	8.5	2.0	
#1000	18	200	55	3.0	3.0	中級グレード
#970	16	250	80	3.0	3.5	
#50	28	103	65	1.5	6.0	汎用グレード
MA7	24	120	65	3.5	3.0	
MA77	23	131	65	3.5	3.0	
MA8	24	120	58	3.5	3.0	
MA11	29	104	65	2.0	3.5	
MA100	22	134	100	1.5	3.5	
MA100R	22	134	100	1.5	3.5	
MA220	55	31	91	1.0	3.0	
MA230	30	85	113	1.5	3.0	

理して行っている。すなわち，表3のCBを酸化する方式である。酸化処理方法としては，表5に示した通り多くの方式が提案されているが，現在の主流は酸性ガスを用いる方式である（酸化方法の詳細については，著者の「ナノ粒子に応用したい表面改質技術」[4]などを参照願いたい）。

2.5.3 その他（導電性CBや黒鉛化CB）

導電性CBはストラクチャーを極端に発達させたもの（代表例としてアセチレンブラック）と，賦活処理などで比表面積を大きくしたもの（代表例としてケッチェンブラック），さらにはこれら両物性を取り入れたもの（代表例としてBP2000）などがある。一方，黒鉛化CBはCBを不活性雰囲気下2,500℃以上で熱処理することで，図7に示すように結晶構造を発達させたCBである。

3 BM用顔料

3.1 BMについて

BMはR・G・Bのコントラスト向上や色純度低下の防止を目的として各色の着色画素間に形

表5 カーボンブラックの表面処理方法

処理アイテム		処理方法
酸化	気相酸化	低温雰囲気（オゾン・NO_2・SO_3・フッ素） 高温雰囲気（空気・オゾン・NO_2）
	液層酸化	硝酸・過マンガン酸カリ・亜塩素酸・塩素酸・過塩素酸・酸素飽和水・オゾン水溶液・臭素水溶液・次亜塩素酸ソーダ・クロム酸カリウムとリン酸との混合液
グラフト		①粒子表面へのグラフト重合 ②粒子表面からのグラフト重合（粒子表面の重合開始基からグラフト鎖を生長させる） ③粒子表面とポリマーとのグラフト反応（表面の官能基と反応性ポリマーとの反応）
カップリング処理		①シラン系 ②チタネート系 ③アルミニウム系
機械的処理		ボールミル摩砕
プラズマ		①低温プラズマ処理 ②大気圧プラズマ処理 ③パルス変調処理
黒鉛化処理		不活性雰囲気下 2,000～3,000℃処理
賦活処理		①水蒸気賦活 ②CO_2賦活

図7 高結晶性CB

第19章 ブラックマトリックス用黒色顔料と分散

表6 BMに要求される品位(樹脂BM)

要求項目		要求・品位
露光感度		UV露光量が200mmj以下
現像マージン		広いほど良好
残渣		無いこと
密着性		強いほど良好
体積固有抵抗 ($\Omega \cdot cm$)	クロム代替	一般的には10^8以下
	高抵抗	10^{12}以上
表面粗度 (Ra)		一般的には50Å以下
細線化 (形状)		10μm以下が可能なこと
遮光性 (OD値)		塗膜1.0μm以下で4.0以上 好ましくは4.5以上
経時安定性		室温数ヶ月経時でも増粘しないこと
反射率		低い程良好。具体的には1.5%以下

成される。表6に樹脂BMに求められる要求品位を示したが、樹脂BMが認知されるとともに要求される性能は広くまた高くなってきている。以下に最近の主な要求性能を示す。

① 液晶テレビをさらに普及させるためには、ますます明るく綺麗な画面が求められている。明るくするためにはバックライトの輝度を高めるのが一般的であり、これの実現には樹脂BMの遮光性(OD)を一段と高くする必要がある。

② 遮光性アップすなわち高OD化は、露光時の感度向上とトレードオフの関係にあるが、これの両立化が必要である。

③ 開口率向上のため、線幅をできるだけ細くする必要がある。最近では5～6μmの解像性も求められるようになってきている。

④ 上記①にも関係するが、カラーフィルター表面段差低減のための薄膜化も必要である。

3.2 樹脂BM用CB

樹脂BMに用いられるCBは抵抗に制約のない(通常はレジスト化後のVRで$10^8 \Omega \cdot cm$以下) Cr代替のものと、主にIPS(In Plane Switching)方式のCFや携帯電話、それにPDAなどで採用されている高絶縁性のもの(レジスト化後のVRで$10^{11} \Omega \cdot cm$以上)に大別できる。

表7に市販されているファーネス法CBの品位範囲と、BM用として比較的好ましいCBの品位範囲を示した。

表7 カーボンブラックの物性(ファーネス法製造品に限定)

	市販されているCB	BM用として好ましいCB
粒子径 (nm)	9～100	15～60
比表面積 (m^2/g)	30～1500	50～250
比重	1.80	1.80
DBP吸油量 (ml/100g)	40～200	50～140
pH	2～9	2.5～8
粉体抵抗 ($\Omega \cdot cm$)	10^{-2}～10^1	10^{-1}～10^7
揮発分 (%)	0.5～10	1～5

注) ①比表面積は,後処理で向上させた物も含めた
　　②pHと揮発分は,後処理(酸化)品も含めた
　　③粉体抵抗は圧縮圧力50kg/cm^2での値

3.2.1 Cr代替CB(一般には低抵抗)

表6で述べた通り,樹脂BMに要求される物性が多岐にわたるため,市販されているCBの中にズバリ使用可能なものはない。後述する高抵抗BM用CBの中には要求をほぼ満たすものも存在するが,処理コストが高く結果的に高価なCBとなるため,Cr系BMの価格改良型すなわち安価なタイプ用の樹脂BMとしては使用が困難であった。

そこで我々は,BMに要求される各種物性とCBの特性との関係を3次元的切り口も加味した解析を行うことにより,比較的安価な後処理方法によるBM用CBを開発した。

この処理で得たCBによるBM物性は図8に示した通りであり,ほぼ満足できるものが得られたと考えている。しかしながら,市場の要求はますます高くなり,最優先課題としてさらなる高OD化が求められている。高OD化に向けて我々が取り組む方向としては,

① CBの選択と後処理によるトライ
② レジスト中のCB濃度をアップする方向でのトライ
　(この方向はミルベースの粘度低減や感度向上,経時安定性の向上などがキーポイントになる。)
③ ①と②の合わせ技によるトライ

などが検討されている。

我々は①を主体に検討を進めており,膜厚1.0μmでOD値4.5を目指した開発で図9のような結果を得ている。

3.2.2 高抵抗CB

前述した通り,CBは金属の次に抵抗の低い良導電性素材である。このような性質を保有した

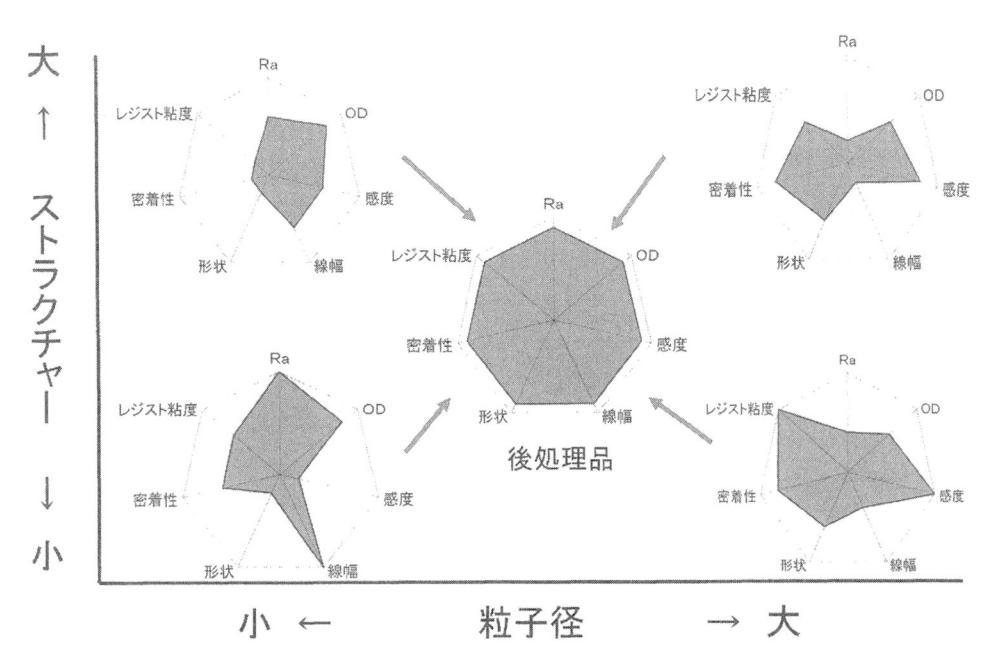

第 19 章　ブラックマトリックス用黒色顔料と分散

図 8　カーボンブラック特性と BM 用レジスト特性の関係

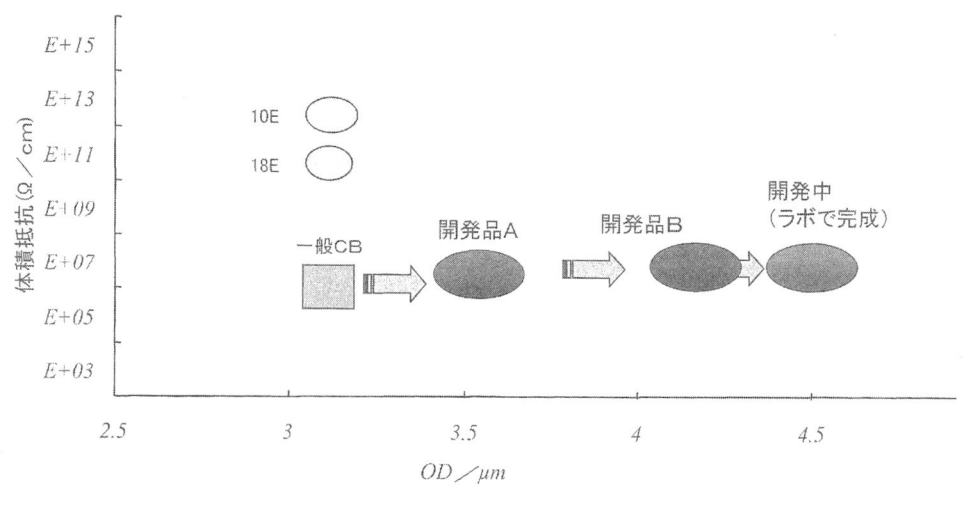

図 9　高 OD 品の開発推移

CB 素材そのものを高抵抗化するにあたっては，「好ましい導電性 CB としての物性」[5]の逆を作る方向でトライし開発した。すなわち，

① CB 表面に酸素コンプレックスなどの π 電子の移動を妨げる物質を付与する。

② 電荷が集中し遠距離まで電子がジャンプするもとになる結晶子の乱れ部分，すなわちコン

ダクティブホールを除去する。

③ CB粒子表面をイガグリ状にすることでCB粒子同士の直接的な接触頻度を減らす。

などを考慮し，開発[6]したものである。

図10に得られたCBの概念図を，また図11に粉体抵抗のレベルを示したが，通常のCBより7～8桁高いCBになっていることが分かる。

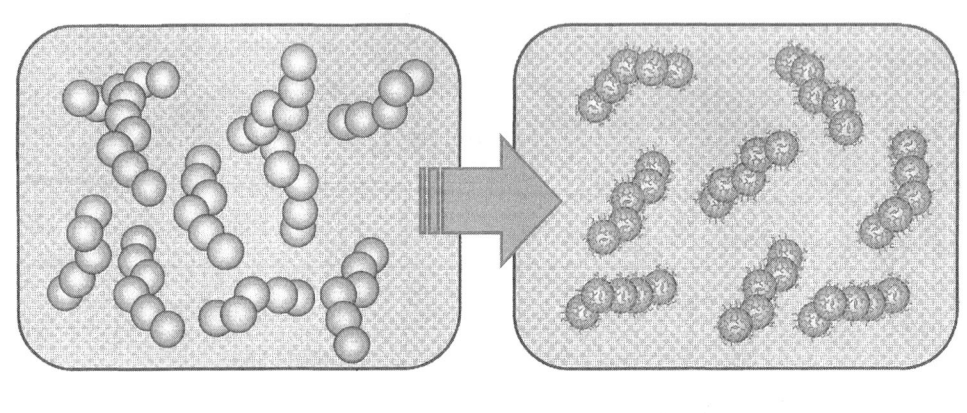

通常CB　　　　　　　　イガグリ状CB

図10　新規開発カーボンブラック

CB粉体抵抗値の推移

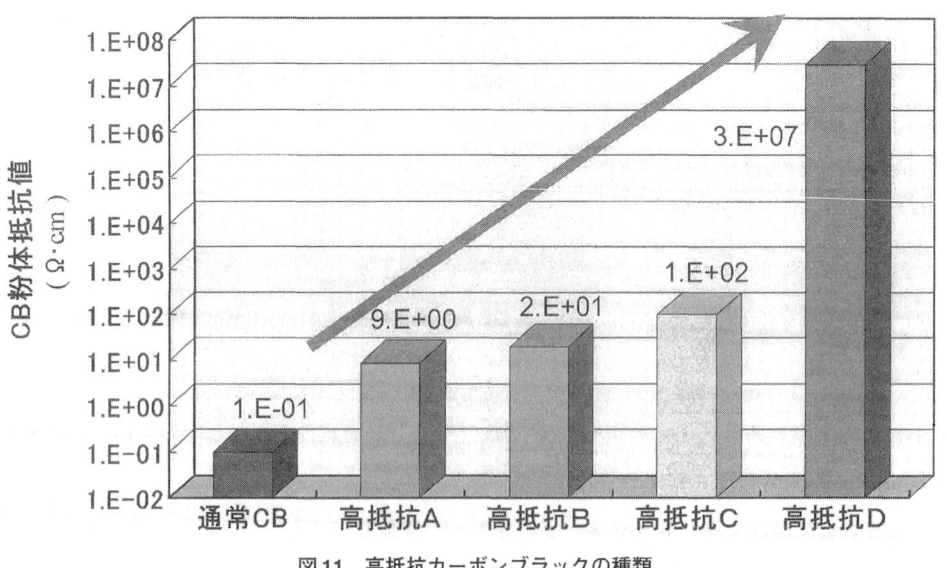

図11　高抵抗カーボンブラックの種類

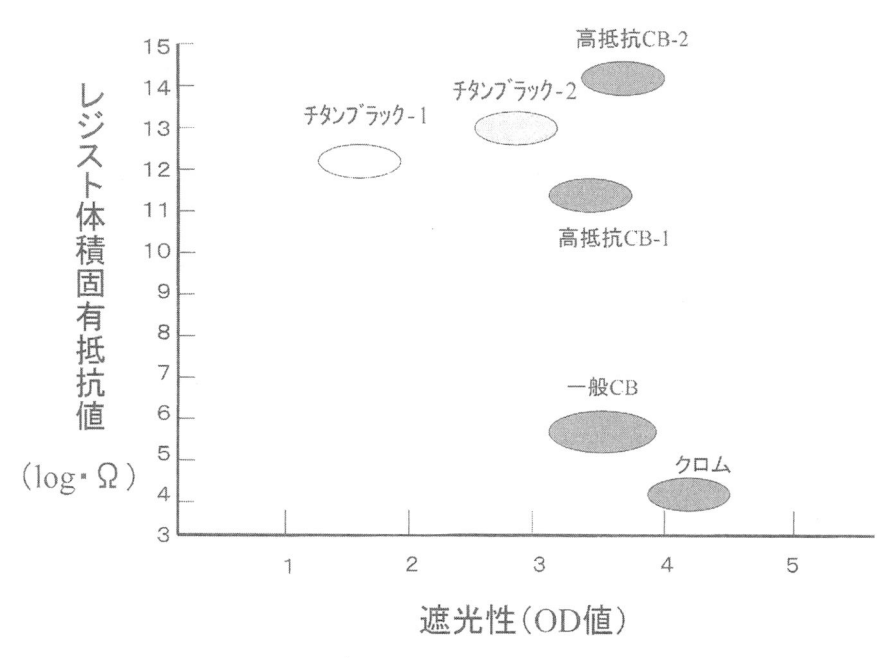

第19章 ブラックマトリックス用黒色顔料と分散

図12 レジストにおける遮光性と抵抗の関係

　図12は，このCBによるレジスト膜BMのOD値と抵抗の関係をこれまで述べてきた他の素材も含めて示したものであるが，高抵抗CBはチタンブラックなみの抵抗を示し，OD値はこれより優れていることが分かる。

3.2.3　次世代樹脂BM用CB

　現在，樹脂BMに求められている特性は前述した通り，

① 薄膜化，そしてこれを実現するための高OD化
② スループット向上のための高感度化
③ 画素の開口率向上のための細線化

などが主体である。一方，生産技術面においては，

④ CF生産効率の向上
⑤ CFの歩留向上

などに関して終わりなき挑戦が続いている。④と⑤に関し，CB分散液（ミルベース）とレジストに求められる特性としては，高感度化，現像マージンの広長化などとともに，異物の低減化がある。

　樹脂BMに用いられるCBというより，世界中すべてのCBは微細異物を含有している。CBは約2,000℃に耐えうる煉瓦で内張りされた特殊な反応炉に燃料と空気を導入し，完全燃焼させ

機能性顔料とナノテクノロジー

て1,400℃以上の高温雰囲気を形成したうえで，液状の原料油を連続的に噴霧し熱分解させて製造する。

この際，数μmから数十μmの油滴で噴霧した原料油が熱分解されず，途中の高温域で油性物質のみが揮発した状態の硬い微粒子や炉材の煉瓦屑，さらには原料油や燃料油中に含まれていた不純物などがCB中に混入してくる。これをCB業界では粗粒子あるいはグリッドと呼んでいる。数μm以上の比較的大きな粗粒子はCB分散液製造時のフィルターで除去可能であるが，微細な粗粒子の除去は不可能と言われていた。我々はこれの除去に成功し，表8と図13のような

表8　次世代CB（異物低減化CB）

	一般CB	高抵抗CB MS18E	次世代CB 低抵抗	次世代CB 高抵抗
現像性	△〜×	○	○	○
密着性	△〜×	○	○	○
感度	△	○	○	○
OD/μm	3〜4.2	3〜3.5	3〜4.2	3〜4
抵抗（Ω・cm）	$10^{4〜8}$	10^{10}	$10^{4〜8}$	10^{10}
コスト	◎	×	○	△
異物	△〜×	△	◎	◎

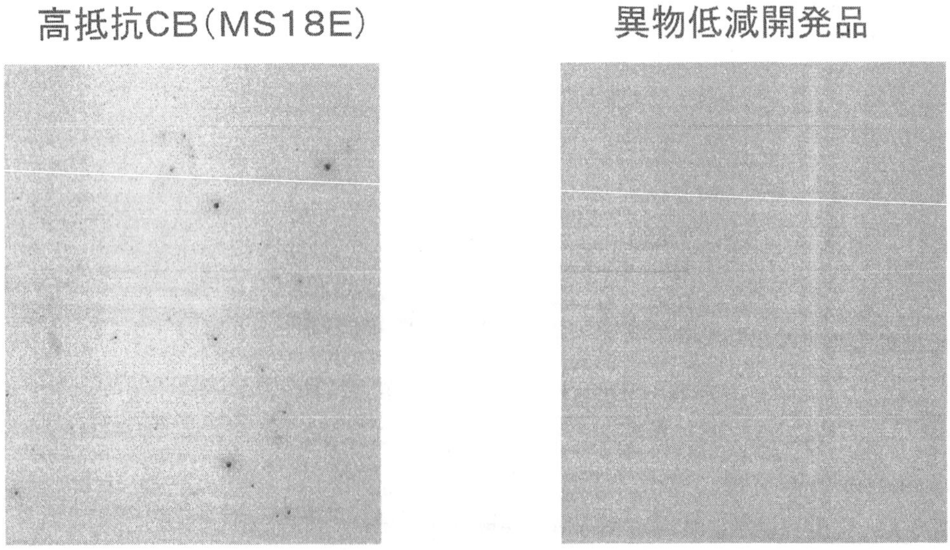

高抵抗CB（MS18E）　　　異物低減開発品

図13　異物低減化CB

第19章　ブラックマトリックス用黒色顔料と分散

異物皆無のCB分散液を得た。

3.3　CBの分散性

　我々が手にするCBは，CB製造炉から製出したCBをバックフィルターで捕集後エアー抜きして嵩密度をアップしたものや，これに水を加え造粒した後に乾燥したものなどであり，極端に凝集した状態のものである。

　例えば，平均粒子径20nmのCBが凝集体径100μm(0.1mm)で存在すると仮定すると，この中には1次粒子が約900億個含有していることになる（表9）。分散とは，これを1次粒子の集合体であるアグリゲート（ストラクチャー）単位にまで解し，その状態を安定的に保つ工程である。

　CBの分散工程は図14[7]の通り「粗砕」「濡れ（浸透）」「分散（微粒子化）」「分散安定」の4つの単位過程で進むと考えられている。各工程に影響するCB物性は表10にまとめた通りである。この工程のうち，微粒子化工程を補足すると図15[7]のようなデータも得られる。この図は樹脂に配合

表9　CBの凝集体中の一次粒子個数（概算）

	粒子サイズ		凝集体中の1次粒子数
	一次粒子	凝集体	
球径粒子と仮定	直径20nm	100μm	9×10^{10}（900億）個
ストラクチャー単位	直径20nm 長さ1μm	100μm	1.3×10^{10}（130億）個

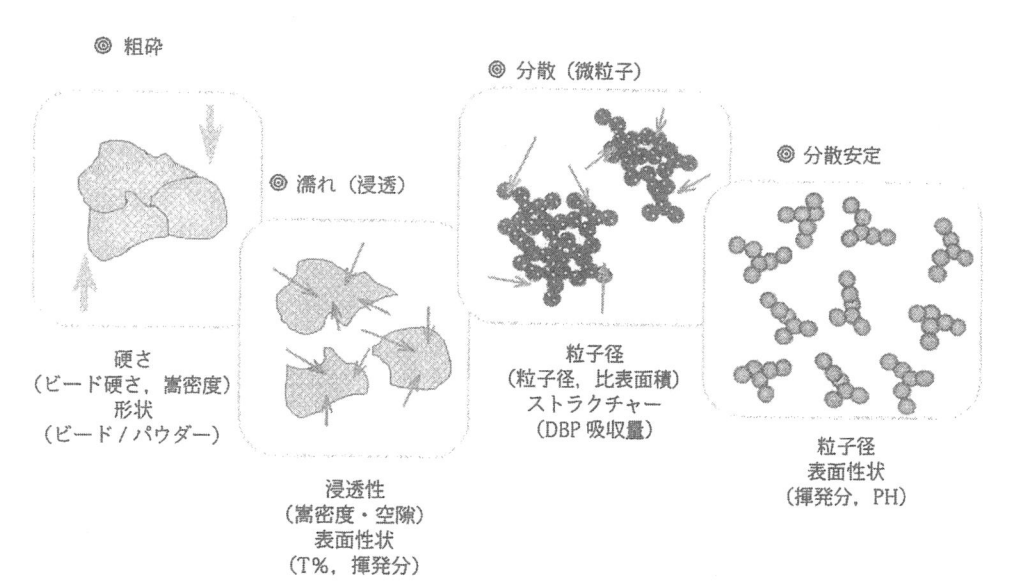

◎ 粗砕　　　　　　　　　　　　　　　◎ 分散（微粒子）
　　　　　　　◎ 濡れ（浸透）　　　　　　　　　　　◎ 分散安定

硬さ
（ビード硬さ，嵩密度）
形状
（ビード／パウダー）

浸透性
（嵩密度・空隙）
表面性状
（T％，揮発分）

粒子径
（粒子径，比表面積）
ストラクチャー
（DBP吸収量）

粒子径
表面性状
（揮発分，PH）

図14　カーボンブラックの分散機構と影響因子

機能性顔料とナノテクノロジー

表10　分散工程に影響するCB物性

	影響するCB物性	備考
粗砕	硬さ 嵩密度	①造粒品より粉状品が好ましい。 ②嵩密度はエアーの含有量と関係している。分散系により最適値が存在する。 ③この工程で粗粒（ダマ）が存在すると後の工程に影響大である。
濡れ（浸透）	アグリゲート （ストラクチャー） 表面性状	①アグリゲートの大きい方が好ましい。 ②一般的には酸性CBの方が濡れやすい。
分散（微粒子化）	粒子径 表面性状 ストラクチャー	①CBの三大特性全てが関係するが，中でもストラクチャーの影響が大きい。 ②大粒子径，高ストラクチャーが好ましい。
分散安定化	粒子径 表面性状	①酸性CBが好ましいが，CB単独では困難である。 ②安定化には，分散剤や樹脂の助けが必須である。 ③分散剤や樹脂の吸着状態はCBの物性により異なる。

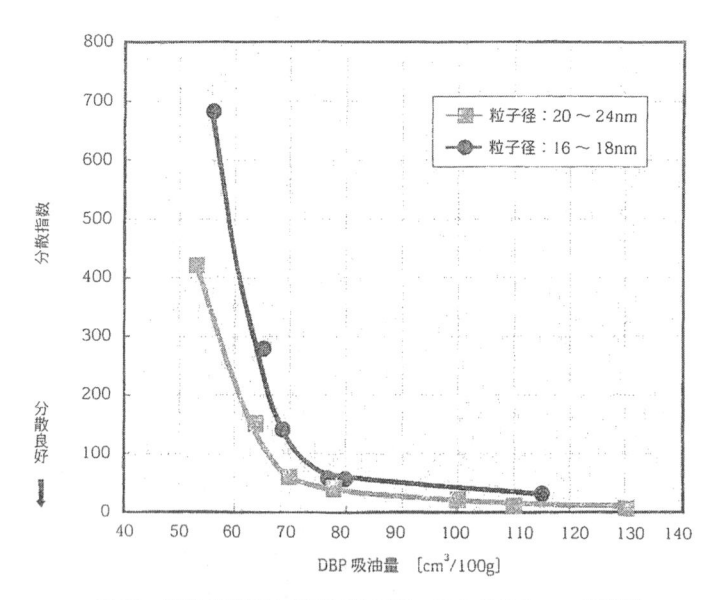

図15　樹脂分散性に対する粒子径・ストラクチャーの影響

した際の粒子径とストラクチャーの影響を見たものであるが，粒子径よりストラクチャーの影響が大きいことが分かる。

3.4　チタンブラック系樹脂BM

チタンブラックは二酸化チタンを1,000℃以下の温度でアンモニアガスなどにより還元し，酸素を減少することで黒色にした酸化物顔料である。表11に基本的物質を示したが，BMに用い

第 19 章 ブラックマトリックス用黒色顔料と分散

表11 チタンブラックの物性

	市販されている物	BM に用いられている物
粒子径 (nm)	30〜300	200〜300
比表面積 (m^2/g)	8〜35	15〜20
比重	4.6	4.6
B法吸油量 (ml/100g)	40〜80	60〜80
pH	8±1	8〜9
粉体抵抗 (Ω・cm)	$10^{-1}〜10^{7}$	$10^{4}〜10^{5}$
不純物	K, Na, P, Si などが各 1,000ppm 以上	

られる物は比較的大粒子径で粉体抵抗の高いグレードである。

　チタンブラック配合のレジストを BM に用いると感度がよいため現像マージンが広く，また細線も切れるが，顔料そのものの比重が高いためにレジストでの分散安定性が悪く，光学的濃度（OD値）も低いという欠点がある。さらに，この顔料は高価格であり，結果的に BM としてのコストが高くなる。これが本材料の最大の欠点である。

4　おわりに

　CB の先祖物質である「すす」(soot) は，すでに紀元前の古代から文字や絵を書くためのインキや絵の具の材料に使用されていたと言われている。現在においては，車のタイヤや各種の印刷物，導電性材料など，国内だけでも約 70 万 t ／年使用されている素材であるが，BM への展開は最も新しく開拓された用途である。それだけにまだまだ不明な点が多く試行錯誤の開発状況にあるが，高 OD 化，高感度化というトレードオフの問題解決をはじめ，顧客の要求はますます高度化してきている。今後は，従来の切り口を逸脱した手法も折り込み開発を進めることが重要と考えている。

文　　　献

1) 久英之，日本接着学会誌，**27**(6), 24(1991)
2) Burgess K. A., Scott C. E., Hess W. M., *Rubber Chem. Technol.*, **44**, 230(1971)

3) J. B. Donnet, A. Voet, 高橋, 山下, 提監訳, カーボンブラック, 講談社, 114 (1978)
4) 久英之, 第5回表面改質フォーラム要旨集 (2004)
5) 久英之, プラスチックス, 第53巻, 第9号 (2002)
6) 久英之, 日本ゴム協会誌, Vol.73, 第7号 (2000)
7) 秋元秀彦, 最新カーボンブラック技術大全集 (2005)

第20章　電子写真トナーにおける機能性顔料分散

浅見　剛[*1]，津布子一男[*2]

1　はじめに

　電子写真は画像情報を感光体に書き込みトナーを付着させてプリントする方式であり，インクジェットに比べて高速対応性が高い。電子写真トナーの色材には，顔料が一般的に用いられているが，顔料分散はトナー品質を決定づける重要な要素の一つである。液体トナーでは，顔料を分散する技術に加え，分散したトナー粒子が凝集せず長期間安定した分散状態を保つようにする技術も重要となる。本稿では，機能性顔料を用いた電子写真トナー及びその分散技術について紹介したい。

2　電子写真トナー

　電子写真トナーには，乾式トナーと液体トナーがあるが，近年オフィスで使用される電子写真方式のプリンター，複写機は，乾式トナーを使用したものである。乾式トナーの粒径は5～10 μm程度である。粒径が小さい方が高画質化に有利であるが，製造性が悪くなることや微粉が飛散する問題から，あまり小粒径にはできない。近年では小粒径で分布をシャープに調整できるケミカルトナーの割合が高まる傾向にある。

　液体トナーは，高絶縁性液体中に顔料，樹脂などを分散してつくられ，粒径は0.1～3.0 μm程度である。乾式トナーに比べて粒径を小さくできるため，解像力が高く，印刷に近い画像が得られる。以前は複写用に多くの製品が販売されたが現在はオンデマンドプリンタとして商業用への用途が中心である。

3　電子写真プロセス

　電子写真のプロセスは，帯電器により感光体を帯電させ，画像部分をレーザーやLEDにより

---

*1　Tsuyoshi Asami　㈱リコー　機能材料開発センター　スペシャリスト
*2　Kazuo Tsubuko　㈱リコー　機能材料開発センター　技術顧問

照射し，表面の電荷を消し，トナーを感光体に付着させる。そのあと，紙に直接転写，あるいは中間転写体に一次転写後，紙に二次転写し画像を出力する。図1にリコー液体現像複写機CT‒5085の複写プロセスを示す[1]。

カラーの場合は，イエロー，マゼンタ，シアン，ブラックの4色により各色の画像信号に対応した画像をつくり，色を重ね合わせ画像を形成する。中間転写体上で色重ねする方式や，4本の感光体により順次転写紙に重ねるタンデム方式など色々な方式が考案されている[2]。

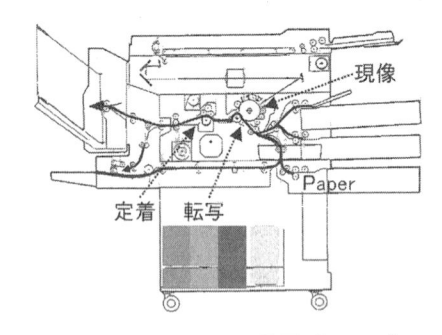

図1　リコー CT‒5085 複写プロセス[1]

定着は，熱ローラーと加圧ローラーの間を通して，トナーを溶融させる方式が一般的である。

4　トナー材料

乾式トナーは，主に顔料，樹脂，帯電制御剤，ワックス，外添剤からなり，粉砕トナーではこれら原材料を混練分散，粉砕，分級して作られる。液体トナーは，顔料，樹脂，分散樹脂，電荷制御剤を分散媒中に分散して作られる。以下電子写真トナーに用いられる機能性顔料及びその他材料について記載する。

4.1　機能性顔料，染料
4.1.1　顔料

モノクロトナーの顔料には一般にカーボンブラックが用いられる。酸性カーボンは，マイナストナー用に，中性又は塩基性カーボンはプラストナー用に応用される傾向がある。高着色力化のため顔料比率を高める場合は，カーボンではトナーの電気特性に悪影響が出るためカラー顔料を調整し添加する場合もある。また，黒色度を増すために補色剤として Pigment Blue 56 などのアルカリブルーを用いることもある。安全性の高いチタンブラックなどの金属酸化物もカーボンブラックの代わりに検討されている[3]。

イエロー顔料は Pigment Yellow 12, 13, 14, 17 等のジスアゾイエローが一般的であったが，Blue Angel Mark 取得のため，非ベンジン系の Pigment Yellow 93, 138, 180, 185 等が使用されるようになってきた。マゼンタ顔料は，Pigment Red 57：1のカーミン6Bや Pigment Red 122 のキナクリドン系顔料が用いられる。シアン顔料は，Pigment Blue 15：1, 15：3の銅フタロシアニンブルーが用いられている。同一構造の顔料でも処理剤の違い等によりトナーの帯電

第20章　電子写真トナーにおける機能性顔料分散

特性に与える影響が異なるため，必要とする性能に適した顔料を選択する必要がある。

4.1.2　加工顔料

樹脂に対する顔料分散性を向上させるため，マスターバッチ処理やフラッシング処理を行う場合がある。顔料は，合成された直後はウェットケーキ状であり，フラッシング処理により樹脂溶液と分散すると一次粒子に近い状態の良好な分散ができる。フラッシングとは，ウェットケーキの状態で樹脂溶液又は樹脂とともにフラッシャーと呼ばれるニーダーに入れよく混合し（この過程で顔料の囲りに存在する水が樹脂溶液により置換される），これをニーダーより取出し水相を捨て，樹脂中に顔料が混練分散されたものを乾燥し溶剤を除去した後，粉砕するというものである。

4.1.3　特色顔料

金属光沢画像を形成する場合は金属顔料を使用する。銀色は Pigment Metal 1（アルミニウム粉），金色は Pigment Metal 2（ブロンズ粉）が通常用いられる。ブロンズ粉はCuとZnの割合により色合いが異なるが青金（7号色）と呼ばれるCu：75％，Zn：25％の比率が金色に近い。アルミ粉は爆発性があるため取り扱いに注意が必要である。金属は導電性であり，表面に露出するとトナー帯電制御性を低下させるため，結着樹脂で十分被覆させることが大切である。

その他，Pigment White 6（酸化チタン）などを用いたホワイトトナー，蛍光顔料を用いた蛍光色トナー，蓄光顔料を用いた蓄光トナーも特殊用途向けに考案されている。

4.1.4　導電性顔料

配線パターンなどを電子写真で作成する場合の導電性トナーには銀粒子粉が用いられる。銀は銅などに比べて酸化されにくく低抵抗である。トナー用にはインクジェットで用いられるレベルの高価なナノ粒子ではなく数百ナノレベルの銀粒子が使用可能である。銀粒子の比表面積，形状（粒状，扁平），見かけ密度，添加剤量（ステアリン酸など）の特性の違いによりトナー特性，パターン導電性に違いが出るため，狙いの特性に合った銀粒子を選択する必要がある。また，樹脂量を増やすとトナーの帯電安定性は向上するが，導電性は低下するため，樹脂量と銀粒子量のバランスは重要となる。一般的には重量比（樹脂量/銀粒子量）は 10～25/90～75 程度が良好である。トナー帯電性とパターン導電性を両立させるため，銀粒子を用いたシードトナーで現像した後，シードトナーを核として無電解メッキを行う方法も考案されている[4]。

4.1.5　消色染料

2003年に東芝はロイコ染料を用いた熱で消せるトナー「e-Blue」を発売した。ロイコ染料は顕色剤の水酸基の作用により分子構造内のラクトン環が開環して発色しているが，加熱により顕色剤が分離して消色する[5]。使用済みコピーを加熱により無色化して再利用できるため環境面で優位性がある。消色のための熱エネルギーの低減と熱処理後の残像の低減が今後の課題と思われる。

この他，近赤外吸収性染料を用いた消色トナーなども考案されている（図2）。

4.1.6 機能性染料

基材が繊維やプラスチックの場合や印字物に透明性が求められる場合は染料が用いられる。

綿などの天然繊維用には反応染料や直接染料が，ポリエステルなどの合成繊維やプラスチックには分散染料が用いられる。

反応染料は繊維との共有結合によって染着するため，堅牢性が高い。図3に反応基がモノクロロトリアジンの Reactive Blue 15 の反応モデルを示す。通常染料には50％程度分散剤や塩類が含有されており，トナー帯電特性への悪影響を防止するため，純度を高めたものを用いる必要がある。反応染料の場合は反応基がつぶれないように分散温度や他材料の影響に注意して分散を行うことが重要である。

4.2　その他トナー材料

4.2.1　樹脂

乾式トナー用樹脂は低分子化しても強度が高く，紙との接着性が良好なポリエステル系が多く用いられる。カラーの場合は4色のトナーを定着時に熱で均一に溶融させる必要があるため，低

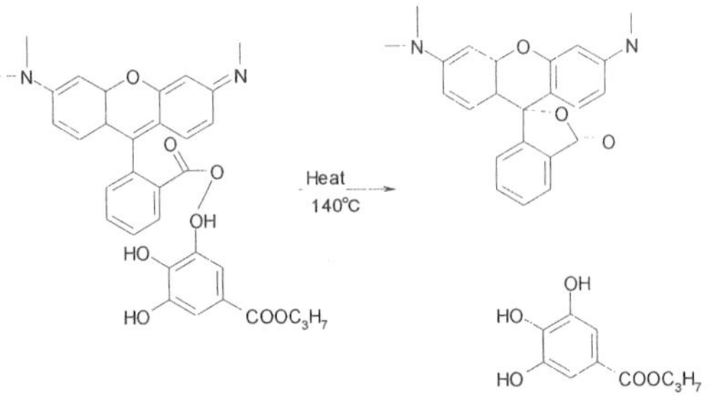

図2　消色トナーの消色機構[5]

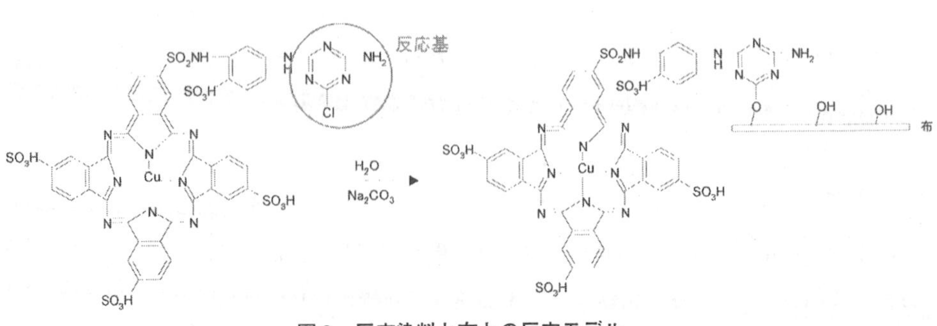

図3　反応染料と布との反応モデル

温で速やかに溶融する分子量10,000程度の低分子量の樹脂が使用される。

　液体トナーでは，結着樹脂の他に，液中での分散安定性を付与する分散樹脂が必要となる。分散樹脂は，顔料に親和性の高い部分(メチルメタクリレートなど)と分散媒に親和性の高い部分(ラウリルメタクリレートなど)及び電荷を与える機能(ジメチルアミノメタクリレートなど)を持っていることが必要である[6]。

4.2.2　電荷制御剤

　乾式トナーでは正帯電用として，ニグロシン，4級アンモニウム塩，負帯電用としてサリチル酸誘導体の金属錯体，アゾ染料金属錯体などが一般的である[7]。液体トナーでは正帯電用としてナフテン酸，オクチル酸等の金属塩，負帯電用としてはアルキルベンゼンスルフォン酸カルシウム，レシチンなどがある[8]。

4.2.3　外添剤

　乾式トナーの場合にはトナー粒子の流動性を向上させ，凝集を防止する目的で外添剤が添加される。一般的には，シリカ，アルミナなどが用いられる。

4.2.4　分散媒

　液体トナーの場合，イソパラフィン系溶媒のアイソパー(エクソンケミカル)などの高絶縁性有機溶媒が用いられている。近年は，高級脂肪酸エステル，シリコーンオイル，固体溶媒など安全性の高い分散媒が検討されている。

5　電子写真トナーの製造方法

　乾式粉砕トナーは，樹脂，着色剤，離型剤，帯電制御剤等の原材料をプレミックスし，混練機により，溶融，分散，混練する。これを冷却し，粗粉砕した後，高圧空気を利用した粉砕機により微粉砕する。これを分級機により微粉，粗粉部分をカットし，流動性を付与するための外添剤を加える。

　ケミカルトナーの場合は，乳化重合法，懸濁重合法，溶解懸濁法が一般に知られている。乳化重合法は，モノマーを水中に乳化させて，目標の粒径まで凝集させてトナー粒子を作る方法，懸濁重合法はモノマー中に着色剤等を分散させ水中で造粒，重合を行う方法，溶解懸濁法は樹脂を有機溶媒に溶解し着色剤等を添加分散させた溶液相を水中で造粒し乾燥させてトナー粒子を作る方法である。

　液体トナーの場合は樹脂，顔料，分散樹脂，帯電制御剤を分散媒に分散して製造する。一定以上の粒径部分をカットし，必要に応じて添加剤を加える。分散におけるトナー固形分は10～35％程度で行う。

6 トナー用分散機

6.1 乾式トナー用分散機

乾式トナーの場合,プレ分散はヘンシェルミキサー,スーパーミキサー等の高速流動型混合機が使われる。混練分散は,高温,高粘性状態で原材料を練って,均一に分散するため,一般的には2本ロール,3本ロール等のロールミル,コンティニュアスニーダ,エクストルーダ等の連続式スクリュー型の混練機が使われる。ケミカルトナーでは,モノマーと顔料などとの分散に液体トナーの分散で使用されるようなメディアを用いた分散機も使用される。

6.1.1 ヘンシェルミキサー

ヘンシェルミキサーは,短時間で微量成分が均一分散できる,清掃が比較的容易である等の長所があり,トナーのプレ分散に使われる[9]。攪拌バネを高速で回転させることにより,原材料を空気と共に循環させて混合,分散する。ハネは,高速で回転させた方が分散効率は良くなるが,トナーの帯電特性に悪影響を与えたり,発熱による溶融やハネ部等への付着が発生する場合もあるため,一般的には,ハネ周速15～30m/s,攪拌時間10分程度までで使用される。

6.1.2 3本ロールミル

3本ロールミルは,ロール間に圧力をかけ,各ロールの速度差により混練する。各ロールの速度差は後ローラ:中ローラ:前ローラ＝1:3:9が一般的である。ロール内は中空になっており,中に流す水量で,温度制御ができる。後ローラと中ローラの間に原材料を供給し,混練後,排出は,前ローラにスクレーパを当てて行う[10]。3本ロールは強力な分散が行えるが,開放型であるため作業者に臭気を与え,巻き込みの危険性,作業者による品質差等が発生する等の短所があるため,密閉連続式のものに置き換えられる傾向にある。

6.1.3 連続式スクリュー型混練機

連続式スクリュー型混練機は,ホッパからフィーダでフィードスクリューに原材料を供給し,スクリュー軸に固定している回転ブレードと固定ブレードの間隔で混練を行う[11]。途中でガス抜きを行った後,トナーを押し出す。連続的に効率良く混練できるが,3本ロールに比べると混練度は若干劣る傾向がある。

6.2 液体トナー用分散機

液体トナー用の分散機は,溶剤の蒸発を防止するため,一般にはサンドミルなどの密閉型のメディアミルが用いられている。トナー材料として軟化温度の低い樹脂を用いる場合が多いので,粉砕エネルギーの大きい分散機は発熱には十分注意が必要となる。

第 20 章　電子写真トナーにおける機能性顔料分散

6.2.1　ディスパーザ

　ディスパーザは，インペラーミル，ディゾルバ等の名称で呼ばれている高速攪拌分散機であり，液体トナーのプレ分散に用いられる。ハネを 1,000 ～ 2,000rpm の高速で回転させることにより，原材料がある程度均一になるように攪拌，分散する。

6.2.2　ボールミル

　ボールミルは，分散時間，分散温度を管理するだけで製造できるため工数がかからないという利点がある。しかし，分散時の音が大きい，高粘性のトナーは分散や抜出しが困難である。また分散時間が長い等の短所もある。

　ボールミルの構造は，円筒部とその中に入れるメディア，円筒部を回転させるモーターより成っている。原材料をミル内に入れ，回転させることにより円筒内のボールが下方に転がりながら，なだれを起こし，落下するときの摩砕，衝突作用により液体トナーを分散する。ボールミル全容量に対し，ボール仕込み量 30 ％（見掛ボール量 50 ％），トナー 35 ％，空間 35 ％が標準的な仕込み量である。

6.2.3　連続式サンドミル

　連続式サンドミルは，ディスクあるいはピンを周速 3 ～ 15m/s で回転させることにより分散する。メディアは通常 3 φ以下のものが使われる。タテ型，ヨコ型があり，最近は，メンテ性の良いヨコ型が多くなる傾向にある。液の循環にポンプを使用するため，トナー原材料はあらかじめプレ分散しておく必要がある。高粘性のトナーにも対応でき，ボールミルよりも短時間で分散できるなどの長所があるが発熱が大きいため，冷却効率の高い設備を選択する必要がある。ボールミルに比べて粉砕力は大きいが，ボール同士のずりせん断による練りの要素が少なく，トナーの品種によっては，サンドミルでは，狙いの品質が得られない場合もある。図 4 に連続式サンド

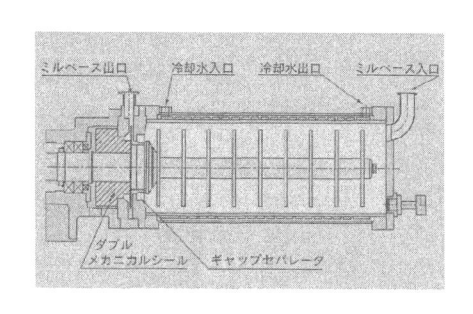

図 4　連続式サンドミルの外観と構造[12]

ミルの外観と構造を示す。

6.2.4 メディア

トナー分散には，スチールビーズ，ジルコニアビーズが良く使用される。スチールビーズは，密度が高く，分散力に優れるが，摩耗による鉄粉がトナー中に混入する。ジルコニアビーズは，耐摩耗性に優れるが，熱伝導率が低く冷却効果率は劣る。

メディア径は，一般的には，大きいほど粒径分布が広くなり，小さいほど小粒径まで分散できる傾向にある[13]。

7 分散性の評価

トナーの分散性の確認には，透過型電子顕微鏡を用いて直接観察する方法と分散に関連のあるトナー物性を測定して，その物性値から判断する間接的方法がある。

トナー物性値から評価する方法は，乾式トナーの場合は，トナーをペレット状にしたサンプルを作成し，これに交流電圧を印加することにより，誘電率(ε')，誘電損率(ε'')を測定し，損失正接 $\tan \delta = \varepsilon''/\varepsilon'$ を求めて判断する[14]。$\tan \delta$ が所定の値よりも大きい場合には，分散が不均一と判断できる。

液体トナーの場合は，粒度分布計により粒径を測定する方法やトナーを一定の割合に希釈し，積分球透過濃度計等で透過濃度を測定する方法がある。透過濃度＝(散乱透過光量/全透過光量)×100 で求められ，所定の値よりも大きい場合には，分散不良と判断できる。また，分散が進むにつれ粘性も変化するため，レオロジー特性で判断する場合もある。

液体トナーの場合は経時における分散安定性も重要である。安定な分散系を維持するためには，トナー粒子どうしが安定な電荷を保持していること(電気的な反発)，トナー粒子が立体的に近づきすぎない構造をとっていること(立体的な反発)，分散媒に対してトナー粒子が沈降しにくいこと等が必要となる。分散安定性は，トナー物性，沈降性，トナー凝集性等から判断する。

8 顔料分散と画像品質

顔料分散が良好に行われるほど可視域での吸収スペクトルの最大吸収度が大きくなり色の発色性，透明性は良くなり，色再現性域が拡大し，色特性は向上する傾向にある[15]。このため，フラッシングやマスターバッチ化により，樹脂と顔料を十分分散させて，着色力が高く発色性の良好なトナーを製造する方法も用いられる。

しかし，逆に極端に顔料分散が良すぎてもトナーとしての品質が低下する場合があり，総合的

第20章　電子写真トナーにおける機能性顔料分散

に高画質化が図れるような分散を行う必要がある。

　顔料の発色は，特定波長の光の吸収，反射によるものであるため，粒子径が光の波長よりも小さくなりすぎると透明性が出て隠ぺい力が減少する[16]。このため，可視光線の波長の1/2倍から波長程度が透明性，画像品質において良好との報告もある[17]。

9　今後の展望

　電気配線パターンはエッチング技術や導電性インクを用いた印刷技術で作られているが，近年，インクジェットや電子写真を用いた検討が進められている。今後，多様なパターンへの対応，短納期の製造，環境面での配慮などを考えるとオンデマンド化は有望と思われる。

　電子写真トナーにおいて，顔料は色を出すための機能が大切であるが，コピーやプリンタ以外の分野に応用する場合は，更に目的とする機能を発揮させることが重要になる。

　そのため，トナー化の段階で熱や他材料との接触により顔料性能が低下したりせず，最終的にその機能が十分発揮できるようなトナー構造にする必要がある。

　このためには例えばカプセル型多層構造トナーのような機能分離型トナーにするための分散方法，製造方法や図5に示したようなポリマー化顔料を用いた液体トナーの重合法なども今後重要になってくると思われる。

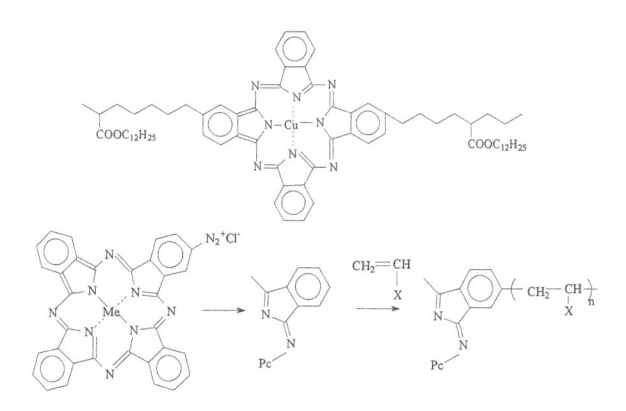

図5　ポリマー化銅フタロシアニン

文　　献

1) リコー CT-5085 取扱説明書
2) 坂本康治(リコー)，電子写真プリンター，プリンター材料とケミカルス，シーエムシー出版(1995)
3) CMC テクニカルライブラリー 180　機能性顔料の技術，シーエムシー出版(2004)
4) 石井浩一(東芝)，液体トナー電子写真による Digital Fabrication の検討，Japan Hardcopy2005
5) 高山暁，五反田武志，佐野健二(東芝)，日本画像学界誌，第 44 巻，第 5 号(2005)
6) 津布子一男，浅見剛，梅村和彦，水野和代(リコー)，大河原信(OK ラボ)，非水系樹脂分散液を用いた電子写真現像剤，第 2 回ポリマー材料フォーラム(1993)
7) 電子写真用トナーの最新技術，技術情報協会，p.261(2004)
8) R. B. Comizzoli *et al.*, *RCA Review*, **33**, 2, 406(1972)
9) 橋本健治，混練技術と混練機の選び方，㈱テクノシステム，p.309(1990)
10) 工場操作シリーズ 11 攪拌・捏和・混合，化学工業社，p.94(1981)
11) 橋本健治，混練技術と混練機の選び方，㈱テクノシステム，p.369(1990)
12) 浅田鉄工㈱，製品カタログ(1999)
13) 元井操一郎，顔料分散用セラミックスの最近の動向，顔料，Vol.39, No.1 p.2416(1995)
14) 鈴木千秋，カーボンブラックの特性と最適配合および利用技術(第 6 節)，技術情報協会(1997)
15) 高山拓，赤木秀行，杉崎裕(富士ゼロックス)，PPC 用超微細カラートナー，第 2 回ポリマー材料フォーラム(1993)
16) 井上幸彦，金丸競，色材工学，高分子学会編(1964)
17) 野口典久(大日本インキ)，インキ製造法と生産技術，色材，**71**(1), 57-64(1998)

第21章　グラビアインキにおける顔料分散

湯川光好[*]

1　はじめに

グラビア印刷された製品は，皆さんの周りにあふれている。例えばお菓子の袋・コーヒーラベル・手提げ袋・ゴミ袋・米袋等日常生活に密着している。基材も紙・フィルム・金属等いろいろなものがある。このためバインダー(樹脂)も基材によっていろいろな種類がある。

顔料分散性も樹脂によって大きく変わる。これらの樹脂の種類，顔料の種類，溶剤の種類等の要素を考慮して顔料分散を行っている。これらについて以下にまとめてみた。

2　顔料分散について

分散の定義としては，一般的に「連続相の中に他の相が微粒子状になって散在する現象」をいう。このために連続相として固体・液体・気体が考えられ，分散体としても固体・液体・気体が考えられる。グラビアインキの場合には，連続相として液体，分散体として固体(顔料等)についての分散を考える必要がある。

分散は，「濡れ」「解砕」「安定化」についての3要素がある。

2.1　濡れ

濡れとは，分散させたい顔料表面の空気層をグラビアインキの連続相としての溶剤や樹脂により置換して，気体相が毛管浸透によって粒子凝集体の微細な間隙に浸透して，粒子間凝集力を低下させる現象をいう。

顔料粒子の微細な空隙に溶剤や樹脂が浸透する速度uは，以下のように表される[1,2]。

$$u = a\, \gamma_L \cos Q / 4\, \eta L \tag{1}$$

a：細孔の半径　　γ_L：液体の表面張力　　Q：接触角　　η：連続相の粘度
L：細孔の長さ

---

[*]　Mitsuyoshi Yukawa　東京インキ㈱　グラビア化成技術部　部長

これより液体の表面張力が低く，連続相の粘度が低い方が濡れやすくなる。

また顔料の濡れの過程で新たに発生する顔料/液体界面での単位面積あたりの自由エネルギー変化は，γ_S を顔料表面の自由エネルギー，γ_L を液体の表面自由エネルギー，γ_{SL} を顔料表面/液体界面での界面エネルギーとすると以下のようになる。

$$\Delta G1 = \gamma_{SL} - \gamma_S \tag{2}$$

このとき濡れが起こるためには，自由エネルギーΔG が負の値を取る必要がある。

顔料表面/液体間の界面自由エネルギーの低下もしくは顔料表面の表面自由エネルギーの増大が有効な手段となる。

2.2 解砕

解砕とは，粒子の凝集体を，分散機や練肉機の衝撃力や剪断力により，小さい凝集体に解凝集させることをいう。顔料は，あるエネルギーまでは解砕は進みにくいがそれ以上のエネルギーでは急激に砕けやすい性質を持っている。その限界を超えるエネルギー(ベース粘度，回転速度，ビーズ径，温度など)を短時間に与え処理することが望ましい。粒子系を細かくするには一定以上のエネルギーが必要だが，粒度分布を揃えるには衝突回数を増やすことが有効である。

これは分散機の種類やビーズ径の影響が大きい。このことは分散機のところで説明する。

2.3 安定化

安定化とは，解砕した顔料が長期にわたって再凝集しないようにすることである。

凝集形態としては，以下のように分類される。

- フロキュレーション(点接触)……分散性容易
- アグロメーション(線接触)……分散性やや困難
- アグリゲート(面接触)……分散は非常に困難

凝集体は微細に分散すればするほど不安定になる。分散系は安定な凝集体に戻ろうとする性質がある。分散体の安定化については2つの理論がある。

① 電気二重層を利用した静電斥力[1,3]

粒子の集団が分散するか，凝集するかを2つの力のバランスで予測したDLVO理論である。DLVO理論によれば分散安定性はファン・デル・ワールス引力と粒子表面の電気二重層間の相互作用によって発生する静電的斥力のバランスによって決定する。

図1に示すように静電斥力がファン・デル・ワールス引力を上回ればお互いに反発して安定化する。

第21章　グラビアインキにおける顔料分散

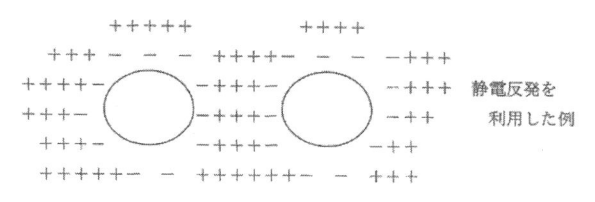

図1　静電反発

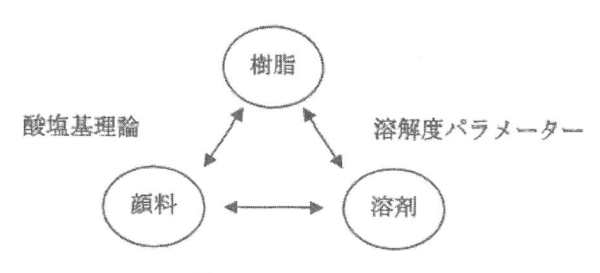

図2　樹脂・顔料・溶剤の関係

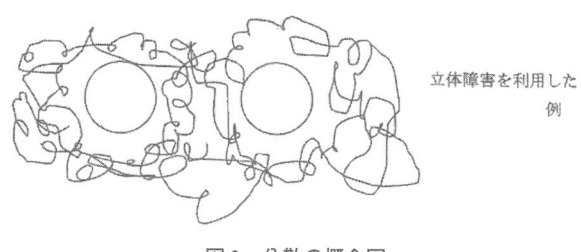

図3　分散の概念図

② 立体障害効果

　非イオン性ポリマーによる分散安定性は，DLVO理論では説明できないものがある[4]。考え方としては，ポリマー分子の吸着層が粒子の接近を立体障害的に妨害して凝集を防ぐという考え方である。

　図2に示すように顔料とポリマー（樹脂）との相互作用だけでなく溶剤の要素も考慮して考える必要がある。概念図としては図3のようになる。

3　顔料粒子径と着色力

上記のように「濡れ」→「解砕」→「安定化」を行ううえで，どの程度まで顔料を分散すればよいのかについて考える。

着色力と密接な関係を持つ単一粒子の光の散乱係数Sは，粒子径dと光の波長λの大小関係から，3つの領域に区分され，S-dとの間には以下の関係が成立する。

① Rayleigh の領域　　$d < \lambda/3$

　　$S = C1(d3/\lambda 4)$　　　C1：散乱角による定数

　　散乱係数Sは，顔料粒子径dが小さくなるに従い小さくなる。

② 回折散乱の領域　　$d \sim \lambda/2$

　　$S = C2/d\{(\lambda/d2) - k\}$　　C2, k：定数

　　この領域の散乱は，一般的には複雑な性格を持つが上記式にて近似される。

③反射屈折による散乱領域　　$d > \lambda$

　　$S = C3/d$　　C3：定数

　　dが大きいほど散乱係数Sは減少する。

これらの関係から，粒径が細かくなるほど散乱係数は増加するが，ある粒径(1/2波長から波長程度の粒径)で最大となり更に細かくなるとSは減少する。

以上から顔料は，最大の着色力を得るためには可視光線の波長の1/2程度が最適といえる。

光学的(着色力)に最適な顔料粒子系は以下のようになる。

黄系顔料：0.3～0.6 μm

紅系顔料：0.4～0.7 μm

藍系顔料：0.2～0.5 μm

墨系顔料：0.1～0.2 μm

4　分散機

グラビアインキは，粘度が低くかつ低沸点溶剤を使用しているためオープンタイプの練肉機は適さない。このため一般にはメディアを使用した分散機を使用する。分散は，衝撃力と剪断力の両方を利用している。メディアミルの進歩は著しくメディアの種類，大きさもいろいろなタイプがある[5]。

分散するグラビアインキの種類や必要な分散度(粒子径)によって種々選択して使用する。

図4に示したように分散機の発展経過は，初期はボールミルが主流であった。ボールミル(図5)は，顔料と樹脂(バインダー)，溶剤をプレミックスせずに分散機に投入して，10～60時間ベッセルを回転することによって分散を行う。このためバッチ生産方式ではあるが人手はいらないメリットがある。しかし分散に長時間要する点でアトライター(図6)が開発された。生産性はボールミルの10倍近くになったといわれた。ボールミルは水平に回転するがアトライターは垂

第21章　グラビアインキにおける顔料分散

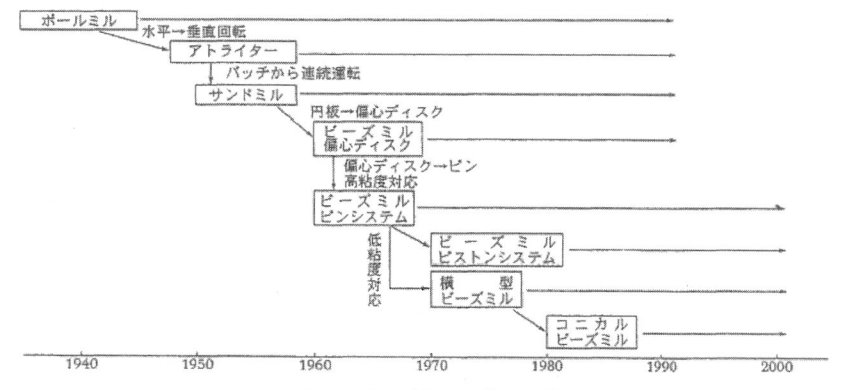

図4　ビーズミルの発展過程

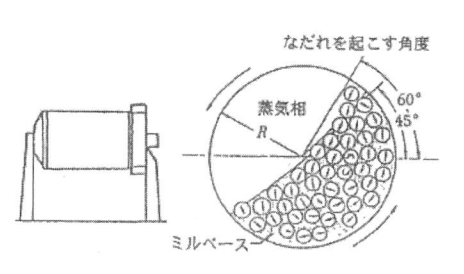

図5　ボールミル

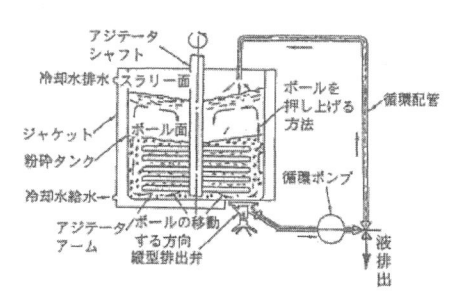

図6　アトライター

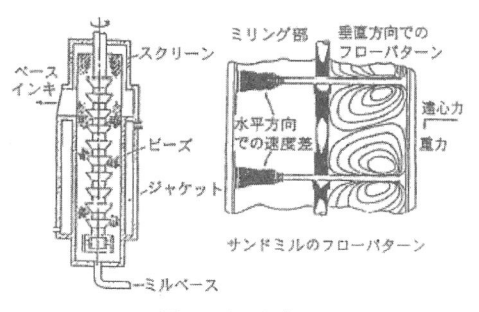

図7　サンドミル

直に回転する。現在はボールミルはグラビアインキの生産ではほとんど無くなったが，アトライターは少なくなったものの少量生産等の一部で使用されている。

　ボールミル，アトライターはバッチ式であるため連続生産方式が検討された結果，ベッセルを縦に長くすることでサンドミルが開発された。サンドミルは縦型で下からミルベースを投入して上方より排出したときに分散が終了する。サンドミルはディスクをもつ撹拌軸を600～2300rpmの速度で回転させ，砂の遠心力を利用して衝突力と剪断力を利用して分散を行う。分散度は周速で管理するが一般的には10m/min程度である。砂は当初，0.7mmϕのオタワサンドが使用された。現在では，ガラスビーズ，スチールビーズ，ジルコンビーズ，ジルコニアビーズなどが使用されている。

　サンドミル(図7)は1970年代に横型ビーズミルに置き換わっていった。横型ビーズミルは低

粘度インキの場合にメディアの剪断力が縦型より全体を通して一定している特長がある。グラビアインキやフレキソインキは，粘度が低いため小さいビーズが使用されるが，粘度が高いインキの顔料分散には攪拌軸の回転速度を上げなければならない。そのためには大きな動力が必要になり，機械の内部の摩耗が激しくなる。縦型の場合はミルベースがディスクに抑えられてしまい上に上がりにくくなってしまう。この対策として偏心リングを攪拌軸に取り付けることが考案された。このリングの内側には求心力が働き，外側には遠心力が働く。このため，ある程度高粘度のインキの分散が可能になりビーズの偏りも低く抑えることが可能になった。しかし欠点として攪拌軸の一番外側の速度が最も速く，軸の近辺は最も小さくなる。解決策として図8のようにベッセルの内側と攪拌軸にピンをつけることで解決した。

分散機の種類と特長について表1にまとめた[5]。

またメディア(ビーズ)の種類と大きさについて表2にまとめたが，ボールミルの場合は衝撃力がメインであったが，ビーズミルの開発の進歩と共に衝撃及び剪断力の両方を活用するためビーズの径は小さくなっていった。ビーズ径が大きいと必要以上の衝撃力や剪断力のためメディアの破壊，ベッセルの摩耗などが激しくなる。しかしメディアの径を小さくすると分散機に入る前にある程度顔料粒子をほぐしておく必要がある。このためプレミックスが大きな要素となってくる。上記濡れの項目で示したように分散の工程での濡れの要素は大きな項目であり，どのようなプレミックスを行うかで分散の効率や分散度が大きく変わってくる。

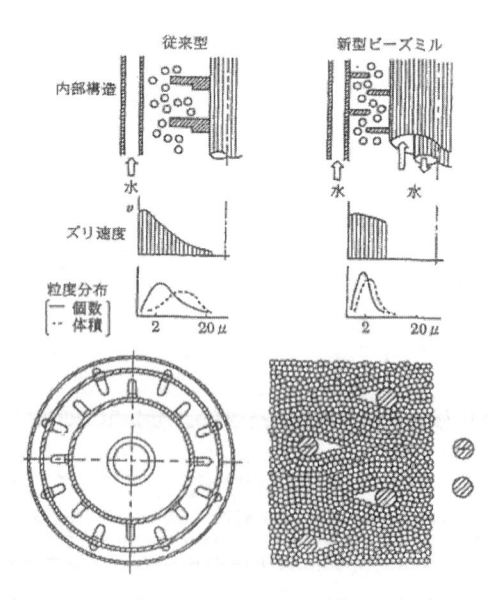

図8 ピン付ビーズミル

第 21 章 グラビアインキにおける顔料分散

表 1 分散機の種類

	長所	短所	分散作用 剪断/衝撃	メディアの大きさ ϕ : mm
3本ロール	剪断力大 色替え簡単	オープン方式	100/0	—
ボールミル	大ロット 密閉式	長時間練肉 バッチ式	30/70	10〜30
アトライター	密閉式	バッチ式	30/70	3〜10
横型ビーズミル	密閉式 連続生産	色替え困難	70/30	0.1〜3
縦型ビーズミル	密閉式 連続生産	色替え困難	70/30	1〜3

表 2 メディアの種類

名称	密度	成分	特長
ガラス	2.5〜3	SiO_2, 他	安価
アルミナ	2.9〜3.8	Al_2O_3	密度が高い
ジルコン	4.3〜5.5	$ZrSiO_4$	密度が高い，耐久性
ジルコニア	5.6〜6.0	ZrO_2	密度が高い，耐久性
スチール	7.5	Fe(Cr)	密度が高い
ステンレス	7.8	Fe(Cr, Ni)	密度が高い

5 グラビアインキの組成と内容

　グラビアインキは，被印刷体や要求物性によりインキの種類が変わる。特に被印刷体によって接着性が変わるためバインダー（樹脂）の種類を変える必要がある。顔料は耐性によって変える必要があるが基本的な顔料は同一で表面処理で対応している場合がほとんどである。以下に個々について示す。

5.1 グラビアインキの組成

　基本的な組成は，表 3 のとおりである。使用される樹脂・顔料・溶剤・添加剤は被印刷体と要求物性により使い分けを行う。また印刷方式により樹脂組成，粘度，顔料濃度，溶剤組成などが変わるが基本的構成としては表のとおりである。

表 3 グラビアインキの組成

	グラビアインキ
顔　　料	5〜40
体質顔料	0〜10
樹　　脂	10〜30
助　　剤	1〜5
溶　　剤	40〜70
合　　計	100

5.2 樹脂

グラビアインキに使用する樹脂は，非常に多岐にわたっている。合成樹脂，天然樹脂など多数使用されるが，単一で使用される場合もあるが数種類の樹脂を併用している場合も多い。

樹脂の選択は非常に大切で，インキの被膜物性は樹脂の影響が最も大きい。

例えば紙用インキでは，出版ではロジン系，包装紙用では硝化綿系・塩化ゴム系・アクリル系等が使用されている。フィルム用では，表刷りではポリアミド系・ポリアミド/硝化綿系・硝化綿系，裏刷りではウレタン系，アクリル系，ウレタン/アクリル系などが使用される。

これら樹脂の選択は，被印刷体への接着性，物性(光沢・耐摩擦性・耐溶剤性・耐熱性・耐候性・耐ボイル性・耐ヒートシール性等)，溶剤溶解性，コスト等を考慮して選択する。

5.3 顔料

無機顔料は，以前は重金属系(鉛・クロム・カドミ系)も使用されていたが現在は一部用途を除いて使用されていない。無機系としては，酸化チタン・カーボンブラック・炭酸カルシウム・シリカ・タルク・硫酸バリウム・アルミ粉・ブロンズ粉などが使用されている。

有機顔料は，表4に示すような顔料が使用されている。有機顔料の選定は，色調・濃度・透明性・隠蔽性・耐候性・耐溶剤性・耐熱性等の要素を考慮して選定を行う。

表4 有機顔料の種類

アゾ顔料	溶性アゾ系	カーミン6B，パーマネントレッド2B，レーキレッドC
	不溶性アゾ系	ジスアゾイエロー，ピラゾロンレッド，カーミンFBB，ベンゾイミダゾロン系
	縮合アゾ系	クロモフタルエロー，クロモフタルレッド
多環式顔料	フタロシアニン系	銅フタロシアニンブルー，銅フタロシアニングリーン
	キナクリドン系	キナクリドンマゼンタ，キナクリドンレッド
	ジオキサジン系	ジオキサジンバイオレット
	その他	ペリレン，ペリノン，イソインダリノンエロー，スレンブルー等

5.4 溶剤

溶剤の選定は，まず樹脂の溶解性で選定を行う。更に蒸発速度，安全性，臭気等を考慮して選定する。主に使用されている溶剤は，トルエン・酢酸エチル・IPA・MEKである。しかし作業環境・残留溶剤の問題等からノントルエンタイプが増加しており，更に水性タイプ(水・アルコール)への移行が進んでいるのが現状である。

第21章　グラビアインキにおける顔料分散

6　グラビアインキの製造工程

グラビアインキの製造工程は図9のとおりである[6]。

① ワニス製造工程

　原材料中の樹脂は，既に溶剤に溶解されたタイプのワニスの場合と固形の樹脂の場合がある。固形の樹脂の場合は，溶解槽で樹脂と溶剤を混合，攪拌して溶解する。これをワニス製造と呼ぶ。

② プレミキシング工程

　ワニス，顔料，溶剤，分散剤等を混合して顔料表面の空気とワニスとの置換を行う。この工程である程度の分散を行うことで次工程での練肉工程の時間短縮等が可能となる。分散剤として顔料誘導体や界面活性剤等が使用される場合がある。分散剤は顔料と樹脂をつなぐもので双方に結合あるいは吸着しやすい構造となっているものが選択される。しかし分散後の被膜物性に影響が考えられるため低分子活性剤等はさけて高分子タイプの分散剤が主流となっている。

③ 練肉工程

　顔料分散のメインとなる練肉工程は，分散機の選択を行う必要がある。前節で述べたように現在はビーズミルが主流となっている。ビーズミルも縦型，横型があるが横型が多くなっている。これはメディアの偏りや交換のしやすい点，分散効率が良い点などが挙げられる。

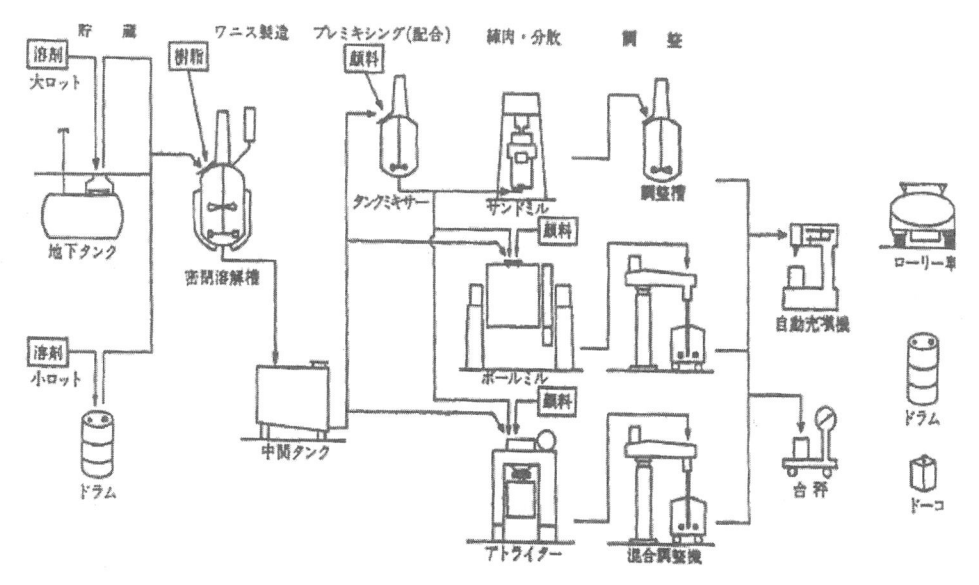

図9　グラビアインキの製造工程

メディアの選定も大切で機械にあったメディアと最終目的とする分散度によって選定する。マイルド分散ではガラスビーズを使用して，分散時間短縮や分散度を上げたい場合は密度の高いジルコニア等を使用する。メディアの粒径は，表1で示したように0.1～3mm程度のものが使用されている。インクジェットやカラーフィルターのように更に顔料粒子を細かく分散したい場合は，0.1mm以下のビーズを使用している場合もある。

④　調整工程

　　溶剤や添加剤等を混合して製品の規格検査等を行って充填工程に移る。

⑤　充填工程

　　容器に充填してラベリングを行い製品となる。

7　グラビアインキの今後の動向

　グラビアインキは，食品包装・一般包装・出版・建材分野等多岐にわたって使用されている。しかし溶剤タイプが主流である。このため防災面で消防法，安全衛生面で労働安全衛生法，環境問題で悪臭防止法・PRTR法・埼玉県生活環境保全条例・大気汚染条例などの規制を受ける。特に環境問題は避けて通れない問題であり，対応としては以下のことが検討されている。

◆トルエンタイプからノントルエンタイプへの移行

　　現在かなり進行しているが，PRTR法・労働安全衛生法（トルエンの許容濃度が低い）対策としては有効だが，他の規制対応としては弱い。出版用インキはトルエンタイプだが，包装紙用インキではノントルエン化が進行している。フィルム用インキもノントルエンタイプが多くなってきている。

◆ノントルエンタイプから水性タイプへの移行

　　包装紙用インキでは水性化の移行が進んでいる。これは紙の場合は，浸透乾燥があるため現行印刷機でもある程度対応できるためである。また物性も紙の場合は，耐水性等があまりいらないため進展しやすい条件があるためである。しかしフィルム用インキは，水性化は乾燥の問題，物性（耐水性・耐油性・接着性等）の問題から一部の分野でしか進展していない。

　　今後は，インキの改良，機械の改良，版の改良，フィルムの改良等を同時に進行させないと難しい。

◆溶剤回収・燃焼

　　どうしても溶剤タイプを使用しなくてはならない分野では，溶剤回収あるいは燃焼装置の設置が必要となる。単一溶剤を使用している分野，例えば出版印刷・ラミネート加工等では溶剤回収装置を設置して，回収した溶剤を希釈溶剤として使用している。しかし混合溶剤を

第21章　グラビアインキにおける顔料分散

使用している分野では回収溶剤の処理の問題があるため，燃焼装置の設置が進んでいる。このためインキを単一溶剤で設定することも有効な手段である。

◆ノンソルタイプやハイソリッドタイプへの移行

　溶剤を使用しないタイプとして完全水性タイプ（アルコールも使用しない）やUV硬化タイプのノンソルタイプやハイソリッドタイプ（溶剤30％以下）の検討が行われている。

以上の中で，水性タイプの検討及び溶剤回収・燃焼がメインで検討されている。

グラビア印刷は，先にも述べたように出版，包装，建材等の分野が主力であるが，現在はIT関係（反射防止，カラーフィルター等）への展開等も検討されており，従来の分散工程と違った進展を見せている。これらに対応した分散機の開発・選定，インキの開発検討の進展によって更に幅広い分野への用途拡大が開かれる可能性が高いと考える。

文　　献

1) 最新顔料分散技術，技術情報協会(1995)
2) 新しい分散・乳化の化学と応用技術の新展開，テクノシステム(2006)
3) E. J. W. Verwey, J. Th. Overbeak, Theory of the Stability of Lyophobic Colloids, Elsevier pub, N.Y(1948)
4) E. J. Clayfield, E. C. Lumb, *J. collid Inter face Sci.*, **22**, 269(1966)
5) 顔料分散技術，技術情報協会(1999)
6) 印刷インキ講座，色材協会(2004)

第22章　オフセットインキにおける顔料分散

若杉　久[*]

1　はじめに

　オフセットインキにおける顔料分散については，その歴史も長くその中で様々な方法が提案されてきているが，インキが使用される時の条件，すなわち印刷機における印刷状態をよく勘案して適切な分散状態のインキを提供することが重要になってくる。近年では，一般のオフセット印刷の成熟化が改めて認識されている中で，印刷作業の効率を上げることにいかに寄与できる資材かどうかも大きな課題になっている。オフセット印刷では通常，湿し水とインキの反発作用を利用して，印刷版面上に画像を形成し，ブランケットに一旦画像を転写させ，印刷媒体（主として紙，プラスチックシート）に複写する工程を経る。これらの工程では，水が介在し，一色当たりのインキ膜厚は0.7～1.2μmとも言われるインキ薄膜を形成させなければならない難しい作業であるため，バインダー（ワニス）に顔料を分散安定化させることが非常に重要であり，オフセットインキの基本的な性能が決まるといっても良い。

2　オフセットインキの概要

　現代の日常生活では，印刷物の中で生活しているといっても過言ではないくらいに印刷物に遭遇する。その印刷物の大半が，グラビア，オフセット印刷機によって生産されたものである。表1に印刷インキの種類別生産量，出荷量，出荷額を示す[1]。
　オフセットインキとは，オフセット印刷機を使って多数の複製物を作るために使用する色材，と言うことが出来るが，主として顔料，ワニス，石油系溶剤，助剤を混合・分散させて得られる均一な分散体である。図1にオフセット印刷機の構造を示す。
　代表的なオフセット印刷機の版は感光性樹脂を塗布したアルミ板で，原稿を元に感光性樹脂を必要に応じて露光，現像し，画線部，非画線部を形成した平版である。画線部には疎水性，非画線部は親水性の性質が付与されている。この平版を円筒形の版胴に装着し，ゴムと金属を交互に

　　＊　Hisashi Wakasugi　東京インキ㈱　第一生産本部　オフセットインキ技術部　開発第2グループ　課長

第22章　オフセットインキにおける顔料分散

表1　2005年の印刷インキ　生産量，出荷量，出荷額[1]

	生産量(t) 2005年1～12月	前年比	出荷量(t) 2005年1～12月	前年比	出荷額(百万円) 2005年1～12月	前年比
平版インキ	164,624	101	180,325	102	117,328	96
樹脂凸版インキ	25,205	98	25,126	99	18,924	98
金属印刷インキ	14,861	83	15,617	83	14,008	90
グラビアインキ	132,576	98	158,649	99	71,758	98
その他のインキ	50,807	100	54,334	100	73,914	108
新聞インキ	58,366	104	63,028	106	35,749	104
印刷インキ合計	446,439	100	497,079	100	331,682	100

（化学工業統計月報より）

配列したローラーを介して，水（湿し水）とオフセットインキをそれぞれ供給する装置がオフセット印刷機の印刷ユニットである。

このような印刷機の構造からオフセットインキの性状としては流動性ペースト状の分散体を供給することが必要になってくる。粘度的には，50～1000dPa·S程度である。図2にオフセットインキの生産工程を示す。

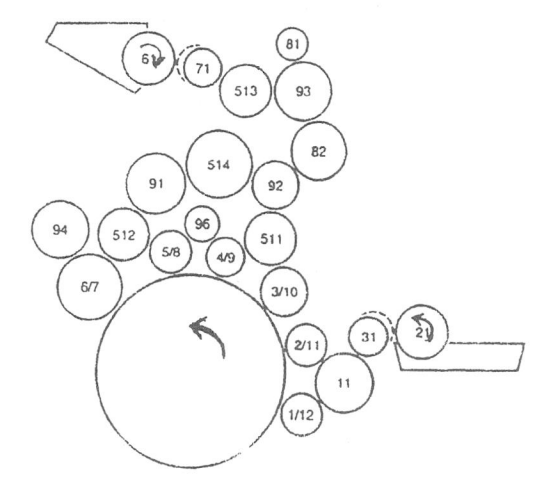

図1　オフセット印刷機の構造

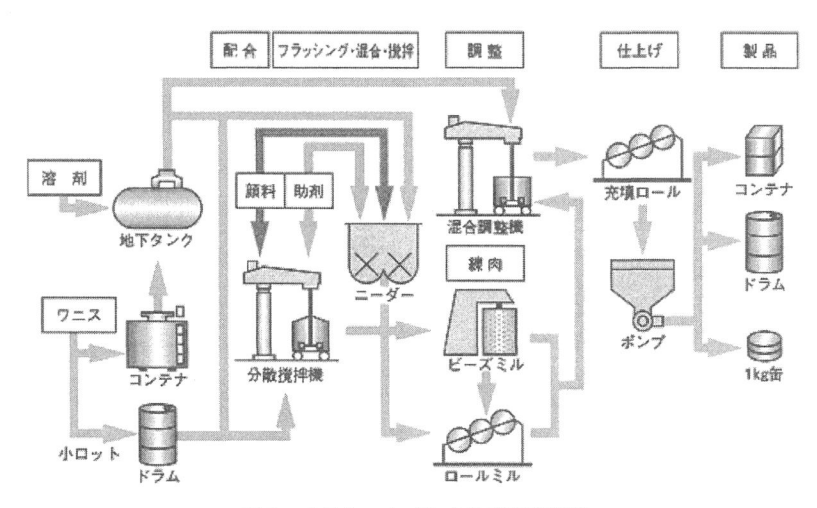

図2　オフセットインキ生産工程概略

241

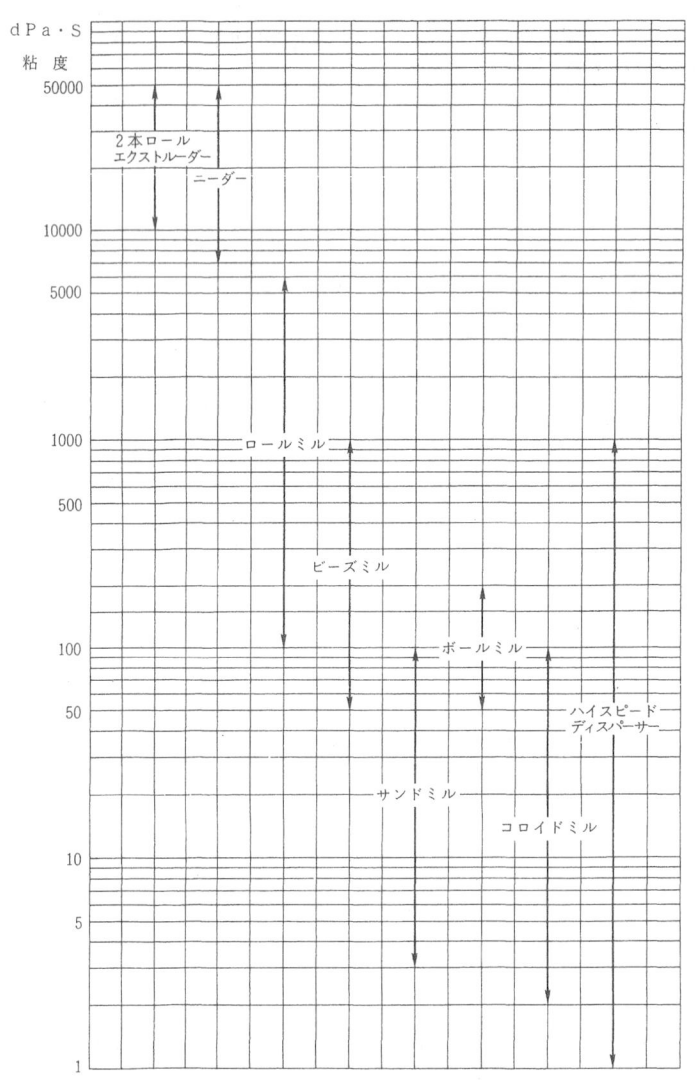

図3 分散機と適応粘度

オフセットインキの製造の中でも最も重要な工程は練肉分散であり，分散機の種類，分散温度，時間（バッチ生産の場合は回数），などによりインキの基本的な性能が決まる工程である。図3に扱う分散体の粘度と混練・分散に適応する分散機の種類を示す[2]。

これらの事から，オフセットインキを製造するのに適した分散機は3本ロールミルとビーズミルが主体となってくることがわかる。

3 オフセットインキにおける顔料分散方法と分散機

　良好な分散体を得るには，ぬれ，解砕，安定化の3つについて考える必要があるが，パウダー顔料を用いる場合は，顔料アゴロメレート，気/固界面をプレミキシング操作で液/固界面になるように，どれだけうまく濡らすかが重要となってくる。撹拌操作に加えて減圧・真空にさせ，加温，またはあらかじめ粘度調整するための溶剤で顔料を湿潤させる方法が採られる。またオフセット印刷を阻害させない（過剰乳化現象によるトラブルなど）程度の顔料分散剤の種類と量を検討して添加することが有効である。

　顔料分散した後，分散安定化を図ることも非常に重要である。粒子の周囲に形成される電気二重層の静電斥力と粒子に吸着した高分子ポリマーによる立体障害を利用した粒子の安定化が図られるが，プレミクス，配合時における顔料，バインダーの酸・塩基理論による選択・組み合わせも特に注意する項目となる。現場的には分散時の粒子活性面の被服と分散直後の冷却により，顔料結晶成長を抑えることも有効な方法である。

3.1　3本ロールミル

　オフセットインキの製造において3本ロールミルは，一般的な分散機として採用されている。3本ロールミルは，チルド鋼で出来た同径ロールを3本平行に接触させ，互いに逆回転，周速差を有する間隙にミルベースを供給して，ミルベースが間隙を通過する際に強力な剪断力が働いて，顔料分散を達成させる装置である。周速差の実現はそれぞれのロールの回転数をコントロールすることで得られるが，一般的なギア比は1：3：9～1：4：16である[3]。ミルベースは1：3のロール接触部分（低速ロールとセンターロールの間）に供給する。必要とする分散体の性能により，ロールの材質，表面粗さ，ロール径，クラウン，接触圧，温度などが検討されるが，近年では生産効率の向上が求められて，ロールの回転数が上げられている（図4）。

3.2　ビーズミル

　ビーズミルは3本ロールに比べると，扱える粘度領域は低い。オフセットインキの製造では，低粘度インキに属する新聞インキ，オフ輪インキに適用されることが多い。縦型の円筒ベッセル内部と円筒ローターに指先程度のピンを有しており，2mm程度のビーズが充填されているなかへ，ミルベースを注入して，ビーズ相互間，またはビーズとベッセル内壁間の衝突による解砕と，ローターの回転による摩砕により顔料分散が達成させられる。円筒ローターは運転による発熱を系外に移動させるために二重円筒ローターにして通水していることもあるが，円筒直径を比較的大きくとり，内壁とローターピン周りの剪断速度を合わせるようにしたことにより（アニュラー

機能性顔料とナノテクノロジー

	タイプ及び特徴			
1. ロール配列と加圧方式	(i) 水平型 （少量，多品種，小 Lot）		(ii) 傾斜型 （多量，少品種，大 Lot）	
2. ギア比	1：2.6：6.5	1：3.3：9.3	1：4.5：12.5	1：4.5：15.5
吐出量	高吐出量	中吐出量	低吐出量	低吐出量
練肉性	練り困難	一般向け	分散良好	分散良好
最適色相	黄色系	紅色系	藍色系	墨色系
3. クラウン	小	中	大	大
対応インキ	低粘度用	中粘度用	高粘度用	高粘度用

図4　3本ロールミルのタイプと特徴

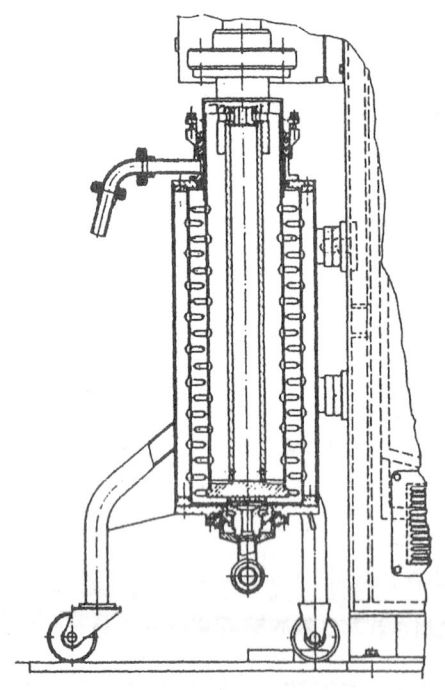

図5　ビーズミルの概要

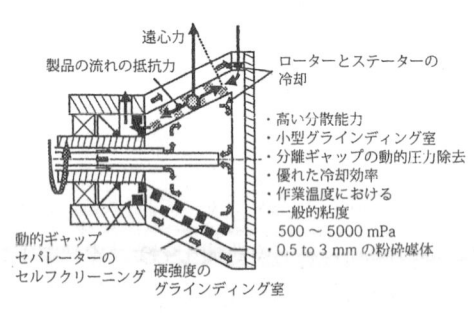

図6　ビューラー社　Kシリーズ

型），粒度分布の狭い分散体を得ることが出来るようになった(図5)。

　最近ではBUHLER社の横型コニカルタイプ(円錐型)のK‐MILLは，ビーズの充填率とシャフ

第22章 オフセットインキにおける顔料分散

トの回転速度を容易にかつ無段変速に変えられるという特徴を持って登場し,注目されている[4]（図6）。

3.3 ニーダー

ニーダーはワニスと顔料粉体,もしくはウエットケーキとをバッチで混合,混練する大型の装置である[5]（図7）。

水分を65〜75％程度含む,合成したスラリー顔料をフィルタープレスに通した後のウエットケーキをニーダーに仕込んでワニスを添加し撹拌すると,顔料が水相からワニス相（油相）へ移行する（図8）。この操作をフラッシングと呼び,乾燥顔料をワニスに分散するエネルギーに比べて1/5程度で済み,また顔料が一次粒子に近い形でワニスに保持されるため着色力が高く,透明度の高いインキベースが得られる。このため,黄,紅の高濃度フラッシュベースの製造法として確立されている。

しかしこの方法はバッチ生産のため,水分排出・除去操作に時間など,人手と手間も掛かる作業であり,エクストルーダーを使った連続生産システムが開発されている。

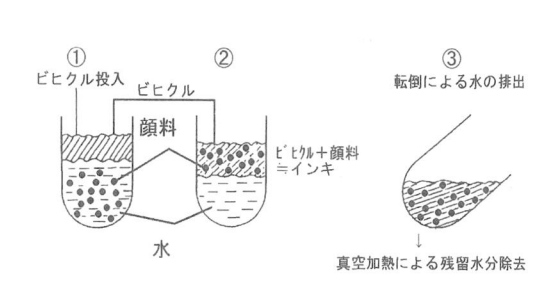

図7 ニーダー　　　　図8 フラッシング概要

3.4 エクストルーダー

エクストルーダーの扱う粘度領域は2本ロールミルと同じくプラスチックへの顔料分散に用いられているが,最近ではオフセットインキ生産にも用いられている。ニーダーにおけるバッチ生産,開放系による問題点（乾燥被膜・異物混入の防止）を解決する全自動無人運転を目指した閉鎖系製法が開発された（図9）。エクストルーダーの前段に連続フラッシャーが装備されるが,これによりフラッシングからダイレクトでフラッシュベースを得ることが可能となっている[6]。

これらの分散機によって製造したインキの現場的な分散性判定は,もっぱらグラインドゲージによる。その他,光学顕微鏡による粗大粒子の有無判定が実用的である。オフセットインキはイ

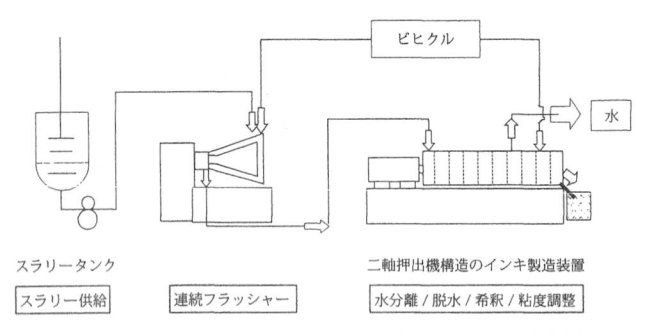

図9 連続フラッシャー＋エクストルーダーによるインキ製造ライン

ンキの中でも顔料濃度が高く，また高粘度ペースト状分散体であるため，そのままの分散状態を判定することが難しい場合が多い。

4 おわりに

オフセットインキは，常に印刷時のインキ―水バランスの調整と印刷機上の適性な流動特性が求められ，その設計に腐心しているが，その基本的な特性は顔料分散が適正であるかどうかに掛かっている。そのため，顔料表面の改質による分散の検討と顔料粒子の破壊エネルギーを最小に抑えながら粒度分布をコントロールする方法の最適化を常に考察し，効率的な生産を目指している。

文　　献

1) 化学工業統計月報（平成17年計　生産・出荷・在庫統計），経済産業省，http://www.meti.go.jp/
2),3) 分散・凝集の解明と応用技術，テクノシステム（1992）
4) 最新顔料分散実務ノウハウ・事例集，技術情報協会（2005）
5) 井上製作所，http://www.inouemfg.co.jp/
6) 五十嵐，色材，**78**（2），78-85（2005）

第23章　化粧品における顔料分散

長谷　昇[*]

1　はじめに

　化粧品において顔料の役割は，彩色，被覆，紫外線防御などの機能をもたらすものである。おもに皮膚を適度に被覆，彩色して美しく見せることを目的とするメークアップ化粧品，紫外線防御を目的とするサンスクリーン剤などに配合される。顔料はタール色素などの有機顔料と無機顔料に大別されるが，無機顔料はその存在状態が化学的に極めて安定であるため皮膚に対して安全性の高い原料であり，そのため多用されている。特に紫外線防御の分野では紫外線吸収剤より安全性の高い無機顔料，特に酸化チタン，酸化亜鉛の分散液が近年急速に開発されてきている。本稿では無機顔料の分散性制御技術とサンスクリーン製剤への応用についてそれらの事例を紹介する。

2　表面処理による分散性制御技術

　酸化チタンや酸化亜鉛などの紫外線防御粉体の分散性を制御する手段としては，粉体表面の電気二重層に基づく静電的反発作用をコントロールする方法や，粉体に界面活性剤や高分子を添加することで粉体表面に厚い吸着層を生成させる方法などが挙げられる[1]。吸着層を生成させ分散させる方法は添加剤の種類により水系だけではなく，非水系でも有用であるため，紫外線防御粉体に耐水性を賦与することも可能である。

　一般的にサンスクリーン製剤には紫外線防御効果以外に汗・水などによって流れ落ちないように耐水性の機能が要求される。そのため，酸化チタンや酸化亜鉛など親水性の高い粉体は表面処理により親油化する必要がある。主に使用されている表面処理剤としてメチルハイドロジェンポリシロキサンが挙げられ，粉体表面の−OH基とSi−H基の反応により粉体表面にシリコーン皮膜を形成し，高い耐水性を得ることができる。サンスクリーン製剤にはシリコーン油が多用されるので，表面へのシリコーン被覆は分散性向上にも好適である。そこで，より分散性を向上させるために分岐型シリコーンタイプやアクリルシリコーンタイプの新規表面処理剤が開発されてい

---

[*]　Noboru Nagatani　花王㈱　スキンケア研究所　主任研究員

る[2,3]。

また，製剤中での分散制御だけではなく肌上での凝集を抑制するという目的で，オクチルシリル化剤を用いて表面処理した酸化亜鉛についても報告されている[4]。このような表面処理により，ある程度までの分散性向上は可能であるが，さらに分散性を維持して再凝集を抑制する方法，あるいは微粒子粉体をより高分散化させる方法について紹介をする。

3　紫外線防御無機粉体の複合固定化技術

高分散された紫外線防御無機粉体の分散性を維持し，再凝集を抑える方法の一つとして，別の基材と複合化することで分散状態を固定化してしまう方法が挙げられる。例えば，マイカなどの板状粉体上に微粒子酸化チタンを吸着させる方法[5,6]や，板状シリカ中に内包してしまう方法[7]などが報告されている。ここではコロイダルシリカによる酸化チタンの分散状態固定化，有機系ポリマー粒子内への酸化亜鉛の内包・固定化，および酸化チタンゾルの有機系ポリマーによるコーティングについて紹介する。

3.1　コロイダルシリカによる分散固定化

コロイダルシリカによる酸化チタンの分散状態固定化について得られた知見を紹介する。酸化チタンは等電点が6付近であるため中性付近の精製水に分散させると，すぐに凝集してしまう。そこで，コロイダルシリカ溶液中に酸化チタンを分散させて，シリカと酸化チタンの複合化を試みた。超微粒子の酸化チタンをコロイダルシリカ中に分散した液をミルあるいは超音波により高剪断することで酸化チタン分散コロイダルシリカを作製し，この原液を乾燥することで酸化チタンをシリカ中に高分散状態で固定化した。

複合比率を酸化チタン：シリカ＝20：100として得られた複合体の割断面を透過型電子顕微鏡にて観察した結果，シリカ中に酸化チタンがバラバラに分散していることが確認された（写真1）。この結果より，酸化チタンはシリカ中で分散固定化されていることが分かった。また，複合粉体の形状や粒子径は，乾燥の仕方や噴霧乾燥時の条件を変えることで制御可能であった。

このように複合化により分散・固定化した酸化チタンの紫外線防御効果および透明性を確認するため，酸化チタン：シリカ比が1：100〜40：100，平均粒子径0.2〜0.3μmの複合粉

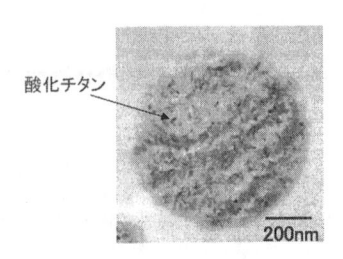

写真1　コロイダルシリカ・酸化チタン複合物の透過型電子顕微鏡写真像

第23章 化粧品における顔料分散

A. 500nm透過率の変化　　B. UV-B（290～320nm）遮断率の変化

（酸化チタン：シリカ）◆（1:100），■（5:100），▲（10:100），□（20:100），○（30:100），●（40:100）の複合粉体，TiO₂粒子の透過スペクトルを測定し，酸化チタン量で補正

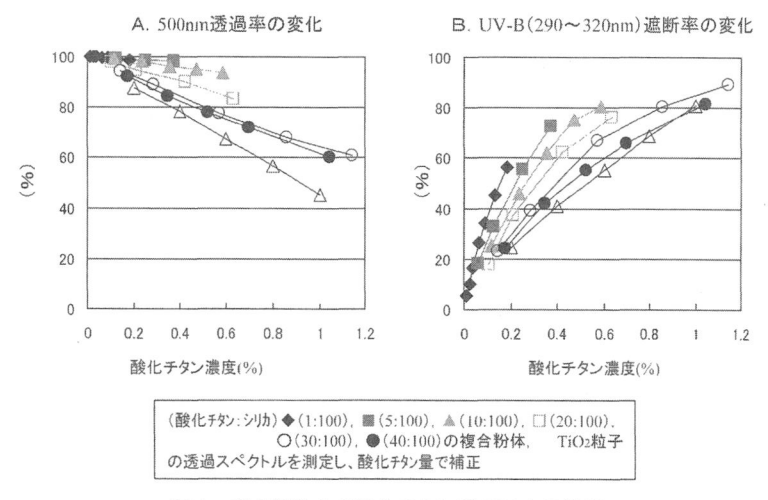

図1　複合粉体中の酸化チタン濃度による効果

体を作製し，各々の透過スペクトルを複合していない酸化チタンと比較した。透過スペクトルで得られた結果は複合粉体中の酸化チタン濃度で換算し，500nmの透過率を可視部の透明性，290nm～320nmの透過率の積算をUV-Bの吸収率としてプロットした。結果を図1に示した。複合比率（1：100）では酸化チタン濃度を増加しても500nmの透過率があまり下がらず，酸化チタンが高分散状態のまま維持され散乱能が低下していることが分かる（図1A）。また，UV-Bの吸収率は酸化チタン濃度が低くても高く，酸化チタン濃度0.2％で比較した場合（1：100）の酸化チタンではUV-Bを58％遮断しているのに対し，複合していない酸化チタン粒子では25％と約2倍の吸収効率の差が生じている（図1B）。このことは，分散状態を維持・制御することで従来使用している効果以上の結果が得られることを示している。しかし，酸化チタンの比率が高い複合粉体では，500nmでの透過率およびUV-Bの吸収効果は酸化チタン粒子に近くなっている。これは，複合比率が増加することで複合粉体中の酸化チタンが見かけ上凝集状態になるために効果が変わらなくなってきていると考えられる。

　酸化チタンの複合比率が低い方が，酸化チタンあたりの紫外線防御効果は高くなるが，複合粉体としては効果が低いので，複合粉体を製剤中に高配合しなければ効果が期待できない。そこで，好適な比率を検討したところ複合比率が20：100～30：100でUV-Bの吸収効果が飽和し，これ以上の比率で酸化チタンを増加しても500nmの透明性が低下するだけとなった（図2）。

　以上の結果より好適な複合比率20：100の複合粉体を10.0％（酸化チタン換算2.0％）配合した処方を調製し，紫外線防御効果と塗布した前後の外観を比較した。紫外線防御効果は簡易型SPF測定器（labsphere製；UV TRANSMITTANCE ANALYZER）を用い，塗布した後の肌色

機能性顔料とナノテクノロジー

図2　複合粉体中の酸化チタン濃度による効果

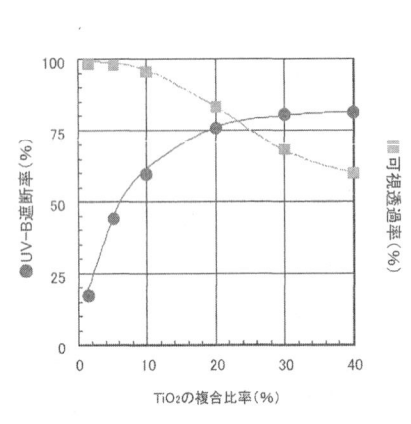

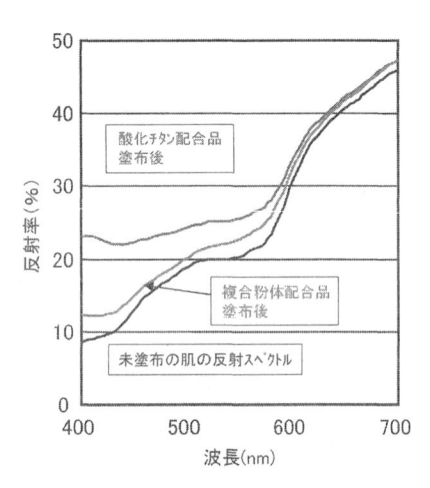

図3　塗布時の肌色の変化

の変化は反射型分光光度計(ミノルタ製；CM-1000)を用いて測定した。その結果，複合粉体を配合した処方ではSPF値が高く，塗布前後で肌の反射スペクトルの変化が少ない(図3)ことから，塗布時の白浮きが少ない粉体であることが確認された。このことは，化粧品に応用した時も好適な紫外線防御粉体であることと考えられる。

3.2　有機系ポリマー粒子内への内包・固定化

次に，有機系ポリマー粒子内へ酸化亜鉛を内包・固定化する方法について重合法を用いた検討を行なったので，その結果を紹介する。ポリマーによる顔料の内包化法[8]としてはいくつかの方法が挙げられるが，重合法は紫外線防御粉体の分散性を重合前にコントロールすることが比較的容易であるため，重合内包化によってその分散性が維持されやすい。例えば，樹脂モノマー中に分散剤を用いて分散する方法[9,10]や樹脂モノマーに分散しやすいように粉体の表面処理を行なう方法[11]などが報告されている。

樹脂モノマーとしてラウリルメタクリレートとエチレングリコールジメタクリレートを用いて懸濁重合法で酸化亜鉛を内包化した。酸化亜鉛は粒子径10～30nm，メチルハイドロジェンポリシロキサンで表面被覆したものを用い，樹脂モノマーへの分散はダイノーミルを使用し，分散粒子として250～300nmになるまで行なった。

得られた複合ポリマー粒子の走査型電子顕微鏡写真を写真2に，割断面の透過型電子顕微鏡写真を写真3に示す。微粒子酸化亜鉛はポリマー粒子内で分散状態を保ちながら固定化されているのが割断面の透過型電子顕微鏡像により確認された。新規を含めた表面処理剤の検討は化粧油剤への分散性向上を目的に行なっているが，このような紫外線防御粉体の内包化を前提にした場合

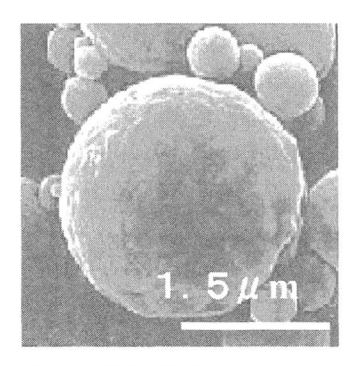

第23章　化粧品における顔料分散

写真2　酸化亜鉛内包ポリマーの
走査型電子顕微鏡写真

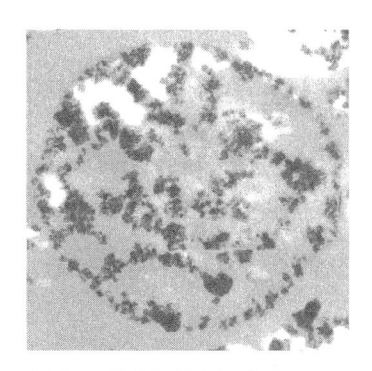

写真3　酸化亜鉛内包ポリマーの
透過型電子顕微鏡写真

は樹脂ポリマーへ好適に分散可能な表面処理剤を開発することで，より分散性を制御した複合化粒子の開発が可能と思われる。

3.3 酸化チタンゾルの有機系ポリマーによるコーティング

　これまで紹介してきた二つの方法では，複合粒子の大きさは数百ナノメートルから数マイクロメートルの大きさとなる。そこで，次にナノレベルの粒子系の紫外線防御粉体を，その粒子系の小ささをいかした状態で分散安定化する方法について検討したので，その結果について紹介をする。

　複合化の大きさをナノレベルにするためには，粒子を一つ一つ，もしくは数個単位でコーティングすることが必要となり，かなり高度な技術が必要となる。我々は，一次粒子径約50nmの酸化チタンゾルを有機系ポリマーでコーティングすることを試み，最終的な粒子径を約100nmに調製することができた。ナノ粒子として，酸化チタンゾルを，モノマーとしてスチレンを用いた。今回使用した酸化チタンゾルはpHを中性付近にすると凝集してしまい，中性付近の化粧料には配合できない。これは分散媒中に露出した酸化チタン表面の電荷が，分散媒のpHにより変化して凝集反応を引き起こすためであると考えられる。このような酸化チタンゾルの表面に，活性剤を多層吸着させ，疎水性モノマーであるスチレンを界面活性剤層に充分時間をかけて吸着後，重合を行なうことにより，ポリマー層を作ることを試みた。酸化チタンゾル0.5g(固形分)に対して，界面活性剤として2-ヘキシルデシルリン酸0.36gを加え，攪拌，超音波処理後スチレンモノマーを加えた。3日間吸着後，未吸着のモノマーを取り除き，重合開始剤を加えて重合反応を行なった。

　得られた粒子を透過型電子顕微鏡写真にて確認したところ，一つの粒子の中に，酸化チタンゾル粒子を複数個(2〜4個)含み，複合体の粒子径としては100nm程度であることが分かった(写

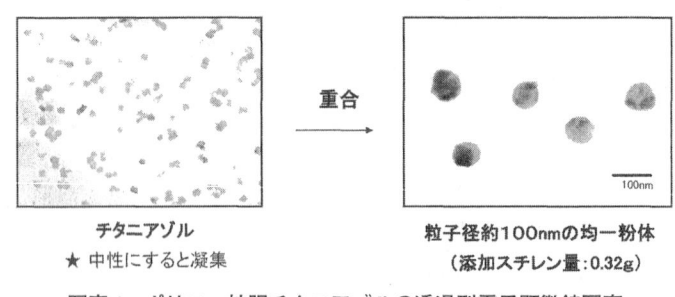

写真4　ポリマー被服チタニアゾルの透過型電子顕微鏡写真

真4)。また，得られた粒子分散液を透析により pH を中性にすると，反応系に加えるモノマー量が0.16g 以上では中性にしても凝集反応が起こらないことが確認された(写真5)。このことより，ポリマーコーティングによって表面制御を行ない，安定性が向上することが示唆された。今後さらに，界面活性剤量，界面活性剤種，吸着条件，添加するモノマー量，重合開始剤量などを最適化することで，ナノ粒子1個をポリマーコーティングする方法ができるものと期待される。

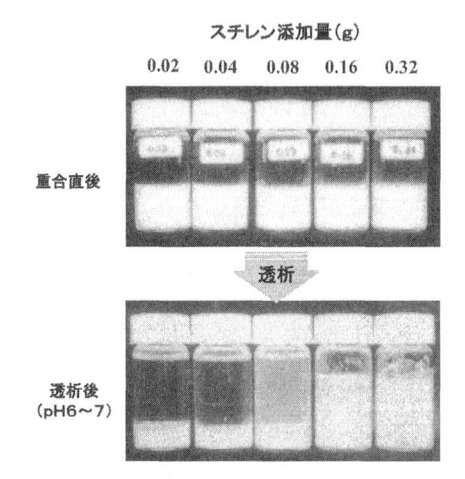

写真5　スチレン添加量と重合後の分散安定性

4　紫外線防御無機粉体のシリコーン油への分散化技術

内包・固定化して複合粉体とする以外に，あらかじめ油剤などの化粧品基剤に超微粒子を分散し，その分散物を原料として使用することが挙げられる[12,13]。そこで，分散媒にシリコーン油を使用し，先の酸化チタン分散コロイダルシリカ(3.1)を分散させた「紫外線防御粉体高分散シリコーン」を開発し，サンスクリーン製剤へ応用したのでその結果について紹介する。

酸化チタン分散コロイダルシリカは酸化チタンが超微粒子であるため，UV-B にしか吸収が見られない。そこで，UV-A にも吸収を持たせるため，薄片状酸化亜鉛も合わせて分散させた。分散した酸化チタン/シリカ/薄片状酸化亜鉛の状態を透過型電子顕微鏡(TEM)で観察したところ，酸化チタン/シリカ複合一次粒子が薄片状酸化亜鉛上に吸着されていることが確認された(写真6)。次いで，シリコーンに分散させるための表面処理を行なった。この時，ろ過・乾燥・粉砕を経て表面処理を行なうのが一般的であるが，乾燥時の再凝集を防ぐため，乾燥工程を経ずにエタノールに分散させた表面処理剤を酸化チタン/シリカ/酸化亜鉛複合粒子水分散液に加えた。

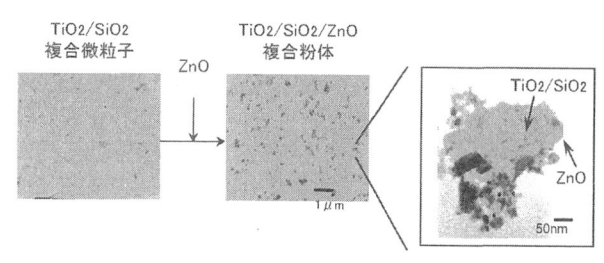

第23章 化粧品における顔料分散

写真6 分散粉体の複合状態

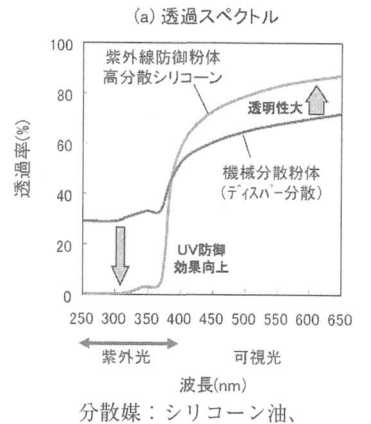

図4 紫外線防御粉体高分散シリコーンの紫外線防御効果と透明性

表面処理剤は粉体表面がマイナスに荷電しているため，吸着性と表面処理後の凝集を立体的に防ぐ目的でカチオン基を有するシリコーンポリマーを用いた。この水/エタノール分散液にシリコーンを加え，次いで，水/エタノールを除去し分散粉体をシリコーン中に移行することで「紫外線防御粉体高分散シリコーン」が得られた。図4にこの分散体を厚み0.05mmの石英セルに挟み，同濃度の酸化チタン/酸化亜鉛をディスパーでシリコーンに分散させたものと比較した結果を示すが，非常に透明性の高いことが分かる。また，透過スペクトルの測定結果では紫外部の吸収の高さも確認されている。

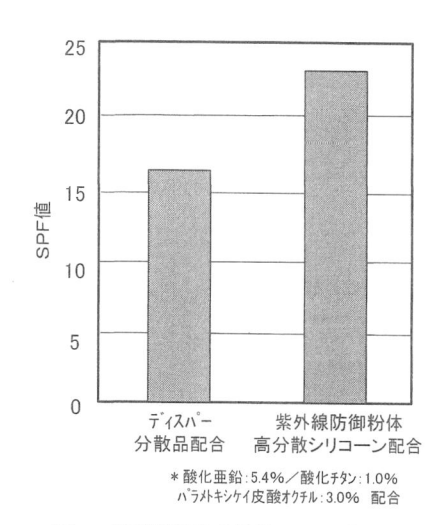

図5 紫外線防御化粧品のSPF値比較

253

このようにして得られた分散液を配合したサンスクリーン製剤を調製し，簡易型SPF測定器を用いて紫外線防御効果を測定した。比較として，先のディスパーでシリコーンに分散したものの配合品を用いた。この時，紫外線防御化粧品には有機紫外線吸収剤のパラメトキシ桂皮酸オクチルを3％配合した。その結果，「紫外線防御粉体高分散シリコーン」を配合した乳液は紫外線防御効果が向上し(図5)，腕に塗布した時の状態を比較しても，高い透明感が得られることが分かった。

5 超微粒子無機粉体の分散性制御技術

サンスクリーン製剤の透明性をさらに向上させ，製剤そのものの透明性も上げることを目指して，粒子径が10nm以下のシングルナノ粒子の分散安定化を試みた。一次粒子径が10nm以下のシングルナノ粒子を作製する方法は，いくつか報告されているが，それをサンスクリーン製剤に応用するのは非常に困難である。特に，焼成過程を経て作製したシングルナノ粒子を，一次粒子にまで分裂させ，サンスクリーン製剤中においても一次粒子の状態で存在させるのは不可能に近い。そこで，製剤中においても一次粒子径に近い状態が保てるようにするために，溶液中で得られたシングルナノ粒子を，乾燥工程を経ることなくそのまま表面処理をして化粧品原料中に分散させる方法を試みたので，その結果を紹介する。

シングルナノ酸化亜鉛のエタノール分散液をLubomir Spanhelらの方法[14]にて調製した。得られた分散液の外観および電子顕微鏡写真像を写真7に示す。エタノール分散液は完全に透明であり，電子顕微鏡写真から酸化亜鉛粒子の一次粒子径は5〜10nmのシングルナノ粒子であることが確認された。このエタノール分散液の吸収スペクトルを図6に示す。シングルナノ粒子分散液は，360nm以下の紫外線をしっかりと防御する効果があることが分かる。しかし，調製直後には透明な溶液であり，400nm以上の吸光度(ABS)はほぼ0となっていたものが，経時的に可視

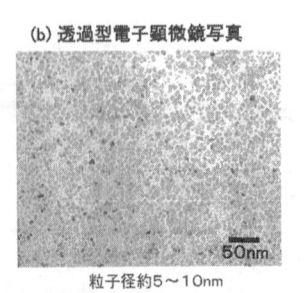

写真7 エタノール分散超微粒子酸化亜鉛

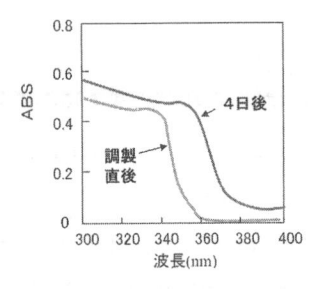

図6 シングルナノ酸化亜鉛エタノール分散液の吸収スペクトル

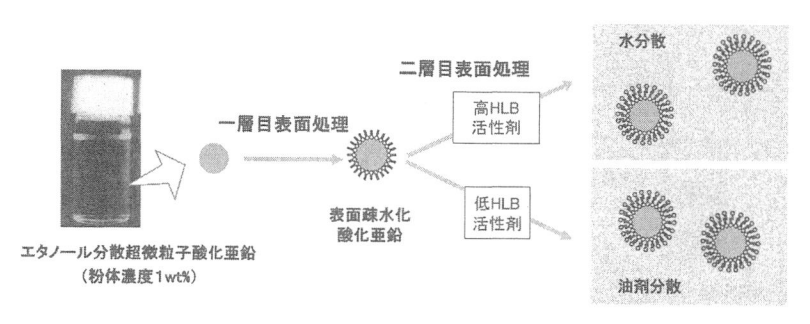

第 23 章　化粧品における顔料分散

図7　界面活性剤による表面制御イメージ図

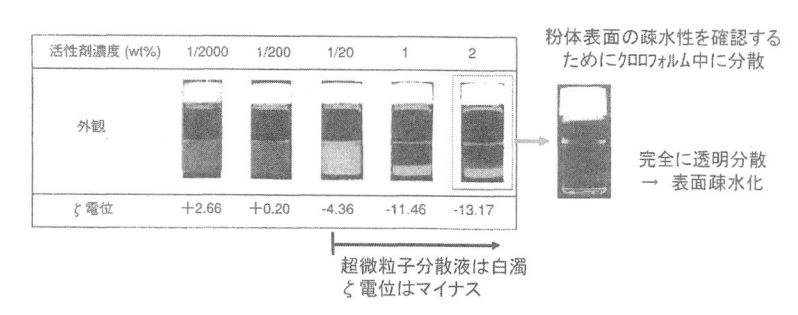

写真8　2-ヘキシルデシルリン酸添加濃度と分散性/ζ電位

光の吸光度は上昇し，数日後には白濁していくことが確認された。そこで，得られたシングルナノ粒子表面を一度疎水化して，凝集反応を抑えて安定化し，その後，二層目の表面処理をすることで，水，あるいは化粧品汎用油剤に分散することを試みた（イメージ：図7）。一層目の表面処理としては，エタノール中のナノ粒子のζ電位がプラスであることを考慮して，アニオン性界面活性剤を選択した。濃度1wt％の酸化亜鉛ナノ粒子に対して，アニオン性界面活性剤として2-ヘキシルデシルリン酸を1wt％以上添加すると，エタノール中でナノ粒子が完全に沈降した（写真8）。沈降した粒子表面の疎水化状態を確認するためにクロロホルム中に分散させると，完全に透明溶液となり，表面が疎水化されていることが示唆された。この際に，ナノ粒子調製直後のエタノール中における透過光スペクトルと，疎水化表面処理後のクロロホルム中での透過光スペクトルがほぼ等しいことから，クロロホルム中で酸化亜鉛が溶解しているようなことはなく，エタノール中と同等の分散状態でクロロホルム中に分散しているものと考えられた。

次に，二層目の表面処理をすることにより，水あるいは化粧品汎用油剤への分散を試みた。まず，水への分散に用いる界面活性剤としてHLBの異なるノニオン性界面活性剤を精製水に溶解し，疎水化表面処理をした粉体に加えてみた。その結果，HLB12のポリオキシエチレンアルキルフェニルエーテルを加えたものは，外観が透明な溶液となった。またこの溶液は50℃にて1

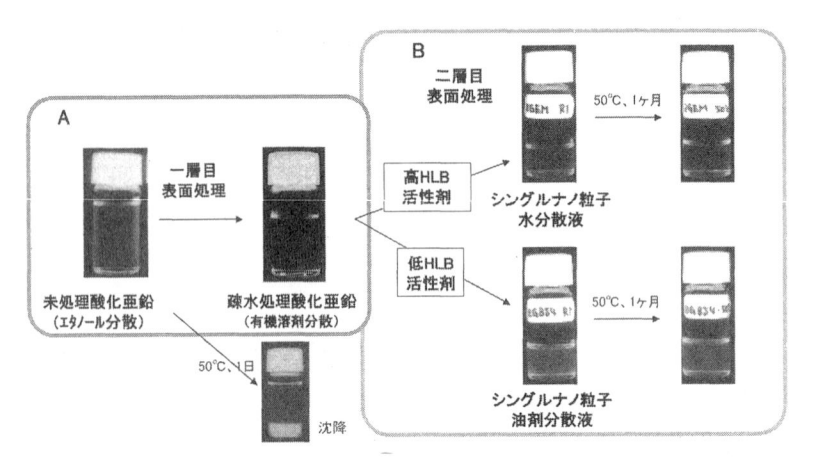

写真9 界面活性剤二層吸着による水／油剤への透明分散化

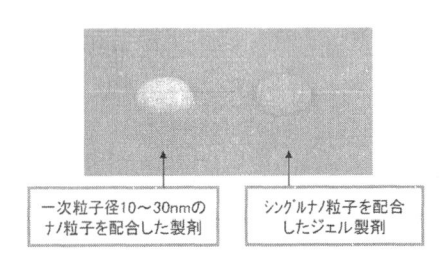

写真10 紫外線防御粉体を12wt％配合したジェル製剤

カ月保存後においても透明性を維持しており，非常に安定なシングルナノ粒子水分散液であることが確認された(写真9)。

さらに，低HLBのノニオン性界面活性剤を用いることにより，油剤分散を試みた。その結果，HLB9のポリエチレンアルキルエーテルを用いることで，シングルナノ粒子を化粧品汎用極性油中に透明分散させることができた。水分散液と同様に，50℃，1カ月保存後も安定な状態を維持していた。以上の結果より，二層の表面処理を用いることにより，シングルナノ粒子を水や化粧品汎用油剤に自由に分散することができ，その分散安定性も高いことが分かった(写真9)。

このようにして得られたシングルナノ粒子を用いて，これまで作製することのできなかった「紫外線防御粉体を配合した透明なジェル製剤」を調製してみた。まず，0.5wt％のシングルナノ粒子水分散液を濃縮して，20wt％にした後に，水溶性増粘剤を用いて粘度を調整したジェルの中に配合した。その結果，紫外線防御粉体であるシングルナノ粒子を12.5wt％配合した製剤は，外観が透明であり(写真10)，紫外線防御効果はSPF15(簡易型SPF測定器にて測定)であることが確認された。ただし，界面活性剤種/添加量の最適化，処方中でのシングルナノ粒子の分散安

定性などにおいて課題が残っているため実用化にはいたっていないが,「紫外線防御粉体を配合した透明なジェル製剤」の可能性, あるいはさらに他の「透明紫外線防御剤」への可能性が示されたものと思われる。

6 おわりに

「顔料の分散」, すなわち「コロイドの分散」という意味では, すでにしっかりとした理論が構築され, 数多くの研究報告がされてきたが, 紫外線防御粉体として用いられる粉体は,「表面活性が非常に高い」「比重が大きい」「ナノスケールまで微粒子化されている」といった特徴を有しているため, かなり難易度の高い分散技術の壁があった。本稿では紫外線防御粉体の分散性制御について紹介してきたが, これらの技術により「難易度の高い紫外線防御粉体の分散性制御」に関しても壁を乗り越えることができたと考えられる。しかし今後さらに特徴のある顔料分散の技術開発が望まれる。

文　献

1) 例えば, 北原文雄, 吉澤邦夫, 分散・乳化系の化学, 工学図書株式会社(1979); 中垣正幸, 福田清成, コロイド化学の基礎, 大日本図書(1976); 清野　学, 酸化チタン―物性と応用技術, 技報堂出版(1991)
2) 亀井正直, フレグランスジャーナル, **6**(2002)
3) 田中　巧, 表面, **38**(8), 385(2000)
4) 黒田章裕ほか, フレグランスジャーナル, **8**(2003)
5) 特開平 05-230394
6) 特開平 09-099246
7) 特開平 07-315859
8) 長谷川政裕, ケミカル・エンジニアリング, **2**, 68(1991)
9) 特許第 3205249 号
10) 特開平 04-132702
11) 特許 2691438
12) P. Stamatakis et al., *J. Coat. Technol.*, **62**(10), 95(1990)
13) 機能性顔料の技術と応用展開, シーエムシー(1998)
14) Lubomir Spanhel et al., *J. Am. Chem. Soc.*, **113**, 2826(1991)

機能性顔料とナノテクノロジー 《普及版》	(B1014)
2006年10月31日　初　版　第1刷発行	
2012年10月10日　普及版　第1刷発行	

　　　監　修　　伊藤征司郎　　　　　　Printed in Japan
　　　発行者　　辻　賢司
　　　発行所　　株式会社シーエムシー出版
　　　　　　　　東京都千代田区内神田 1-13-1
　　　　　　　　電話 03 (3293) 2061
　　　　　　　　大阪市中央区内平野町 1-3-12
　　　　　　　　電話 06 (4794) 8234
　　　　　　　　http://www.cmcbooks.co.jp

〔印刷　株式会社遊文舎〕　　　　　　　　　　Ⓒ S. Ito, 2012

　　　落丁・乱丁本はお取替えいたします。

　　　本書の内容の一部あるいは全部を無断で複写（コピー）することは，法律
　　　で認められた場合を除き，著作者および出版社の権利の侵害になります。

　　　ISBN978-4-7813-0572-1　C3043　¥4200E